Heidelberger Taschenbücher

Selecta
Mathematica II

H.-D. Ebbinghaus Turing-Maschinen und berechenbare Funktionen I
F.-K. Mahn Turing-Maschinen und berechenbare Funktionen II
H.-D. Ebbinghaus Turing-Maschinen und berechenbare Funktionen III
H.-D. Ebbinghaus Aufzählbarkeit
H. Hermes Entscheidungsproblem und Dominospiele
K. Jacobs Turing-Maschinen und zufällige 0-1-Folgen

Springer-Verlag

Heidelberger Taschenbücher Band 67

Selecta Mathematica
Herausgegeben von Konrad Jacobs

II

Heinz-Dieter Ebbinghaus
Turing-Maschinen und berechenbare Funktionen I

Friedrich-Karl Mahn
Turing-Maschinen und berechenbare Funktionen II

Heinz-Dieter Ebbinghaus
Turing-Maschinen und berechenbare Funktionen III

Heinz-Dieter Ebbinghaus
Aufzählbarkeit

Hans Hermes
Entscheidungsproblem und Dominospiele

Konrad Jacobs
Turing-Maschinen und zufällige 0-1-Folgen

Springer-Verlag Berlin Heidelberg New York 1970

Mit 11 Abbildungen

Das Werk ist urheberrechtlich geschützt. Die dadurch begründeten Rechte, insbesondere die der Übersetzung, des Nachdruckes, der Entnahme von Abbildungen, der Funksendung, der Wiedergabe auf photomechanischem oder ähnlichem Wege und der Speicherung in Datenverarbeitungsanlagen bleiben, auch bei nur auszugsweiser Verwertung, vorbehalten.
Bei Vervielfältigungen für gewerbliche Zwecke ist gemäß § 54 UrhG eine Vergütung an den Verlag zu zahlen, deren Höhe mit dem Verlag zu vereinbaren ist.
© by Springer-Verlag Berlin · Heidelberg 1970.
Softcover reprint of the hardcover 1st edition 1970
ISBN-13: 978-3-540-04867-1   e-ISBN-13: 978-3-642-88162-6
DOI: 10.1007/978-3-642-88162-6
Library of Congress Catalog Card Number 68-57941
Titel-Nr. 7595

Vorwort zu 'SELECTA MATHEMATICA II'

Für dieses Bändchen Selecta Mathematica II denke ich mir einen Leser, der sich in den Kopf gesetzt hat, koste es auch einige Mühe, in den Ideenkreis der Theorie der rekursiven Funktionen einzudringen, welche zu so bemerkenswerten Ergebnissen wie dem Unvollständigkeitssatz von Gödel geführt haben. Es handelt sich hier um Fragen, zu deren Behandlung unsere Alltagssprache nicht eindeutig und genau genug ist; sie hat ja die reizvolle, aber für unseren Zweck fatale Neigung, mit schillernden Bedeutungen und verzweigten Anspielungen zu arbeiten. Es liegt daher nahe, mit einem kleinen, für unsere Untersuchungen ausreichenden Vorrat an (z.B. logischen) Symbolen und wenigen Regeln für ihre Zusammensetzung eine Art Sakralsprache — oder sagen wir nüchterner: Fundamentalsprache — zu bilden, deren Verwendung die Sicherheit unserer Schlüsse garantiert. Um ein übriges zu tun, vertrauen wir Schreib- und Umwandlungsoperationen sog. Turing-Maschinen an, deren jede nach ihrem festen Kanon auf einem in einer Richtung unbegrenzten Schreibband hin und her gleitet, löscht, druckt und eventuell unter Angabe einer Entscheidung schließlich stehen bleibt.

In den Beiträgen ‚Turing-Maschinen und berechenbare Funktionen I-III' von H.-D. Ebbinghaus und F.-K. Mahn wird die Theorie dieser Maschinen von Grund auf entwickelt; u.a. wird das Aufzählungstheorem von Kleene bewiesen und eine universelle Turing-Maschine konstruiert. Als Anwendung erscheinen einige wichtige Unentscheidbarkeitsaussagen.

Der Artikel ‚Aufzählbarkeit' von H.-D. Ebbinghaus beschäftigt sich mit maschinell erzeugbaren Mengen. Er bringt eine weitere Version des Aufzählungstheorems von Kleene und einen Beweis dafür, daß die wahren Sätze der Arithmetik nicht maschinell erzeugt werden können.

Die Präzisierung der Idee der Entscheidbarkeit hat zu einer Fülle von Untersuchungen Anlaß gegeben. So hat H. Wang die Frage aufgeworfen, ob gewisse ‚Dominospiele' eine Lösung besitzen. Hier ergibt sich ein überraschender Zusammenhang mit dem klassischen Entscheidungsproblem der Prädikatenlogik. Darüber berichtet H. Hermes in dem Beitrag ‚Entscheidungsproblem und Dominospiele'.

Der vollständigen Darstellung eines Kernstücks neuerer Untersuchungen von A. N. Kolmogorov und P. Martin-Löf über Aufzählbarkeit und Zufälligkeit ist mein Artikel ‚Turing-Maschinen und zufällige 0-1-Folgen' gewidmet.

Turing-Maschinen bilden nur eine von mehreren Möglichkeiten, Phänomene der Aufzählbarkeit und Berechenbarkeit exakt zu fassen. In dem Beitrag ‚Aufzählbarkeit' von H.-D. Ebbinghaus wird bewiesen, daß sog. Regelsysteme oder Kalküle dasselbe leisten. Turing-Maschinen haben aber den pädagogischen Vorzug, daß man sie geradezu sehen kann, und deshalb stehen sie bei unserer Darstellung im Vordergrund. Es ist fast schade, daß es sie nicht zu kaufen gibt. Man kann aber Turing-Maschinen auf Rechenanlagen, wie sie im Handel sind, simulieren und hat dies auch getan. Man sieht, wie eng sich rein theoretische Untersuchungen mit technischer Datenverarbeitung berühren. Man kann Turing-Maschinen als idealisierte Rechenanlagen auffassen.

Gemäß dem Prinzip der Selecta Mathematica erscheinen auch in diesem Bändchen alle wesentlichen Resultate mit vollständigen Beweisen. Wir hoffen, dem Leser damit einen fundierten Eindruck von dem vielfältigen Reiz der theoretischen Maschinenwelt zu vermitteln und laden ihn ein, sich auch ihrer praktischen Seite zuzuwenden.

Columbus, Januar 1970   KONRAD JACOBS
                                                   Herausgeber

Inhaltsverzeichnis

Turing-Maschinen und berechenbare Funktionen I: Präzisierung von Algorithmen von H.-D. EBBINGHAUS ... 1

§ 1. Naive Vorbetrachtungen ... 1
   1. Algorithmen in der Mathematik. Geschichtliches ... 1
   2. Unmöglichkeitsbeweise. Churchsche These ... 2
   3. Alphabete und Wortmengen ... 4
   4. Eine intuitive Analyse des Algorithmenbegriffs ... 5
   5. Berechenbare Funktionen ... 7
   6. Entscheidbarkeit ... 9
§ 2. Motivierung und Definition von Turing-Maschinen ... 10
   1. Intuitive Normierung von Algorithmen ... 10
   2. Turing-Maschinen ... 13
   3. Turing-berechenbare Funktionen ... 19

Turing-Maschinen und berechenbare Funktionen II von F.-K. MAHN ... 21

§ 3. Beispiele für Turing-Maschinen. Turing-Diagramme ... 21
   1. Die Elementarmaschinen ... 21
   2. Weitere Maschinen ... 22
   3. Motivationen für Turing-Diagramme ... 25
   4. Definition der Turing-Diagramme ... 25
   5. Erklärung der Arbeitsweise einer durch ein Diagramm gegebenen Maschine T ... 26
   6. Beispiele für Turing-Diagramme. Weitere Vereinfachungen ... 26
   7. Konstruktion von Tafeln aus Diagrammen ... 28
   8. Weitere Beispiele von Turing-Maschinen ... 29
   9. Nachweis der Turing-Berechenbarkeit einiger spezieller Funktionen ... 32
   10. Darstellung einer Turing-Maschine durch ein aus den Elementarmaschinen zusammengesetztes Diagramm ... 39
§ 4. Normierte Turing-Berechenbarkeit ... 40
   1. Die Maschine $T^§$ ... 40
   2. Simulierung über dem Alphabet $\{|\}$ ... 41
   3. Normierte Turing-Berechnung ... 46
   4. Eine Verschlüsselmaschine für n-Tupel ... 47

5. Eine Entschlüsselmaschine	48
6. Einsetzung Turing-berechenbarer Funktionen	49
§ 5. Einfache Beispiele unentscheidbarer Mengen	50
1. Maschinenwörter	51
2. Eine unentscheidbare Menge	52
3. Weitere unentscheidbare Mengen	53

Turing-Maschinen und berechenbare Funktionen III von H.-D. EBBINGHAUS ... 55

§ 6. Eine universelle Turing-Maschine und das Aufzählungstheorem von Kleene	55
1. Die universelle Turing-Maschine U	55
2. Das Kleenesche Aufzählungstheorem für Turing-berechenbare Funktionen	61
3. Das Halteproblem für U	62
Literatur I–III	63

Aufzählbarkeit von H.-D. EBBINGHAUS ... 64

§ 1. Einleitung	64
1. Der intuitive Begriff der Aufzählbarkeit. Inhaltsübersicht	64
2. Historische Bemerkungen	67
§ 2. Naive Sätze über aufzählbare Mengen	68
1. Vorbemerkungen	68
2. Die Zurückführung des Berechenbarkeitsbegriffs auf den Aufzählbarkeitsbegriff	69
3. Die Zurückführung des Aufzählbarkeitsbegriffs auf den Berechenbarkeitsbegriff	69
4. Aufzählbarkeit und Entscheidbarkeit	70
§ 3. Turing-Aufzählbarkeit	71
1. Definition und Charakterisierungen Turing-aufzählbarer Mengen	71
2. Abgeschlossenheitseigenschaften Turing-aufzählbarer Mengen	76
3. Das Aufzählungstheorem	77
4. Nicht Turing-aufzählbare Mengen	78
§ 4. Smullyan-Aufzählbarkeit	80
1. Erzeugung von Mengen durch Kalküle	80
2. Smullyansche formale Systeme	82
3. Reduktion auf Wortmengen	85
4. Spezielle Smullyan-Systeme	88
§ 5. Smullyan- und Turing-Aufzählbarkeit	89
1. Die Smullyan-Aufzählbarkeit der Turing-aufzählbaren Mengen	89

   2. Die Turing-Aufzählbarkeit der Smullyan-aufzählbaren Mengen 92
   3. Ein unentscheidbares Smullyan-System 93
   4. Abschließende Bemerkungen 95
§ 6. Die Nichtaufzählbarkeit der wahren arithmetischen Aussagen und die Unentscheidbarkeit der Arithmetik 95
   1. Arithmetische Ausdrücke und Aussagen 95
   2. Deutungen. Arithmetische Prädikate 97
   3. Eine Übersicht 100
   4. Einfache arithmetische Relationen und Paarfunktionen 101
   5. Verschlüsselung von endlichen Folgen natürlicher Zahlen 103
   6. Die Arithmetisierung von Σ 105
   7. Anhang. Das Gödel-Prädikat. Das Schema $F^*(\xi_1,\xi_2,\xi_3)$. 109
Literatur 112

Entscheidungsproblem und Dominospiele von H. HERMES 114

§ 1. Zum Entscheidungsproblem der Prädikatenlogik. Teil 1. 114
§ 2. Ausdrücke, Präfixe, Präfixtypen. Durch solche Typen bestimmte Ausdrucksklassen 116
§ 3. Erfüllbarkeit von Ausdrücken 118
§ 4. Zum Entscheidungsproblem der Prädikatenlogik. Teil 2. 120
§ 5. Dominoprobleme 122
§ 6. Die Definition des einer Turing-Tafel zugeordneten Eck-Dominospiels $\mathfrak{D}_T, \mathfrak{D}_T^0$ 125
§ 7. Lemma: Wenn $M(T)$, angesetzt auf das leere Band, unendlich lange läuft, ist das Eck-Dominospiel $\mathfrak{D}_T, \mathfrak{D}_T^0$ gut . . 126
§ 8. Lemma: Wenn das Eck-Dominospiel $\mathfrak{D}_T, \mathfrak{D}_T^0$ gut ist, läuft $M(T)$, angesetzt auf das leere Band, unendlich lange . . 128
§ 9. Die Definition des einem Eck-Dominospiel $\mathfrak{D}, \mathfrak{D}^0$ zugeordneten Ausdrucks $\alpha_{\mathfrak{D},\mathfrak{D}^0}$ 132
§ 10. Lemma: Wenn das Eck-Dominospiel $\mathfrak{D}, \mathfrak{D}^0$ gut ist, dann ist $\alpha_{\mathfrak{D},\mathfrak{D}^0}$ erfüllbar 133
§ 11. Lemma: Das Eck-Dominospiel $\mathfrak{D}, \mathfrak{D}^0$ ist gut, wenn $\alpha_{\mathfrak{D},\mathfrak{D}^0}$ erfüllbar ist 134
§ 12. Übergang zur engeren Prädikatenlogik 135
§ 13. Ausblick auf die Ausdrucksklasse $\wedge \vee \wedge$ und das Diagonal-Dominoproblem 137
Literatur 140

Turing-Maschinen und zufällige 0-1-Folgen von K. JACOBS 141

§ 1. Die Kolmogorovsche Komplexität endlicher 0-1-Wörter . 146
§ 2. Ein gescheiterter Versuch 151

§ 3. Der Raum der unendlichen 0-1-Folgen 155
§ 4. Zufällige unendliche 0-1-Folgen 160
Literatur 166

Namenverzeichnis 169

Sachverzeichnis 171

Symbolverzeichnis 185

Autorenverzeichnis

Dr. H.-D. Ebbinghaus
Mathematisches Institut der Albert-Ludwigs-Universität
Abteilung für mathematische Logik
und Grundlagen der Mathematik
7800 Freiburg i. Br., Hermann-Herder-Straße 10

Prof. Dr. Hans Hermes
Mathematisches Institut der Albert-Ludwigs-Universität
Abteilung für mathematische Logik
und Grundlagen der Mathematik
7800 Freiburg i. Br., Hermann-Herder-Straße 10

Prof. Dr. K. Jacobs
Mathematisches Institut der Universität Erlangen-Nürnberg
8520 Erlangen, Bismarckstr. $1\frac{1}{2}$

Dr. Friedrich-Karl Mahn
4404 Telgte, Vechtrup 53

Turing-Maschinen und berechenbare Funktionen I: Präzisierung von Algorithmen

H.-D. EBBINGHAUS

Der vorliegende Artikel gibt eine Einführung in die Probleme, die eine Präzisierung des Berechenbarkeitsbegriffes aufwirft. An Hand intuitiver Überlegungen wird eine Analyse des Algorithmenbegriffs durchgeführt und der Begriff der Turing-berechenbaren Funktion motiviert. Der folgende Artikel von F.-K. Mahn (Turing-Maschinen und berechenbare Funktionen II) behandelt konkrete Beispiele Turing-berechenbarer Funktionen und begründet eine Reihe von Methoden, die für das Arbeiten mit Turing-Maschinen wesentlich sind (Diagramme, normierte Berechnung). Abschließend werden einige Unentscheidbarkeitssätze bewiesen. Im dritten Artikel (Turing-Maschinen und berechenbare Funktionen III) wird konkret eine in einem gewissen Sinn universelle Turing-Maschine angegeben und das Kleenesche Aufzählungstheorem für Turing-berechenbare Funktionen bewiesen.

Die Paragraphen werden in den drei ersten Artikeln fortlaufend durchnumeriert. Literaturhinweise beziehen sich auf das Literaturverzeichnis am Ende des dritten Artikels.

§ 1. Naive Vorbetrachtungen

1. Algorithmen in der Mathematik. Geschichtliches

Unter einem *Algorithmus* im Hinblick auf eine Klasse von Fragestellungen versteht der Mathematiker ein allgemeines Verfahren, mit dessen Hilfe zu irgendeinem vorgelegten Problem dieser Klasse *mechanisch* und „ohne Aufwendung von Geist" eine Lösung gefunden werden kann, sofern eine solche existiert. Bekannte Beispiele sind der *euklidische Algorithmus* zur Bestimmung des größten gemeinsamen Teilers zweier positiver natürlicher Zahlen oder der *Divisionsalgorithmus*. Der euklidische Algorithmus führt stets nach endlich vielen Schritten zu einem Resultat, er *bricht ab*.

Der Divisionsalgorithmus dagegen bricht nur ab, wenn der zu bestimmende Quotient eine Dezimaldarstellung endlicher Länge besitzt, und führt daher nur in diesen Fällen zu einem Resultat.

Das Interesse der Mathematiker an Algorithmen ist groß; denn Algorithmen ermöglichen — wenigstens prinzipiell — die schematische Lösung einer Klasse von Problemen und damit — wenigstens prinzipiell — die Trivialisierung eines Teilgebietes der Mathematik.

Das Wort *Algorithmus* geht auf den Namen des arabischen Mathematikers Mohammed Ibn Musa Alchwarizmi zurück, der im 9. Jahrhundert wesentlich zur Verbreitung der damals entstandenen Rechenmethoden beigetragen hat. Der Fortschritt bei der Entwicklung solcher Methoden begründete die bis in die neuere Zeit währende Vorstellung, daß letzten Endes *alle* Fragestellungen innerhalb der Mathematik, ja selbst in der Philosophie, einer algorithmischen Lösung zugänglich seien. Als Repräsentanten dieser Auffassung erwähnen wir Descartes, Leibniz und Hilbert. Descartes entwickelte die analytische Geometrie in der Absicht, die Geometrie algebraischen Rechenmethoden zugänglich zu machen und damit einen wesentlichen Beitrag zur Algorithmisierung zu leisten. Leibniz bemühte sich während seiner gesamten Schaffensperiode um eine Präzisierung und Lösung algorithmischer Fragestellungen. Er unternahm wohl als erster den Versuch, für diese Zwecke geeignete automatisch arbeitende *Maschinen* zu ersinnen, ohne allerdings zum Ziel zu gelangen. (Vgl. auch die historischen Bemerkungen in § 1 des Artikels „Aufzählbarkeit".) Hilbert hat, insbesondere durch seine Aufforderung zur algorithmischen Lösung gewisser Problemklassen (10. *Hilbertsches Problem* (vgl. S. 9), *Entscheidbarkeit der sog. Prädikatenlogik der ersten Stufe* (vgl. den Artikel „Entscheidungsproblem und Dominospiele")), der Forschung starke Impulse gegeben.

2. Unmöglichkeitsbeweise. Churchsche These

Der Glaube an die Universalität algorithmischer Methoden wurde widerlegt durch die *Gödel*sche Arbeit „Über formal unentscheidbare Sätze der Principia Mathematica und verwandter Systeme" (Gödel [3]). In dieser Arbeit wird zum erstenmal die *algorithmische Unlösbarkeit* gewisser mathematischer Fragestellungen bewiesen. Genauer: Es wird gezeigt, daß gewisse mathematische Probleme nicht mit den Algorithmen einer präzise definierten Klasse von Algorithmen lösbar sind. Die Tragweite der Gödelschen Resultate hängt daher ab von dem Grad der Übereinstimmung, der zwischen dieser Algorithmenklasse und der Klasse der Algorithmen im intuitiven Sinn besteht. Damit tritt ein völlig neuer Aspekt auf: Solange man an die Möglichkeit glaubte, *alle* vorgegebenen mathematischen Probleme algorithmisch lösen zu können, bestand keine Veranlassung zu einer Präzisierung des Algorithmenbegriffs. Wann immer zur Lösung einer Klasse von Problemen ein Algorithmus konkret angegeben wurde, bestand Übereinkunft darüber, daß der vorgelegte Algorithmus auch wirklich als Algorithmus anzusehen war. Erst ein Nachweis algorithmischer Unlösbarkeit, ein *Unmöglichkeitsbeweis*, der ja eine Aussage über *alle* denkbaren Algorithmen trifft, erfordert zuvor eine Präzisierung.

Seit etwa 1935 sind eine Reihe von Präzisierungen des Algorithmenbegriffs angegeben worden. Man ist heute bis auf wenige Ausnahmen (Kalmár [5], Péter [7]) davon überzeugt, daß diese Begriffe die intuitive Vorstellung adäquat erfassen. Die Gründe hierfür sind die folgenden:

(a) *Alle* Präzisierungen (z. B. durch *allgemein-rekursive Funktionen* (Herbrand, Gödel, Kleene, 1934—1936), *μ-rekursive Funktionen* (Gödel, Kleene, 1936), *λ-definierbare Funktionen* (Church, Kleene, 1933—1936), *Turing-Maschinen* (Turing, Post, 1936), *Markovsche Algorithmen* (Markov, 1950), *Graphenschemata* (Péter, 1958)) haben sich als *äquivalent* erwiesen.

(b) Alle Algorithmen im *präzisen* Sinn sind Algorithmen im *intuitiven* Sinn.

(c) Es ist eine Erfahrungstatsache, daß alle bekannten Algorithmen durch Algorithmen im präzisen Sinn nachgeahmt *(„simuliert")* werden können.

Es ist nicht möglich, die Adäquatheit exakt zu beweisen, weil es keine exakte Definition für Algorithmen im intuitiven Sinn gibt. Sie wird jedoch heute als wohlbegründete *Hypothese* allgemein benutzt, vergleichbar etwa dem zweiten Hauptsatz der Wärmelehre in der Physik.

Der Vorschlag, den intuitiven Algorithmenbegriff mit einem der (untereinander äquivalenten) präzisen Begriffe zu *identifizieren*, wurde zuerst in Church [1] ausgesprochen und wird heute als *Churchsche These* bezeichnet.

Wir werden hier den in Turing [10] und Post [8] beschrittenen Weg einschlagen und den Algorithmenbegriff auf den Begriff der *automatisch arbeitenden Maschine* zurückführen. Diese Zurückführung scheint unter den gebräuchlichen Zurückführungen vom intuitiven Standpunkt am ehesten geeignet, den Algorithmenbegriff adäquat wiederzugeben. Zunächst jedoch bedarf es dazu einer weiteren Analyse der intuitiven Vorstellung vom Algorithmus.

3. Alphabete und Wortmengen

Unter einem *Alphabet* verstehen wir eine *endliche, nicht leere* Menge von *Symbolen*, die wir die *Buchstaben* des Alphabets nennen. *Endliche* lineare Reihen von Buchstaben eines Alphabets A nennen wir *Wörter über* A. Insbesondere ist die leere Reihe ein Wort über A, das sog. *leere Wort*, das wir im folgenden mit $\Box$ bezeichnen. Die Menge der Wörter über A bezeichnen wir mit $\Omega(A)$, die Menge der Wort-n-tupel über A mit $\Omega^n(A)$. Wir benutzen $A, \ldots$ als Mitteilungszeichen für Alphabete und $a, \ldots, w, \ldots$ bzw. $\mathfrak{w}, \ldots$ als Mitteilungszeichen für Elemente von A, $\Omega(A)$ bzw. $\Omega^n(A)$, wenn A das in Rede stehende Alphabet ist. Für $\underbrace{a \ldots a}_{m\text{-mal}}$ schreiben wir häufig a^m ($m \geq 1$).

$\Omega(A)$ bildet unter der Hintereinanderschreibung als einer zweistelligen Verknüpfung eine *Halbgruppe* mit dem *Einselement* $\Box$. Hat man zwei Alphabete A und A', die die gleiche Anzahl von Elementen besitzen, so läßt sich jede umkehrbar eindeutige Abbildung von A auf A' eindeutig zu einem Isomorphismus bzgl. der Halbgruppenstruktur von $\Omega(A)$ auf $\Omega(A')$ fortsetzen.

Wir werden im folgenden Wörter als geeignete Präzisierungen solcher Objekte ansehen, mit denen gemäß bestimmter Vorschriften operiert werden kann (vgl. Nr. 4). Da sich Vorschriften, die Wörter über A betreffen, mit einem Isomorphismus der obigen Art effektiv in Vorschriften übersetzen lassen, die Wörter über A' betreffen, führt es zu keiner Einschränkung, wenn wir fortan nur solche Alphabete betrachten, *die aus den Gliedern eines nicht leeren, echten Anfangsabschnittes einer fest vorgegebenen Symbolfolge*

$$a_1, a_2, a_3, \ldots$$

bestehen. Wir bezeichnen $\{a_1, \ldots, a_n\}$ mit A_n ($n \geq 1$).

Aus technischen Gründen erweist es sich als vorteilhaft, ein zusätzliches Hilfssymbol a_0 einzuführen, den *leeren* oder *uneigentlichen* Buchstaben. Ist A ein Alphabet, nennen wir die aus den Buchstaben von A und aus a_0 gebildeten Wörter *uneigentliche Wörter über* A. Wir benutzen dieselben Mitteilungszeichen wie für den eigentlichen Fall. Konfusionen werden dadurch nicht auftreten. Anstelle von a_0 werden wir häufig $\star$ und anstelle von a_1 häufig $|$ schreiben. Die Elemente von $\Omega(\{|\}) = \Omega(A_1) = \{\Box, |, ||, \ldots\}$ werden wir als *Repräsentanten* der natürlichen Zahlen auffassen, wobei die Zahl n (≥ 0) durch die n-gliedrige Reihe von Strichen repräsentiert wird. Anstelle von $\Omega(A_1)$ schreiben wir daher in suggestiver Weise häufig $\mathbb{N}$. Es ist $\mathbb{N} \subseteq \Omega(A)$ für alle zugelassenen Alphabete A. Als Mitteilungszeichen für natürliche Zahlen dienen i, j, k, l, m, n, s, t.

4. Eine intuitive Analyse des Algorithmenbegriffs

1.1: Ein Algorithmus operiert mit *konkreten handhabbaren* Gegenständen.

Solche Gegenstände können die Karten eines Skatspiels (etwa beim Befolgen einer Gewinnstrategie), die Steine eines Rechenbrettes oder die Sätze einer mathematischen Theorie sein. Man kann die in Rede stehenden Objekte, sollten sie nicht Wörter über einem Alphabet sein, z. B. mit den Elementen von ℕ *durchnumerieren* und dann statt mit Objekten mit deren Nummern operieren. (Man bezeichnet ein solches Durchnumerieren als eine *Gödelisierung*.) Es reicht daher aus, wenn wir uns im folgenden bei handhabbaren Objekten auf Wörter oder Wort-n-tupel über einem Alphabet beschränken.

1.2: Ein Algorithmus $\mathfrak{A}$ wird gegeben durch eine *endliche* Vorschrift $\mathfrak{B}$, ein *Eingangsalphabet* E, ein *Bildalphabet* B, ein E und B umfassendes *Arbeitsalphabet* A und eine *Stellenzahl* n. (Wir schreiben: $\mathfrak{A} = \langle \mathfrak{B}, E, A, B, n \rangle$.)

$\mathfrak{A}$ kann *angewendet* werden auf Wort-n-tupel $\mathfrak{w}$ über E. $\mathfrak{A}$ *auf* $\mathfrak{w}$ *anwenden* heißt, ausgehend von $\mathfrak{w}$, in Befolgung von $\mathfrak{B}$ Operationen unter Benutzung der Buchstaben des Arbeitsalphabetes A vornehmen. Eventuell verlangt $\mathfrak{B}$, diese Operationen abzubrechen, und zeichnet zudem noch ein Wort über A aus. Ist dieses Wort sogar aus $\Omega(B)$, so sei es das *Resultat* der Anwendung. In allen anderen Fällen führe die Anwendung zu keinem Resultat. — Es fällt nicht schwer, an konkreten Algorithmen diese Struktur zu erkennen.

Wir verlangen ausdrücklich, daß $\mathfrak{B}$ endlich, d. h. *in einem endlichen*, z. B. deutschsprachigen, *Text niederlegbar sein soll*. Unendlich lange Vorschriften schließen wir aus, weil sie prinzipiell nicht erteilt werden können.

Man könnte sich von der Einschränkung befreien, daß Algorithmen nur auf Wort-n-tupel *fester* Länge n anwendbar sein sollen. Entsprechende verallgemeinerte Algorithmen können jedoch als Zusammenfassung solcher Algorithmen angesehen werden, die jeweils auf Wort-n-tupel fester Länge n anwendbar sind.

Wir benutzen fortan die Bezeichnungen aus 1.2, diskutieren jedoch der Einfachheit halber nur den Fall $n=1$.

1.3: $\mathfrak{B}$ soll so beschaffen sein, daß die Operationen gemäß $\mathfrak{B}$ *schrittweise* erfolgen.

1.3 steht im Einklang mit der Erfahrung. Bei der Anwendung der gebräuchlichen mathematischen Algorithmen wird eine Folge von *Stellungen* durchlaufen, seien es nun Stellungen auf einem

Rechenbrett, Zustände einer Rechenmaschine oder Ziffernverteilungen auf einem Rechenblatt. (In der Praxis wird jedoch der Übergang von einer Stellung zur nächsten durchaus mehr oder weniger stetig verlaufen.) Gemäß dieser Auffassung hat $\mathfrak{B}$ u.a. zu regeln, ob und gegebenenfalls wie aus einer Stellung eine „Folge"-Stellung zu erzeugen ist. Wir nennen einen Teil von $\mathfrak{B}$, der den Übergang von einer Stellung zu einer folgenden regelt, eine *Anweisung*.

1.4: $\mathfrak{B}$ soll so beschaffen sein, daß die Befolgung *bis in alle Einzelheiten hinein eindeutig festgelegt wird*, also keinerlei freie Entscheidung erfordert.

Die herkömmlichen Algorithmen der Mathematik genügen der Forderung 1.4 i.a. nicht; doch besteht kein Zweifel, daß die Eindeutigkeit in jedem Fall durch eine Verschärfung der Vorschrift erreicht werden kann. Die Eindeutigkeit ist notwendig, will man die Befolgung von $\mathfrak{B}$ etwa einer Maschine anvertrauen. (Bei Verzicht auf die Eindeutigkeit spricht man heute allgemein von *Kalkülen* statt von Algorithmen. Vgl. dazu den Artikel „Aufzählbarkeit".)

1.5: $\mathfrak{B}$ soll so beschaffen sein, daß die Befolgung *reproduzierbar* ist.

1.5 soll besagen: Bei Anwendung von $\mathfrak{A}$ auf das gleiche Wort liefert die Befolgung von $\mathfrak{B}$ stets die gleiche Folge von Stellungen und stets kein Resultat oder das gleiche Resultat.

Die Forderung der Reproduzierbarkeit soll insbesondere solche Vorschriften ausschließen, bei denen der Rechnende z.B. einen Zufallsmechanismus betätigen und etwa die Entscheidung zwischen zwei möglichen Operationen auf Grund des Ergebnisses eines Würfelwurfs durchführen muß.

Die bisherigen Forderungen reichen noch nicht aus, „Algorithmen" der folgenden Art auszuschließen:

Es werde ein Mechanismus in Gang gesetzt, der ununterbrochen mit einem Würfel würfelt und nach jedem Wurf die Anzahl der Augen (als Wort über A_1) in eine Liste einträgt. Wir können dann einen „Algorithmus" $\mathfrak{A} = \langle \mathfrak{B}, A_1, A_1, A_1, 1 \rangle$ durch eine detaillierte Vorschrift $\mathfrak{B}$ geben, die folgendes verlangt: Bei Vorgabe einer Zahl m gehe man die Liste durch, die der Mechanismus anlegt. Die *m*-te Zahl in dieser Liste — gegebenenfalls muß man warten, bis der Mechanismus sie aufgeschrieben hat — sei das Resultat.

Intuitiv sprechen wir dem durch diese Vorschrift gegebenen Verfahren die Eigenschaft ab, ein Algorithmus zu sein. Es ist charakteristisch, daß der Rechnende sich *Informationen von außen* beschaffen muß, nämlich aus der Liste, die der Mechanismus anlegt. Wir fordern daher:

1.6: 𝔅 soll so beschaffen sein, daß die Befolgung keine anderen Informationen erfordert als solche, die durch das *Ausgangswort und durch* 𝔅 *selbst* geliefert werden.

1.7: Wir stellen *keine* Bedingung hinsichtlich der Länge von 𝔅, der Länge der Wörter, mit denen operiert werden kann, und der Anzahl der Schritte, die bei der Befolgung von 𝔅 auftreten können. Obwohl es durchaus sinnvoll ist, Kriterien aufzufinden, die für eine Begrenzung sprechen (da z. B. auf Grund der heutigen Auffassung von der Endlichkeit der Welt Wörter hinreichend großer Länge nicht aufgeschrieben werden können oder da ökonomische Gründe dazu raten könnten), wollen wir hier einen *ideellen* Standpunkt einnehmen und von jeder Beschränkung absehen.

1.8: 𝔅 soll so beschaffen sein, daß vom Rechner zwar ein *ausreichend großes*, doch *kein unbegrenztes Gedächtnis* gefordert wird.

Wir wollen an einem Beispiel plausibel machen, daß der Verzicht auf unbegrenzte Speicherkapazität beim Rechnenden zu keiner Einschränkung führt: Anstatt zwei Wörter zu vergleichen, indem man sich das erste merkt und es dann „aus dem Gedächtnis" mit dem anderen vergleicht, kann man den Vergleich auch buchstabenweise — von links beginnend — vornehmen und die gerade betrachteten Wortstellen auf geeignete Weise markieren. Das erste Verfahren erfordert, soll es für beliebige Wortpaare über einem Alphabet durchgeführt werden, eine unbegrenzte Gedächtnisleistung, während man sich im zweiten Fall jeweils nur die Marken und die Buchstaben an den beiden markierten Stellen zu merken braucht. Diese und ähnliche exemplarische Betrachtungen legen die Überzeugung nahe, daß man die Forderung nach unbegrenzter Gedächtniskapazität durch geeignete Markierungsvorschriften umgehen kann. Die Marken werden dabei jeweils dem Arbeitsalphabet entnommen, das natürlich entsprechend groß sein muß. —

Bevor wir in § 2 durch eine weitere Analyse unter Berücksichtigung der gerade aufgestellten Bedingungen die Einführung der *Turing-Maschinen* motivieren, möchten wir auf die Begriffe der *berechenbaren Funktion* und der *entscheidbaren Menge* eingehen.

5. Berechenbare Funktionen

Wir nennen eine Funktion f eine *Funktion aus* $\Omega^n(E)$ *in* $\Omega(B)$, wenn der Definitionsbereich von f, den wir fortan mit *Def* f bezeichnen wollen, in $\Omega^n(E)$ und die Menge der Bilder unter f, die wir fortan mit *Bild* f bezeichnen wollen, in $\Omega(B)$ enthalten ist. f heißt dann auch eine *partielle Funktion über* $\Omega^n(E)$ *mit Werten in* $\Omega(B)$.

Ist im Grenzfall $Def\ f = \Omega^n(E)$, nennen wir f auch eine Funktion *von $\Omega^n(E)$ in $\Omega(B)$*.

Ein Algorithmus $\mathfrak{A} = \langle \mathfrak{B}, E, A, B, n \rangle$ bestimmt eine Funktion $f_\mathfrak{A}$ aus $\Omega^n(E)$ in $\Omega(B)$ gemäß folgender Direktive: $f_\mathfrak{A}$ ist für ein $\mathfrak{w} \in \Omega^n(E)$ genau dann definiert, wenn $\mathfrak{A}$, angesetzt auf $\mathfrak{w}$, ein Resultat liefert, und dieses Resultat ist der Wert von $f_\mathfrak{A}$ für $\mathfrak{w}$. $f_\mathfrak{A}$ hat die Eigenschaft, daß man für $\mathfrak{w} \in Def\ f_\mathfrak{A}\ f_\mathfrak{A}(\mathfrak{w})$ *ausrechnen* kann, nämlich durch Befolgen von $\mathfrak{B}$. Funktionen mit dieser Eigenschaft nennen wir *berechenbar*:

1.9 Definition: Eine Funktion f aus $\Omega^n(E)$ in $\Omega(B)$ heißt *berechenbar* genau dann, wenn es einen Algorithmus $\mathfrak{A} = \langle \mathfrak{B}, E, A, B, n \rangle$ gibt mit $f = f_\mathfrak{A}$. $\mathfrak{A}$ heißt dann ein *Berechnungsverfahren* für f.

Wir möchten bemerken, daß in 1.9 der Existenzquantor im *klassischen* Sinn zu verstehen ist; wir verlangen *nicht*, daß man zu einer berechenbaren Funktion ein Berechnungsverfahren *effektiv* angeben kann. Ein Beispiel möge das erläutern:
Es sei $n = 1$, $E = B = A_1$ und für $w \in \mathbb{N}$

$$f(w) := \begin{cases} \Box, & \text{falls die Riemannsche Vermutung zutrifft,} \\ |\ & \text{sonst.} \end{cases}$$

f ist eine berechenbare Funktion; denn wenn die Riemannsche Vermutung zutrifft, läßt sich leicht ein Berechnungsverfahren angeben. Ebenso im anderen Fall. Gegenwärtig sind wir jedoch nicht in der Lage, *effektiv* ein Berechnungsverfahren für f anzugeben. Vorschriften der Art „Man schreibe $\Box$ hin, falls die Riemannsche Vermutung zutrifft, und $|$ sonst" benötigen zum Befolgen eine Information von außen, nämlich eine Information über die Gültigkeit der Riemannschen Vermutung, und sind daher wegen 1.6 nicht zugelassen.

Im Gegensatz zu Algorithmen ist es bei Funktionen üblich, einen *extensionalen* Standpunkt einzunehmen: Zwei Funktionen, die den gleichen Definitionsbereich haben und für Elemente des Definitionsbereiches die gleichen Werte, sind gleich. Wenn wir daher in 1.9 den Existenzquantor auf eine Klasse präzise definierter Algorithmen *beschränken*, die zu jedem Algorithmus im intuitiven Sinn einen *extensional gleichen* enthält (zwei Algorithmen $\mathfrak{A}$ und $\mathfrak{A}'$ seien extensional gleich, wenn $f_\mathfrak{A} = f_{\mathfrak{A}'}$ („extensional gleich" heißt also etwa „im Endeffekt" gleich)), erhalten wir die gleiche Menge von berechenbaren Funktionen und zugleich eine *präzise Definition des Begriffes der berechenbaren Funktion*. Da wir plausibel machen werden, daß die mit Hilfe von *Turing-Maschinen* definierten Algorithmen eine solche Klasse bilden, erscheint es gleichermaßen plausibel, daß die sog. *Turing-berechenbaren Funktionen*, die wir in § 2 einführen, *mit den im intuitiven Sinn berechenbaren Funktionen zusammenfallen*.

6. Entscheidbarkeit

Neben den Begriffen der *berechenbaren Funktion* und der *aufzählbaren Menge* (vgl. hierzu den Artikel „Aufzählbarkeit") spielt im Zusammenhang mit algorithmischen Fragestellungen der Begriff der *entscheidbaren Menge* und der der *entscheidbaren Relation* eine große Rolle. (Wir vertreten bez. Relationen einen *extensionalen* Standpunkt, identifizieren also eine n-stellige Relation über einer Menge $\mathfrak{M}$ mit der Menge derjenigen n-tupel über $\mathfrak{M}$, auf die sie zutrifft. Daher beschränken wir uns fortan auf die Diskussion von *Mengen*.)

Wir nennen eine Teilmenge $\mathfrak{M}_1$ einer Menge $\mathfrak{M}_2$ von *handhabbaren* Dingen *entscheidbar* bzgl. $\mathfrak{M}_2$, wenn es einen Algorithmus gibt, der auf Dinge aus $\mathfrak{M}_2$ anwendbar ist und, angewendet auf ein Ding aus $\mathfrak{M}_2$, die Antwort auf die Frage nach der Zugehörigkeit dieses Dinges zu $\mathfrak{M}_1$ liefert.

Entscheidbar ist z.B. die Menge $\mathfrak{M}_1$ der ganzzahlig lösbaren Gleichungen unter den Gleichungen mit ganzzahligen Koeffizienten in einer Unbekannten bez. der Menge $\mathfrak{M}_2$ all dieser Gleichungen. Für beliebige *diophantische* Gleichungen ist die entsprechende Frage nach der Entscheidbarkeit noch offen (10. *Hilbertsches Problem*).

Wie schon in den vorangehenden Betrachtungen beschränken wir uns auf solche handhabbaren Dinge, die Wort-n-tupel über einem Alphabet sind. Für diesen Fall können wir präzisieren:

1.10 Definition: Es sei $\mathfrak{M} \subset \Omega^n(E)$. $\mathfrak{M}$ heißt *entscheidbar bez.* $\Omega^n(E)$ genau dann, wenn es einen Algorithmus $\mathfrak{A} = \langle \mathfrak{B}, E, A, B, n \rangle$ gibt, so daß $\mathfrak{A}$, angewendet auf ein Element $\mathfrak{w}$ von $\Omega^n(E)$, stets abbricht und als Resultat $\square$ bzw. $|$ liefert, je nachdem ob $\mathfrak{w} \in \mathfrak{M}$ oder nicht. Ein solcher Algorithmus heißt ein *Entscheidungsverfahren* für $\mathfrak{M}$ bez. $\Omega^n(E)$.

Wir bemerken, daß auch in 1.10 der Existenzquantor im *klassischen* Sinn zu verstehen ist.

Die folgende Behauptung ist leicht einzusehen:

1.11: Es sei $\mathfrak{M} \subset \Omega^n(E) \cap \Omega^n(E')$. Dann ist $\mathfrak{M}$ entscheidbar bez. $\Omega^n(E)$ genau dann, wenn $\mathfrak{M}$ bez. $\Omega^n(E')$ entscheidbar ist.

Der Begriff der Entscheidbarkeit läßt sich auf den der Berechenbarkeit zurückführen. Es gilt nämlich

1.12 Satz: *Es sei* $\mathfrak{M} \subset \Omega^n(E)$. $\mathfrak{M}$ *ist entscheidbar bez.* $\Omega^n(E)$ *genau dann, wenn die charakteristische Funktion* $\chi_\mathfrak{M}$ *von* $\mathfrak{M}$ *bez.* $\Omega^n(E)$ *berechenbar ist.*

Hierbei sei unter der *charakteristischen Funktion* $\chi_\mathfrak{M}$ von $\mathfrak{M}$ bez. $\Omega''(E)$ diejenige Funktion *von* $\Omega''(E)$ in $\Omega(E)$ verstanden, die alle Elemente von $\mathfrak{M}$ auf $\square$ und alle Elemente von $\Omega''(E)-\mathfrak{M}$ auf | abbildet.

Der *Beweis* von 1.12 ist einfach. Ist $\mathfrak{M}$ entscheidbar bez. $\Omega''(E)$ und $\mathfrak{A}$ ein Entscheidungsverfahren von $\mathfrak{M}$ bez. $\Omega''(E)$ (o. B. d. A. mit dem Bildalphabet E), so ist $\chi_\mathfrak{M} = f_\mathfrak{A}$ berechenbar. Ist umgekehrt $\chi_\mathfrak{M}$ berechenbar und $\mathfrak{A}$ ein Berechnungsverfahren für $\chi_\mathfrak{M}$, so ist $\mathfrak{A}$ auch ein Entscheidungsverfahren für $\mathfrak{M}$ bez. $\Omega''(E)$.

Wir haben in den einleitenden Beispielen zur Entscheidbarkeit von der Entscheidbarkeit einer Menge $\mathfrak{M}_1$ bez. einer Menge $\mathfrak{M}_2$ gesprochen, in 1.10 jedoch nur den Sonderfall $\mathfrak{M}_2 = \Omega''(E)$ behandelt. In der Praxis ist, wenn etwa $\mathfrak{M}_1 \subseteq \mathfrak{M}_2 \subseteq \Omega''(E)$, stets $\mathfrak{M}_2$ entscheidbar bez. $\Omega''(E)$, und dann ist die Entscheidbarkeit von $\mathfrak{M}_1$ bez. $\mathfrak{M}_2$ gleichbedeutend mit der Entscheidbarkeit von $\mathfrak{M}_1$ bez. $\Omega''(E)$. Wir überlassen den einfachen Beweis dem Leser.

§ 2. Motivierung und Definition von Turing-Maschinen

1. Intuitive Normierung von Algorithmen

Mit 1.1 bis 1.8 können wir den Algorithmenbegriff auf den Begriff der Turing-Maschine zurückführen. Die Präzisierung des Algorithmenbegriffs durch Turing-Maschinen ist zuerst — und unabhängig voneinander — in Turing [10] und Post [8] vorgenommen worden. Unsere Betrachtungen sind weiterhin intuitiver Natur; die Behauptungen können nur exemplarisch, also an Hand von Beispielen, einsichtig gemacht werden. Es ist daher nützlich, alle Behauptungen an konkreten Algorithmen zu prüfen. Wir verweisen in diesem Zusammenhang auf Hermes [4], wo eine Fülle von Beispielen behandelt wird.

Herkömmliche Algorithmen, die mit Worten rechnen, operieren auf „Rechenblättern" verschiedenster Gestalt. Dennoch erscheint es plausibel, daß jeder Algorithmus durch einen solchen simuliert werden kann, der ein nach links begrenztes und nach rechts unbegrenztes *Rechenband* benutzt, das in Felder eingeteilt ist:

$$\boxed{} \cdots$$

(Zu einer zumindest potentiellen Unbegrenztheit zwingt uns der Verzicht auf eine Beschränkung der Wortlängen gemäß 1.7.) Desgleichen erscheint die Forderung nicht wesentlich, daß ein Feld des Bandes *höchstens mit einem Buchstaben* beschriftet werden darf. Wesentlich, jedoch durch 1.1 motiviert, ist die Forderung, daß *höchstens endlich viele Felder beschriftet sein dürfen*. Wir vereinbaren ferner, daß ein *leeres* Feld als mit dem *leeren* Buchstaben a_0 beschriftet gedacht werden soll. Fast alle Felder sind dann mit a_0 beschriftet.

Nach 1.3 erfolgt die Anwendung eines Algorithmus *schrittweise* und führt, solange sie nicht abbricht, von einer Stellung stets zu einer folgenden. Die Vorschrift des Algorithmus enthält neben gewissen *Rahmenvorschriften*, die regeln, wie nach Beendigung der Rechnung u. U. ein Resultat auszusondern ist usf., eine Folge von *Anweisungen*, die den Übergang von einer Stellung zur eventuell folgenden regeln (die nach 1.4 und 1.5 eindeutig bestimmt ist). Eine Anweisung fordert in einer bestimmten Stellung vom Rechnenden ein *Verhalten*. Wir gehen nun von der anschaulichen Vorstellung aus, daß es die Aufgabe des Rechners ist, *die Beschriftung einzelner Felder des Bandes zu ändern, andere Felder des Bandes aufzusuchen oder die Rechnung abzubrechen*. Im zweiten Fall können wir uns darauf beschränken, nur den Wechsel in ein *Nachbarfeld* zuzulassen; Sprünge über mehrere Felder hinweg werden dann entsprechend aufgelöst. Das Feld, auf dem der Rechner zu einem Zeitpunkt operiert, wollen wir das *Arbeitsfeld zu diesem Zeitpunkt* nennen. Man kann sich nun exemplarisch klarmachen, daß man durch eine Verfeinerung der Vorschrift stets erreichen kann, daß eine Änderung der Beschriftung nur im jeweiligen Arbeitsfeld erfolgt. Das gemäß einer Anweisung in einer Stellung geforderte Verhalten kann dann nur darin bestehen, *die Beschriftung des Arbeitsfeldes zu ändern, das Arbeitsfeld in das rechte oder (falls möglich) linke Nachbarfeld zu verlegen oder zu stoppen*. Auf Grund von 1.4 bis 1.6 muß das Verhalten eindeutig und explizit vorgeschrieben werden. Wenn nicht gestoppt wird, hat die Anweisung darüber hinaus zu verfügen, nach welcher Anweisung anschließend verfahren werden soll.

Als letztes bleibt zu analysieren, wovon das Verhalten, das eine Anweisung in einer Stellung verlangt, abhängig gemacht werden kann. Auf Grund von 1.6 können wir annehmen, daß zur Beurteilung der augenblicklichen Stellung zwecks Befolgen einer Anweisung nur *die augenblickliche Bandbeschriftung, das augenblickliche Arbeitsfeld* und die *Geschichte* des Rechenvorganges herangezogen werden. Wir wenden uns zunächst den beiden ersten Charakteristika zu:

Auf Grund von 1.8 können wir beim Rechner nur ein *beschränktes* Gedächtnis voraussetzen. Für die Beurteilung der Stellung kann daher immer nur ein *beschränkter* Teil der Bandinschrift maßgebend sein. Da man die Beobachtung der Beschriftung von maximal k Feldern in eine maximal k-malige Beobachtung der Beschriftung je *eines* Feldes auflösen kann, erscheint die Annahme intuitiv berechtigt, daß zur Beurteilung der augenblicklichen Stellung die Beschriftung nur eines einzigen Feldes benötigt wird, das wir das *Informationsfeld zu diesem Zeitpunkt* nennen wollen. Weiterhin erscheint es plausibel, daß wir Arbeits- und Informationsfeld als *zusammenfallend* voraussetzen können. Denn andernfalls kann man die Vorschrift dahingehend abändern, daß zunächst das Arbeitsfeld auf das Informationsfeld verlegt wird und daß dann — in Abhängigkeit von der Beschriftung dieses Feldes — das ursprüngliche Arbeitsfeld wieder aufgesucht und das geforderte Verhalten ausgeführt wird.

Daher geht in die Beurteilung der Stellung zwecks Durchführung einer Anweisung nur das Arbeitsfeld, seine Beschriftung und die Geschichte des Rechenvorganges ein. Der Rückgriff auf die Geschichte kann jedoch eliminiert werden. Das folgende Beispiel zeigt in einem einfachen Fall, wie solch ein Rückgriff vermieden werden kann:

Das Arbeitsalphabet sei A_1. $\mathfrak{B}$ enthalte $k(\geq 3)$ Anweisungen. Insbesondere laute die erste Anweisung von $\mathfrak{B}$:

Wenn auf dem Arbeitsfeld a_0 steht, stoppe;
wenn auf dem Arbeitsfeld | steht, überdrucke | mit a_0 und verfahre weiter nach der zweiten Anweisung.

und die zweite Anweisung von $\mathfrak{B}$:

Wenn auf dem Arbeitsfeld a_0 steht, überdrucke a_0 mit |, *sofern zuletzt nach der ersten Anweisung verfahren worden ist*, und verfahre weiter nach der dritten Anweisung, andernfalls stoppe;
wenn auf dem Arbeitsfeld | steht, stoppe.

Der kursiv gedruckte Rückgriff in der zweiten Anweisung kann folgendermaßen vermieden werden. Wir fügen eine $(k+1)$te Anweisung ein:

Wenn auf dem Arbeitsfeld a_0 steht, überdrucke a_0 mit | und verfahre weiter nach der dritten Anweisung;
wenn auf dem Arbeitsfeld | steht, stoppe.

Dann ersetzen wir im zweiten Teil der ersten Anweisung „zweiten" durch „$(k+1)$ten" und schreiben die zweite Anweisung folgendermaßen um:

Wenn auf dem Arbeitsfeld a_0 steht, stoppe;
wenn auf dem Arbeitsfeld | steht, stoppe.

Die so modifizierte Vorschrift leistet dasselbe wie die ursprüngliche, und der Rückgriff wird vermieden. Der Einfluß, den die Geschichte des Rechenvorganges auf dessen Fortgang nimmt, kommt nicht mehr *explizit* zum Ausdruck, sondern *nur durch die Stelle der Vorschrift*, d.h. die Nummer der Anweisung (wenn wir uns die Anweisungen durchnumeriert denken), nach der augenblicklich verfahren wird.

Damit haben wir plausibel gemacht:

2.1: Zu jedem Algorithmus gibt es einen extensional gleichen, der auf einem Band der oben beschriebenen Gestalt operiert und für den gilt: Die augenblickliche Stellung bei einer Anwendung ist bestimmt durch das augenblickliche Arbeitsfeld und die augenblickliche Bandinschrift; die augenblickliche Gesamtsituation des Rechenvorganges läßt sich vollkommen beschreiben durch das augenblickliche Arbeitsfeld, die augenblickliche Bandinschrift und die Anweisung (bzw. deren Nummer), nach der augenblicklich verfahren wird. Die einzelnen Anweisungen erfordern vom Rechnenden allein in Abhängigkeit von der Beschriftung des Arbeitsfeldes eindeutig und explizit eine der folgenden Verhaltensweisen: Änderung der Beschriftung des Arbeitsfeldes, Verlegen des Arbeitsfeldes ins rechte oder (falls möglich) ins linke Nachbarfeld, Stoppen. In den ersten beiden Fällen verfügt die Anweisung weiter, nach welcher Anweisung anschließend verfahren werden soll.

2. Turing-Maschinen

Algorithmen, deren Anweisungen die zuletzt beschriebene normierte Gestalt haben, können unmittelbar durch Turing-Maschinen simuliert werden. Nach 2.1 ist es daher plausibel, daß solche Maschinen — unter Übernahme der Rahmenvorschriften — adäquat den Begriff des Algorithmus präzisieren. Da die Rahmenvorschriften, die das Ansetzen auf ein Wort-n-tupel, das Aussondern eines eventuell auftretenden Resultats usf. betreffen, weitgehend problemlos sind, werden wir sie ohne nähere Diskussion an geeigneter Stelle sofort für Turing-Maschinen einführen. Wir möchten darauf hinweisen, daß neben dem von uns betrachteten Maschinentyp eine ganze Reihe untereinander äquivalenter Varianten in der Literatur auftritt. So wird z.B. in Hermes [4] ein Maschinentyp zugrunde gelegt, bei dem (anders als hier) das Rechenband beiderseits unbegrenzt ist.

Eine *Turing-Maschine* (kurz: T.-M.) T besteht im wesentlichen aus einem *Operationswerk*, das endlich vieler diskreter *Zustände* $q_0, ..., q_s$ fähig ist, einem kombinierten *Lese- und Schreibkopf*, einem *Rechenband* der in 1. beschriebenen Art und einer *Verschiebeeinrichtung* für das Band. q_0 heißt der *Anfangszustand* von T. Die Felder des Bandes sind, von links beginnend, mit den Zahlen $0, 1, 2, ...$ durchnumeriert. Der Lese- und Schreibkopf steht jeweils über einem Feld des Bandes, dem augenblicklichen *Arbeitsfeld*. Mittels der Verschiebeeinrichtung kann eines der dem Arbeitsfeld benachbarten Felder unter den Lese- und Schreibkopf gebracht werden oder, wie wir sagen, *das Arbeitsfeld um ein Feld nach rechts oder links ver-*

schoben werden. Der Lese- und Schreibkopf kann die Buchstaben eines Alphabetes $A = \{a_1, ..., a_t\}$ und den Buchstaben a_0 lesen, löschen und drucken. A heißt das *Arbeitsalphabet* von T. Jedes Feld des Bandes ist jeweils mit einem Buchstaben aus $A \cup \{a_0\}$ beschriftet, wobei fast alle Felder den Buchstaben a_0 tragen.

Die folgende Abb. 1 soll eine anschauliche Vorstellung von einer Turing-Maschine vermitteln.

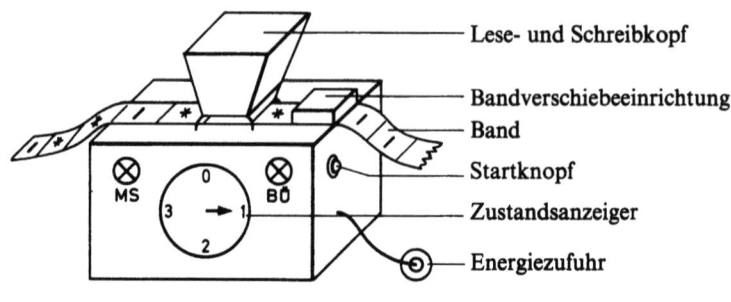

Abb. 1

Die Lampe MS leuchtet auf, wenn eine Stoppanweisung befolgt wird („Maschinenstopp"; s. u.), die Lampe BÜ, wenn gestoppt wird, weil sich das Anfangsfeld des Bandes unter dem Lese- und Schreibkopf befindet und das geforderte Verhalten darin besteht, das Arbeitsfeld um ein Feld nach links zu verlegen („Bandüberschreitung"; s. u.).

Bevor wir allgemein die Arbeitsweise von T.-M. beschreiben, wollen wir eine konkrete T.-M. T mit dem Arbeitsalphabet $\{|\}$ und den drei Zuständen q_0, q_1, q_2 bei der Arbeit beobachten. Die Arbeitsweise von T kann folgendermaßen beschrieben werden:

Tätigkeit im Zustand q_0:
Unabhängig von der Beschriftung des Arbeitsfeldes (d.h. gleichgültig, ob auf dem Arbeitsfeld $\star$ oder $|$ steht) verschiebt T das Arbeitsfeld um ein Feld nach rechts und geht in den Zustand q_1.

Tätigkeit im Zustand q_1:
T überdruckt den auf dem Arbeitsfeld stehenden Buchstaben (d. h. $\star$ oder $|$) mit $|$ und geht in den Zustand q_2.

Tätigkeit im Zustand q_2:
T stoppt, unabhängig von der Beschriftung des Arbeitsfeldes.

Offensichtlich leistet T das folgende: Bei Ansetzen auf ein Feld des Bandes (Zustand q_0!) verschiebt T das Arbeitsfeld um ein Feld nach rechts, überdruckt den auf diesem Feld stehenden Buchstaben mit $|$ und stoppt.

Später werden wir die Arbeitsweise von T durch die folgende Matrix (die sog. Tafel von T) wiedergeben (wobei das jeweils am Ende der beiden letzten Zeilen stehende q_2 belanglos ist):

$$q_0 \star r q_1$$
$$q_0 \mid r q_1$$
$$q_1 \star \mid q_2$$
$$q_1 \mid \mid q_2$$
$$q_2 \star s q_2$$
$$q_2 \mid s q_2.$$

Wir wollen nun an einem Beispiel in einer Reihe von Zeichnungen veranschaulichen, wie T arbeitet. Dazu wählen wir das Anfangsfeld des Bandes als erstes Arbeitsfeld und nehmen an, daß das Band nur leere Buchstaben enthält. In den Zeichnungen verzichten wir auf die Wiedergabe des Lese- und Schreibkopfes und der Bandverschiebeeinrichtung (außer in Abb. 3); wir deuten das Arbeitsfeld durch stärkere Umrahmung an.

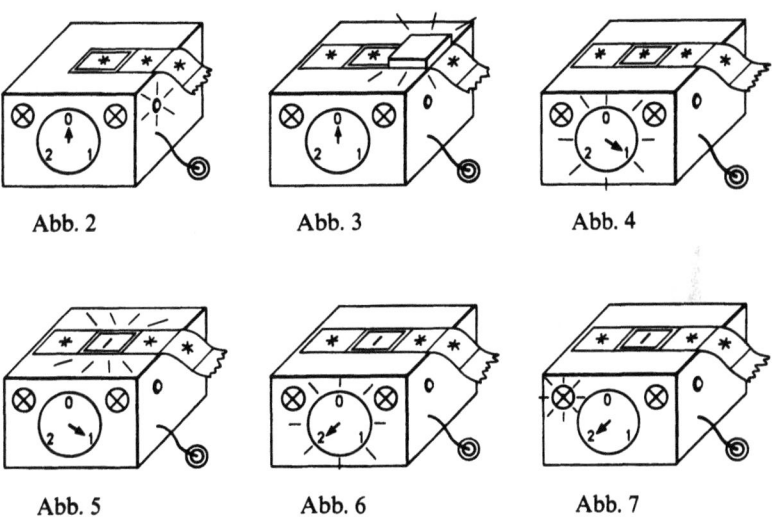

Abb. 2   Abb. 3   Abb. 4

Abb. 5   Abb. 6   Abb. 7

T wird im Zustand q_0 gestartet (Abb. 2), sieht auf dem Arbeitsfeld $\star$, verschiebt daraufhin das Arbeitsfeld um ein Feld nach rechts (Abb. 3) und geht in den Zustand q_1 (Abb. 4). Dann überdruckt T den auf dem augenblicklichen Arbeitsfeld stehenden $\star$ mit $\mid$ (Abb. 5) und geht in den Zustand q_2 (Abb. 6). Da von T in dieser Situation

das Stoppverhalten gefordert wird, stoppt T, und die Lampe MS leuchtet auf (Abb. 7). —
    Nach diesen Vorbereitungen wollen wir nun eine allgemeine Beschreibung geben.
    Die Arbeitsweise einer T.-M. T (mit dem Arbeitsalphabet $A = A_t$ und den Zuständen $\boldsymbol{q}_0, ..., \boldsymbol{q}_s$) wird durch die *Tafel* von T beschrieben. Die Tafel von T ist eine 4spaltige und $(s+1)(t+1)$-zeilige Matrix, deren $(j(t+1)+k+1)$-te Zeile $(0 \le j \le s, 0 \le k \le t)$ die Gestalt

$$q_j a_k v_{jk} q_{jk}$$

hat mit $v_{jk} \in A \cup \{\boldsymbol{a}_0, r, l, s\}$ und $q_{jk} \in \{\boldsymbol{q}_0, ..., \boldsymbol{q}_s\}$. r, l und s sind neue Symbole. Wir nennen v_{jk} das *Verhalten* und q_{jk} den *Folgezustand* der Zeile. Als Kurzmitteilung für Zeilen der Tafel benutzen wir

$$q a v q',$$

insbesondere

$$q a a' q', q a r q' \quad \text{bzw.} \quad q a l q',$$

falls das Verhalten ein Buchstabe aus $A \cup \{\boldsymbol{a}_0\}$, r bzw. l ist.
    T arbeitet nun folgendermaßen: Befindet sich T im Zustand q, liest zunächst der Lese- und Schreibkopf die Beschriftung a des Arbeitsfeldes. Ist $q a v q'$ die (eindeutig bestimmte) Zeile der Tafel von T, die mit $q a$ beginnt, so löscht der Lese- und Schreibkopf die Beschriftung des Arbeitsfeldes und druckt v darauf, falls $v \in A \cup \{\boldsymbol{a}_0\}$. (Wir sagen kürzer: T druckt v.) Ist $v = r$, wird das Arbeitsfeld um ein Feld nach rechts verschoben. Ist $v = l$ und das Arbeitsfeld nicht das nullte Feld, wird das Arbeitsfeld um ein Feld nach links verschoben. In all diesen Fällen geht T anschließend in den Folgezustand q' über, und die Tätigkeit wiederholt sich entsprechend. Ist $v = l$ und das Arbeitsfeld das nullte Feld, ist das geforderte Verhalten undurchführbar: T bleibt dann *stehen*. Wir sagen in diesem Fall, daß T eine *Bandüberschreitung* macht. Ist schließlich $v = s$, bleibt T ebenfalls *stehen*, und wir sagen, daß T einen *Maschinenstopp* macht. Wir verwenden *stoppen* synonym mit *stehenbleiben*.
    Offensichtlich entspricht jede Teilmatrix der Tafel von T, die aus den mit gleichem q beginnenden Zeilen besteht, einer Anweisung von der in 1. entwickelten Art, die Zustände von T daher den Nummern der Anweisungen in einer entsprechenden Algorithmenvorschrift.
    Wir werden nicht immer streng zwischen einer T.-M. und ihrer Tafel unterscheiden. Tafeln sind handhabbare Objekte und treten in den Vordergrund, wenn T.-M. als handhabbare Objekte behandelt werden (für eine Tafel T ist dann $M(T)$ die T zugeordnete Maschine).

Wir fassen eine Bandinschrift (oder kürzer: *Inschrift*) auf als eine Funktion $\mathfrak{J}$ von $\mathbb{N}$ in $A \cup \{a_0\}$, die jedem i den Buchstaben zuordnet, der auf dem i-ten Feld des Bandes steht. Es ist $\mathfrak{J}(i) \neq *$ für höchstens endlich viele i.

Wie bei den in 1. ausgesonderten Algorithmen ist die Gesamtsituation des Rechenvorganges eindeutig bestimmt durch das Tripel $(m, \mathfrak{J}, q)$, wobei m die Nummer des augenblicklichen Arbeitsfeldes, $\mathfrak{J}$ die augenblickliche Inschrift und q der augenblickliche Zustand von T ist. Wir nennen solch ein Tripel eine *Konfiguration* von T. Als Mitteilungszeichen für Konfigurationen verwenden wir $C, \ldots$ Konfigurationen, deren dritte Komponente q_0 ist, heißen *Anfangskonfigurationen*.

$C = (m, \mathfrak{J}, q)$ sei eine Konfiguration von T. Ist $q\mathfrak{J}(m)vq'$ die mit $q\mathfrak{J}(m)$ beginnende Zeile der Tafel von T, so führt das Verhalten v, sollte $v \neq s$ sein und nicht zugleich $v = l$ und $m = 0$, zu einem neuen Arbeitsfeld mit der Nummer m' (wobei natürlich $m = m'$ gelten kann) und zu einer neuen Inschrift $\mathfrak{J}'$ (wobei natürlich $\mathfrak{J} = \mathfrak{J}'$ gelten kann), und T geht dann in den Zustand q' über. Die eindeutig bestimmte Konfiguration $C' = (m', \mathfrak{J}', q')$ nennen wir die *Folgekonfiguration* von C. Ist hingegen $v = s$, oder $v = l$ und $m = 0$, besitzt C keine Folgekonfiguration. Wir nennen C dann eine *Endkonfiguration* (von T).

T auf eine Inschrift $\mathfrak{J}$ im Arbeitsfeld m ansetzen heißt, die Anfangskonfiguration $C_0 = (m, \mathfrak{J}, q_0)$ wählen. C_0 bestimmt eindeutig eine endliche oder unendliche *Konfigurationsfolge* $C_0, C_1, C_2, \ldots$, in der stets C_{i+1} die Folgekonfiguration von C_i ist und in der C_i genau dann letztes Glied ist, wenn C_i eine Endkonfiguration ist. In Anlehnung an die Vorstellung des schrittweisen Operierens von T nennen wir C_i die *Konfiguration nach dem i-ten Schritt*. Insbesondere ist C_0 die Konfiguration nach dem nullten Schritt. Sind C_i und C_{i+1} Glieder der Folge, so sagen wir, daß T im $(i+1)$-ten Schritt von C_i nach C_{i+1} *übergeht*. Ist C_i letztes Glied dieser Folge, so sagen wir, daß *T nach dem i-ten Schritt stehenbleibt*.

T bleibt, angesetzt auf die Inschrift $\mathfrak{J}$ im Arbeitsfeld m, nach endlich vielen Schritten stehen heißt: Die durch $C_0 = (m, \mathfrak{J}, q_0)$ bestimmte Konfigurationsfolge besitzt ein letztes Glied.

Einer Konfiguration $C = (m, \mathfrak{J}, q)$ ordnen wir die *Stellung* $S = (m, \mathfrak{J})$ zu. Stellungen – wir teilen sie fortan durch $S, \ldots$ mit – dienen einer bequemen Beschreibung von Rechenvorgängen, wenn es auf die Zustände nicht ankommt. Einer Konfigurationsfolge entspricht eine *Folge von Stellungen*. Für diese übernehmen wir in naheliegender Weise die gerade für Konfigurationsfolgen eingeführten Redeweisen. Insbesondere: *Eine Stellung $S = (m, \mathfrak{J})$ als Anfangsstellung wählen* heißt, $(m, \mathfrak{J}, q_0)$ als Anfangskonfiguration wählen. Eine *Endstellung* bei einem Rechenvorgang ist die der zugehörigen Endkonfiguration zugeordnete Stellung.

$C=(m,\mathfrak{J},q)$ sei eine Konfiguration und $\mathfrak{J}(i)=a_i$ für $i\geq 0$. Dann benutzen wir

$$a_0 \ldots a_m^q \ldots \quad \text{oder} \quad a_0 \ldots q_m \ldots$$

als eine anschauliche Mitteilung für C bzw. für die C zugeordnete Stellung. Oft ändern wir die Schreibweise, entsprechend den jeweiligen Bedürfnissen, in augenfälliger Weise ab. Nicht interessierende zusammenhängende Teile der Inschrift geben wir häufig durch $\frown$ an, durch $\sim$, falls es sich um die Beschriftung eines einzigen Feldes handelt.

Für die Mitteilung von Stellungen vereinbaren wir insbesondere:
(a) Wir erlauben uns manchmal, nur die jeweils interessierenden Teile der Inschrift anzugeben. Beispiel: $\star\frown|\sim\star$.
(b) Spielt das (linke) Bandende eine Rolle, deuten wir es durch $\exists$ an. Beispiel: $\exists\star\star|\star|$.
(c) $\star\cdots$ am Ende einer Mitteilung besagt, daß alle rechts liegenden Felder mit $\star$ bedruckt sind. Beispiel: $\exists\star|\overset{\uparrow}{\star}\cdots$.

Wir glauben, daß sich angesichts der suggestiven Schreibweisen jeweils eine exakte Definition erübrigt.

Sind S und S' mögliche Stellungen von T, so schreiben wir

$$S \overset{T}{\Longrightarrow} S',$$

um anzudeuten, daß T, wenn man S als Anfangsstellung wählt, nach endlich vielen Schritten stehenbleibt, wobei S' die Endstellung ist. Beispiel:

$$\exists\star w\overset{\uparrow}{\star}\cdots \overset{T}{\Longrightarrow} \exists\sim\star|\overset{\uparrow}{\star}.$$

Zur bequemeren Definition der Turing-berechenbaren Funktionen führen wir noch einige weitere Redeweisen ein:

T hinter ein Wort w bzw. *hinter ein Wort-n-tupel* $(w_1,\ldots,w_n)$ *über A ansetzen* heißt,

$$\exists\star w\overset{\uparrow}{\star}\cdots \quad \text{bzw.} \quad \exists\star w_1\star\cdots\star w_n\overset{\uparrow}{\star}\cdots$$

als Anfangsstellung wählen.

T vor ein Wort w bzw. *vor ein Wort-n-tupel* $(w_1,\ldots,w_n)$ *über A ansetzen* heißt,

$$\exists\overset{\uparrow}{\star}w\star\cdots \quad \text{bzw.} \quad \exists\overset{\uparrow}{\star}w_1\star\cdots\star w_n\star\cdots$$

als Anfangsstellung wählen.

T auf das leere Band ansetzen heißt,

$$\exists\overset{\uparrow}{\star}\cdots$$

als Anfangsstellung wählen.

w sei ein Wort über A:
T stoppt, angesetzt auf die Inschrift $\mathfrak{J}$ im Arbeitsfeld m, hinter bzw. vor w heißt (mit $S=(m,\mathfrak{J})$):

$$S \xRightarrow{T} \exists \sim {}_\uparrow{\star} w {\star} \quad \text{bzw.} \quad S \xRightarrow{T} \exists \sim {\star}_\uparrow w {\star}.$$

(Es wird bei der Endstellung nichts über die Beschriftung ausgesagt, die sich an den rechten $\star$ anschließt.)

Wenn T, angesetzt auf eine Inschrift $\mathfrak{J}$ in einem Arbeitsfeld m, *hinter* einem Wort w über A stoppt, so ist das letzte Arbeitsfeld, selbst wenn $w=\square$, nicht das nullte Feld; T muß also einen *Maschinenstopp* gemacht haben.

3. Turing-berechenbare Funktionen

T sei eine T.-M. mit dem Arbeitsalphabet A. Es seien $E, B \subset A$ und $n \geq 0$. *T bestimmt eine n-stellige Funktion f aus $\Omega^n(E)$ in $\Omega(B)$* gemäß folgender Direktive: $\mathfrak{w} \in \Omega^n(E)$ gehöre genau dann zu *Def f*, wenn T, angesetzt hinter $\mathfrak{w}$, hinter einem Wort aus $\Omega(B)$ stoppt, und dieses Wort sei der Wert von f für $\mathfrak{w}$. Es gilt also mit $(w_1,\ldots,w_n) \in \Omega^n(E)$:

$$\exists {\star} w_1 {\star} \cdots {\star} w_n {\star}_\uparrow \cdots \xRightarrow{T} \exists \sim {\star} f(w_1,\ldots,w_n) {\star}_\uparrow,$$

falls $(w_1,\ldots,w_n) \in Def f$. Falls dagegen $(w_1,\ldots,w_n) \notin Def f$, bleibt T, angesetzt hinter $(w_1,\ldots,w_n)$, *nicht hinter einem Wort aus $\Omega(B)$ stehen.*

In Anlehnung an 1.9 definieren wir für $n \geq 0$:

2.1 Definition: Eine Funktion f aus $\Omega^n(E)$ in $\Omega(B)$ heißt *Turing-berechenbar* (oder kurz: T.-b.) genau dann, wenn es eine T.-M. mit einem E und B umfassenden Arbeitsalphabet A gibt, so daß f die durch T bestimmte n-stellige Funktion aus $\Omega^n(E)$ in $\Omega(B)$ ist. Von einer solchen T.-M. T sagen wir, daß sie *f berechnet.*

Wir weisen darauf hin, daß, ähnlich wie in 1.9, der Existenzquantor in 2.1 im *klassischen* Sinn zu verstehen ist. Anschaulich besagt 2.1, wenn f eine T.-b. Funktion aus $\Omega^n(E)$ in $\Omega(B)$ ist und T eine T.-M., die f berechnet: Setzt man T auf ein $\mathfrak{w} \in \Omega^n(E)$ an, so bleibt T nicht stehen oder T macht eine Bandüberschreitung oder T macht einen Maschinenstopp. Bleibt im letzten Fall T hinter einem Wort w stehen und ist $w \in \Omega(B)$, so ist $\mathfrak{w} \in Def f$ und $f(\mathfrak{w}) = w$. In allen anderen Fällen ist $\mathfrak{w} \notin Def f$.

Das Ansetzen von T auf ein Argument einer durch T berechneten T.-b. Funktion und die Bestimmung des Funktionswertes auf die in 2.1 geregelte Weise machen die *Rahmenvorschrift* aus. Damit ist der Anschluß an die Algorithmen voll hergestellt. Auf Grund der einleitenden Bemerkungen von 2. erscheint es plausibel, daß *die T.-b. Funktionen eine adäquate Präzisierung der im intuitiven Sinn berechenbaren Funktionen darstellen.*

Später benötigen wir häufig den technisch wichtigen Begriff der *normiert* T.-b. Funktion:

2.2 Definition: Eine Funktion f aus $\Omega^n(E)$ in $\Omega(B)$ heißt *normiert* T.-b. genau dann, wenn es eine T.-M. T gibt, die f berechnet und für die gilt: Ist $\mathfrak{w} \in \Omega^n(E)$ und $\mathfrak{w} \notin Def f$, so stoppt T, angesetzt hinter $\mathfrak{w}$, *nicht*. Ist dagegen $\mathfrak{w} \in Def f$ und $\mathfrak{w} = (w_1, \ldots, w_n)$, so gilt:

$$\exists \star w_1 \star \cdots \star w_n \underset{\uparrow}{\star} \cdots \overset{T}{\Longrightarrow} \exists \star w_1 \star \cdots \star w_n \star f(w_1, \ldots, w_n) \underset{\uparrow}{\star} \cdots.$$

Von einer solchen T.-M. T sagen wir, daß sie f *normiert* berechnet.

Jede normiert T.-b. Funktion ist T.-b. Die Umkehrung dieses Sachverhaltes zeigen wir in § 4 des folgenden Artikels.

Die Bedeutung der normierten Berechnung liegt in folgendem: Berechnet T die Funktion f aus $\Omega^n(E)$ in $\Omega(B)$ normiert, so gilt:

Wenn $\mathfrak{w} = (w_1, \ldots, w_n) \in \Omega^n(E) - Def f$, so stoppt T, angesetzt gemäß

$$\exists \frown \star w_1 \star \cdots \star w_n \underset{\uparrow}{\star} \cdots,$$

nicht. Ist dagegen $\mathfrak{w} \in Def f$, leistet T

$$\exists \frown \star w_1 \star \cdots \star w_n \underset{\uparrow}{\star} \cdots \overset{T}{\Longrightarrow} \exists \frown \star w_1 \star \cdots \star w_n \star f(\mathfrak{w}) \underset{\uparrow}{\star} \cdots,$$

ohne dabei über den linken Stern hinauszulaufen. Der Bandinhalt $\frown$ ist also für die Arbeitsweise von T belanglos und wird während der Berechnung nicht geändert.

Turing-Maschinen und berechenbare Funktionen II

F.-K. Mahn

Dies ist der zweite Teil eines einführenden Artikels über Turing-Maschinen und berechenbare Funktionen. Der erste und der dritte Teil, beide von H.-D. Ebbinghaus, finden sich ebenfalls in diesem Heft; der Einfachheit halber haben wir die Paragraphen durch alle drei Teile des Artikels fortlaufend numeriert.

In diesem Teil werden in § 3 einfache Beispiele für Turing-Maschinen gegeben, und es wird eine Methode behandelt, Turing-Maschinen durch Flußdiagramme anzugeben. In § 4 wird gezeigt, daß sich jede Turing-berechenbare Funktion durch eine Turing-Maschine ohne Hilfsbuchstaben normiert berechnen läßt, und in § 5 schließlich werden einfache Beispiele für unentscheidbare Mengen behandelt.

Voraussetzung zum Verständnis dieses Artikels ist die Kenntnis von Turing-Maschinen und berechenbare Funktionen I von H.-D. Ebbinghaus.

§ 3. Beispiele für Turing-Maschinen. Turing-Diagramme

Im folgenden wollen wir zur Einführung, aber auch weil wir die Maschinen später benötigen werden, einige einfache Turing-Maschinen angeben.

1. Die Elementarmaschinen

Die Elementarmaschinen sind Turing-Maschinen mit dem Arbeitsalphabet A_t. Angesetzt auf eine beliebige Stellung nehmen sie „elementare" Veränderungen vor.

a) Eine Turing-Maschine a_i ($0 \leq i \leq t$), die, angesetzt auf eine beliebige Stellung, auf das Arbeitsfeld den Buchstaben a_i *druckt* und dann auf diesem Feld stehenbleibt, ohne die übrige Inschrift zu ändern. Offensichtlich leistet dies die Maschine mit der Tafel

$$q_0 a_0 a_i q_1$$
$$\vdots$$
$$q_0 a_t a_i q_1$$
$$q_1 a_0 s q_1$$
$$\vdots$$
$$q_1 a_t s q_1 \,.$$

Im ersten Schritt wird nämlich auf das Arbeitsfeld unabhängig von seiner Beschriftung der Buchstabe a_i gedruckt und nach dem ersten Schritt gestoppt.

b) Eine Turing-Maschine r, die, angesetzt auf eine beliebige Stellung, das Arbeitsfeld um ein Feld nach *rechts* verlegt und dann stehenbleibt, ohne die Inschrift des Bandes geändert zu haben. Dies leistet

$$q_0 a_0 r q_1$$
$$\vdots$$
$$q_0 a_t r q_1$$
$$q_1 a_0 s q_1$$
$$\vdots$$
$$q_1 a_t s q_1 \,.$$

c) Eine Turing-Maschine l, die, angesetzt auf eine beliebige Stellung, das Arbeitsfeld um ein Feld nach *links* verlegt und dann stehen bleibt, ohne die Inschrift des Bandes geändert zu haben. Diese Anweisung ist nicht immer ausführbar (nämlich dann nicht, wenn die Maschine auf das Feld mit der Nummer 0 angesetzt wird). In diesem Fall wollen wir verlangen, daß die Maschine wegen Bandüberschreitung auf dem Feld mit der Nummer 0 stehenbleibt, ohne die Inschrift geändert zu haben. Dies leistet

$$q_0 a_0 l q_1$$
$$\vdots$$
$$q_0 a_t l q_1$$
$$q_1 a_0 s q_1$$
$$\vdots$$
$$q_1 a_t s q_1 \,.$$

2. Weitere Maschinen

a) Eine Maschine, die, angesetzt auf eine beliebige Stellung, das Arbeitsfeld um drei Felder nach rechts verlegt, dorthin den Buchstaben a_0 druckt und dann stehenbleibt, ohne die übrige

Inschrift geändert zu haben. Dies leistet

$$q_0 a_0 r q_1$$
$$\vdots$$
$$q_0 a_t r q_1$$
$$q_1 a_0 r q_2$$
$$\vdots$$
$$q_1 a_t r q_2$$
$$q_2 a_0 r q_3$$
$$q_2 a_t r q_3$$
$$q_3 a_0 a_0 q_4$$
$$\vdots$$
$$q_3 a_t a_0 q_4$$
$$q_4 a_0 s q_4$$
$$\vdots$$
$$q_4 a_t s q_4 \, .$$

b) Eine Turing-Maschine, die, angesetzt auf

$$\sim \star w \underset{\uparrow}{\star} \ldots,$$

nach endlich vielen Schritten stehenbleibt und zwar auf

$$\sim \star w \star w \underset{\uparrow}{\star} \ldots.$$

Dabei soll die Turing-Maschine während der Arbeit nicht auf den durch „$\sim$" angegebenen Teil der Inschrift laufen, ihn also insbesondere nicht verändern. Der Einfachheit halber wählen wir als Eingabe- und Arbeitsalphabet A_1 (für das Eingabe- und Arbeitsalphabet A_t wird eine Turing-Maschine, die das Verlangte leistet, in Nr. 8 gegeben).

Zweckmäßigerweise wollen wir uns für diese Arbeit zuerst ein „Flußdiagramm" überlegen, wie man es auch zum Herstellen von Programmen für elektronische Rechenanlagen verwendet.

(Zur Erklärung der Arbeitsweise sei gesagt, daß w Buchstabe für Buchstabe kopiert wird und daß die Maschine „sich merkt", welchen Buchstaben von w sie im Moment kopiert, dadurch daß sie diesen Buchstaben löscht und nach der Ausführung der Kopie wieder hinschreibt. Daß die Maschine mit der Kopie von w fertig ist, „merkt" sie daran, daß sie auf die Frage im angekreuzten Kasten die Antwort „a_0" erhält; denn dann steht sie auf dem Feld unmittelbar hinter w.)

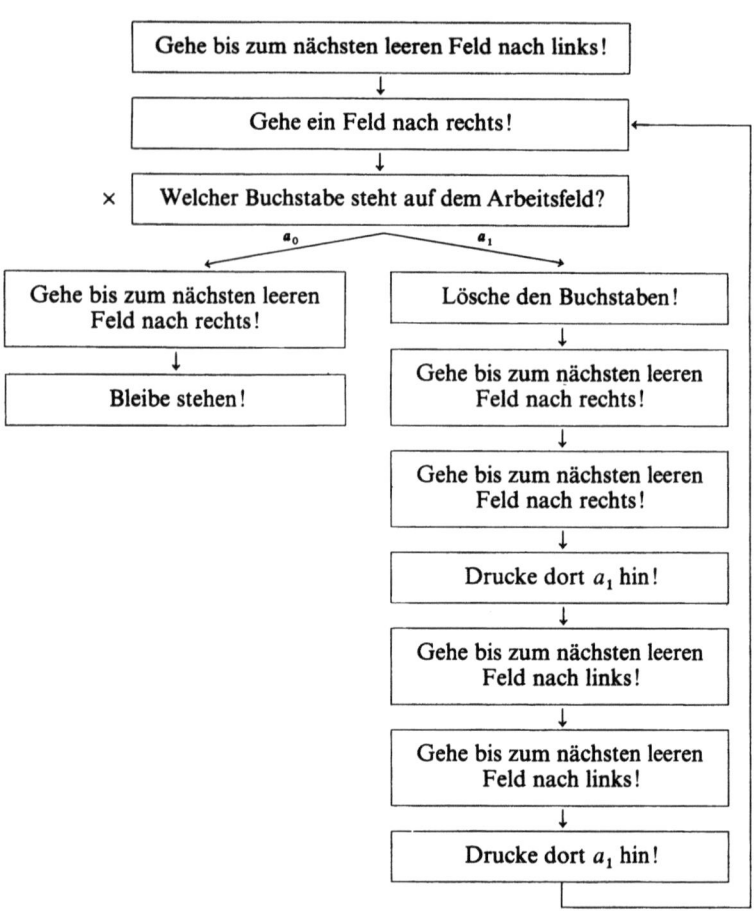

Wegen dieses Flußdiagramms wird plausibel, daß die Turing-Maschine mit der folgenden Tafel das Verlangte leistet:

$q_0 \ast l q_1$ $q_4 \ast r q_5$ $q_8 \ast | q_2$

$q_0 | l q_1$ $q_4 | l q_1$ $q_8 | l q_8$

$q_1 \ast \ast q_2$ $q_5 \ast r q_6$ $q_9 \ast s q_9$

$q_1 | l q_1$ $q_5 | r q_5$ $q_9 | r q_9$.

$q_2 \ast r q_3$ $q_6 \ast | q_7$

$q_2 | r q_3$ $q_6 | r q_6$

$q_3 \ast r q_9$ $q_7 \ast l q_8$

$q_3 | \ast q_4$ $q_7 | l q_7$

3. Motivationen für Turing-Diagramme

An den Beispielen aus Nr. 2 wird deutlich, daß selbst für einfache Aufgaben die Turing-Maschinen sehr kompliziert werden. Wünschenswert wäre eine allgemeine Methode, beliebige Turing-Maschinen „zusammenzukoppeln". Im Beispiel a) hätten wir nämlich einfach drei Maschinen r und eine Maschine a_0 hintereinandergekoppelt; im Beispiel b) hätten wir zuerst Maschinen für die Teilaufgaben konstruiert und diese dann aneinandergekoppelt.

Am Beispiel b) wird am angekreuzten Kasten auch deutlich, daß neben einfachem Zusammenkoppeln (unabhängig davon, welcher Buchstabe auf dem letzten Arbeitsfeld vor dem Maschinenstopp von M steht, soll die Maschine M' weiterarbeiten) auch eine differenziertere Zusammenkopplung wünschenswert wäre (steht auf dem letzten Arbeitsfeld vor dem Maschinenstopp von M der Buchstabe a_0, soll die Maschine M'_0 weiterarbeiten, ..., steht dort a_t, soll die Maschine M'_t weiterarbeiten). Das einfache Zusammenkoppeln kann man als Spezialfall dieses differenzierten Zusammenkoppelns auffassen.

4. Definition der Turing-Diagramme

Mit Nr. 3 gelangen wir zu folgender Definition: $M_1, ..., M_n$ seien Symbole für gegebene Turing-Maschinen, die alle dasselbe Arbeitsalphabet A_t haben. Mittels dieser Symbole und des von ihnen verschiedenen „·" lassen sich *Turing-Diagramme D* herstellen, indem man einige dieser Symbole hinschreibt (u. U. auch mehrfach) und durch Pfeile, an denen Buchstaben stehen, miteinander verbindet. Darüberhinaus wollen wir verlangen, daß

(i) das Symbol · (Punkt) in D genau einmal vorkommt (es soll anzeigen, wo man mit der Arbeit zu beginnen hat)

und daß (ii) von jedem Symbol für jedes $j = 0, ..., t$ höchstens ein Pfeil mit dem Buchstaben a_j ausgeht (es soll eindeutig bestimmt sein, welche Maschine weiterarbeiten soll, nachdem eine andere wegen Maschinenstopps auf einem mit a_j beschriebenen Feld stehengeblieben ist).

Man beachte, daß ein Pfeil auch von einem Symbol zu demselben zurückkehren kann.

5. Erklärung der Arbeitsweise einer durch ein Diagramm gegebenen Maschine T

T werde auf eine bestimmte Stellung angesetzt.
Auf dem Arbeitsfeld möge der Buchstabe a stehen. Geht kein Pfeil mit dem Buchstaben a vom Punkt aus, soll T wegen Maschinenstopps stehenbleiben. Geht dagegen vom Punkt ein Pfeil mit dem Buchstaben a aus, ist es wegen (ii) auch nur einer. Dieser endet bei einem Symbol M_i oder beim Punkt. Der zweite Fall ist uninteressant; wir können etwa verlangen, daß die Maschine, ohne die Stellung zu ändern, immer weiter läuft, also nie stehenbleibt. Im ersten Fall soll T zuerst wie M_i, angesetzt auf dieselbe Stellung, arbeiten: T macht Bandüberschreitung, wenn M_i dies tut, T bleibt nie stehen, wenn M_i nie stehen bleibt, und erreicht auch sukzessive dieselben Stellungen wie M_i. Sollte dagegen M_i im Laufe der Rechnung Maschinenstopp machen, soll T stattdessen feststellen, welcher Buchstabe auf dem augenblicklichen Arbeitsfeld steht. Geht nun im Diagramm kein Pfeil mit diesem Buchstaben von M_i aus, soll auch T wegen Maschinenstopps stehenbleiben. Geht dagegen ein solcher Pfeil von M_i aus, soll T wie die an dessen Ende stehende Maschine, angesetzt auf die augenblickliche Stellung, weiterarbeiten, usf..

Obwohl nun wegen unserer Ausführungen in § 2, Nr. 1 und 2 plausibel ist, daß das hier angegebene Arbeitsverfahren durch eine Turing-Maschine mit einer bestimmten Tafel simuliert werden kann, ist es doch wünschenswert, konkret eine Methode anzugeben, mit der man zu einem gegebenen Diagramm eine Tafel wirklich herstellen kann. Dann kann man nämlich die Turing-Diagramme als Hilfsmittel zur Angabe von *Turing*-Maschinen verwenden. Wir werden in Nr. 7 eine solche Methode angeben.

6. Beispiele für Turing-Diagramme. Weitere Vereinfachungen

Das Arbeitsalphabet aller in den folgenden Beispielen für Diagramme vorkommenden Maschinen sei A_t.

a)

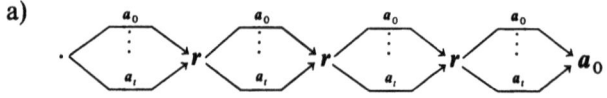

Offensichtlich leistet die durch dieses Diagramm gegebene Maschine dasselbe, wie die Turing-Maschine aus dem Beispiel a) in Nr. 2.

b) Eine Maschine R, die

erreicht: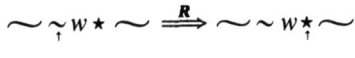

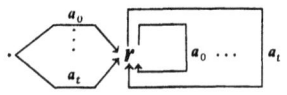

Die beiden Beispiele legen folgende weitere Vereinfachungen nahe:

(iii) geht von einem Symbol zu einem anderen für jedes $j = 0,\ldots,t$ ein Pfeil mit a_j, so darf man all diese Pfeile durch *einen Pfeil ohne Buchstaben* ersetzen;

(iv) fehlen zwischen zwei Symbolen nur wenige Pfeile, so darf man die vorhandenen Pfeile durch einen ersetzen, an den man die Buchstaben der fehlenden Pfeile, mit $\neq$ davor, schreibt;

(v) ist der Punkt mit einem Symbol durch alle Pfeile verbunden, so darf man ihn weglassen, muß dafür aber das betreffende Symbol als *Anfangssymbol* auszeichnen, etwa dadurch, daß man es *einkreist* oder *am weitesten links* hinschreibt;

(vi) schließlich darf man zwischen nebeneinanderstehenden Symbolen den ungezeichneten Pfeil ganz weglassen und M^n für $\underbrace{M \ldots M}_{n\text{-mal}}$ schreiben.

Beispiel a) läßt sich damit vereinfachen zu

$$r^3 a_0,$$

Beispiel b) zu

$$\boxed{\overset{\neq a_0}{\underset{\rightarrow r}{}}}$$

Eine weitere Vereinfachung betrifft die Arbeitsalphabete der in einem Diagramm vorkommenden Maschinen. Oben hatten wir verlangt, daß alle Maschinen dasselbe Arbeitsalphabet A_t hätten, und dieses dann zum Arbeitsalphabet der durch das Diagramm gegebene Maschine gemacht. Wir wollen hier noch folgende Konvention vereinbaren: Wenn ein Arbeitsalphabet A_t für ein Diagramm D vorgegeben wird und T ein Symbol für eine Turing-Maschine mit dem kleineren Alphabet A_s als Arbeitsalphabet ist, darf T in D abkürzend verwandt werden für diejenige Turing-Maschine, deren Tafel man erhält, indem man zur Tafel von T für jeden Zustand q von T und jeden Buchstaben a aus $A_t - A_s$ die Zeile $qasq$ hinzunimmt[1].

7. Konstruktion von Tafeln aus Diagrammen

Die Erklärung der Arbeitsweise einer durch ein (nicht vereinfachtes) Diagramm gegebenen Maschine legt folgende Methode nahe, aus diesem Diagramm eine Tafel für die Maschine zu konstruieren. (Wir werden diese Tafel nur „bis auf Umnumerierung der Zustände" festlegen; denn für uns ist vor allem die Folge der Stellungen wichtig, die eine Turing-Maschine, angesetzt auf eine beliebige Stellung, durchläuft. Man macht sich aber leicht klar, daß es dafür, abgesehen von q_0, nicht auf die Numerierung der Zustände ankommt. Außerdem kann man die folgende Konstruktion so präzisieren, daß auch die Nummern der Zustände eindeutig festliegen.)

Zuerst erreiche man (etwa durch Indizierung von mehrfach im Diagramm vorkommenden Symbolen), daß jedes Symbol nur einmal vorkommt (das dient nur dazu, das Verfahren einfacher darzustellen). Danach stelle man zu jedem Symbol die zugehörige Tafel her, schreibe alle Tafeln in irgendeiner Reihenfolge untereinander und numeriere die Zustände aller Tafeln fortlaufend, mit q_1 beginnend, neu durch. Aus dem Zustand q_0 der zum Symbol M gehörigen Tafel entstehe dabei der neue Zustand q_M.

Jetzt füge man hinzu: für alle a, für die ein Pfeil mit a vom Punkt zum Punkt zurückgeht, die Zeile

$$q_0 a a q_0,$$

für alle a, für die ein Pfeil mit a vom Punkt zu einem Symbol M geht, die Zeile

$$q_0 a a q_M,$$

schließlich für alle a, für die kein Pfeil mit a vom Punkt ausgeht, die Zeile

$$q_0 a s q_0.$$

Zuletzt ändere man das Entstandene noch folgendermaßen: Steht zwischen den Symbolen M und M' ein Pfeil mit a, so ersetze man jede Zeile

$$qasq'$$

---

[1] Die Symbole, die für jedes Arbeitsalphabet eine Turing-Maschine bezeichnen, wie z.B. r oder L, wollen wir jedoch in einem Diagramm stets so verwenden, daß sie die Maschine bezeichnen, die dasselbe Arbeitsalphabet wie durch das Diagramm gegebene Maschine hat.

in dem M zugeordneten Teil durch

$$q a a q_{M'}.$$

Offensichtlich erhält man durch diese Anweisung eine Turing-Tafel, und die zu ihr gehörige Maschine leistet gerade das, was wir von der durch das Diagramm gegebenen Maschine verlangt haben. Wir können daher im folgenden Turing-Maschinen durch Diagramme angeben.

8. Weitere Beispiele von Turing-Maschinen

In der folgenden Tabelle sind weitere einfache Beispiele für Turing-Maschinen angegeben. Das Eingangsalphabet aller Maschinen sei A_t. Einige Maschinen benutzen a_{t+1}, wofür kurz § geschrieben wird, als Hilfsbuchstaben, haben also das Arbeitsalphabet A_{t+1}.

Symbol	Wirkungsweise	Diagramm
R	$\sim \underset{\uparrow}{\sim} w \star \sim \Rightarrow$ $\sim \sim w \underset{\uparrow}{\star} \sim$	$\overset{\neq \star}{\underset{r}{\hookrightarrow}}$ (vgl. Nr. 6b)
L	$\sim \star w \underset{\uparrow}{\sim} \sim \Rightarrow$ $\sim \underset{\uparrow}{\star} w \sim \sim$	$\overset{\neq \star}{\underset{l}{\hookrightarrow}}$
$\mathfrak{R}$	$\sim \underset{\uparrow}{\sim} X \star \star \sim \Rightarrow$ $\sim \sim X \star \star \underset{\uparrow}{} \sim$	$\overset{\neq \star}{\underset{Rr}{\hookrightarrow}} \overset{\star}{\longrightarrow} l$
$\mathfrak{L}$	$\sim \star \star X \underset{\uparrow}{\sim} \sim \Rightarrow$ $\sim \underset{\uparrow}{\star} \star X \sim \sim$	$\overset{\neq \star}{\underset{Ll}{\hookrightarrow}} \overset{\star}{\longrightarrow} r$
K	$\sim \star w \underset{\uparrow}{\star} \ldots$ $\sim \star w \star w \underset{\uparrow}{\star} \ldots$ (kopiert)	$Lr \begin{cases} \overset{\star}{\longrightarrow} R \\ \overset{a_1}{\longrightarrow} \star R^2 a_1 L^2 a_1 \\ \vdots \\ \overset{a_t}{\longrightarrow} \star R^2 a_t L^2 a_t \end{cases}$
W_r	$\sim \underset{\uparrow}{\sim} w \star \sim \Rightarrow$ $\sim \sim \star \cdots \underset{\uparrow}{\star} \sim$ (wischt rechts)	$\underset{r}{\downarrow} \overset{\neq \star}{\longrightarrow} \star$

Symbol	Wirkungsweise	Diagramm
W_l	$\sim \star w \underset{\uparrow}{\sim} \sim \Rightarrow$ $\underset{\uparrow}{\sim} \star \cdots \star \sim \sim$ (wischt links)	$l \xrightarrow{\neq \star} \star$
V	$\sim \star w_1 \star w_2 \underset{\uparrow}{\star} \ldots \Rightarrow$ $\sim \star w_2 \underset{\uparrow}{\star} \ldots$ (verschiebt)	$K \S L^3 \S W_r^2(\overset{\star}{r})$ with branches: $\xrightarrow{\S} \star l \xrightarrow{\S} \star R$ (with $\neq \S$ loop); $\xrightarrow{a_1} \star \overset{\star}{l} \xrightarrow{\neq \star} r a_1$; $\vdots$; $\xrightarrow{a_t} \star \overset{\star}{l} \xrightarrow{\neq \star} r a_t$
I	$\sim \star w \star \ldots \Rightarrow$ $\sim \star w \star w^{-1} \underset{\uparrow}{\star} \ldots$ (bildet das *inverse* Wort)	l with branches: $\xrightarrow{\star} R^2$; $\xrightarrow{a_1} \star R^2 a_1 L^2 a_1$; $\vdots$; $\xrightarrow{a_t} \star R^2 a_t L^2 a_t$
K_n	$\sim \star w_1 \star \cdots \star w_n \underset{\uparrow}{\star} \ldots \Rightarrow$ $\sim \star w_1 \star \cdots \star w_n \star w_1 \underset{\uparrow}{\star} \ldots$	$L^n r$ with branches: $\xrightarrow{\star} R^n$; $\xrightarrow{a_1} \star R^{n+1} a_1 L^{n+1} a_1$; $\vdots$; $\xrightarrow{a_t} \star R^{n+1} a_t L^{n+1} a_t$

In der Spalte „Wirkungsweise" sind die in § 2, Nr. 2 angegebenen Konventionen verwendet. Außerdem soll stehen:

X für eine Sequenz, d.i. eine (möglicherweise leere) Folge von durch Sterne voneinander getrennten *nicht leeren* Wörtern $w_1, \ldots, w_n$. Im Falle $n=0$ also für das leere Wort und im Falle $n>0$ für $w_1 \star \ldots \star w_n$;

w^{-1} für das aus w durch Umdrehen der Reihenfolge der Buchstaben entstehende Wort ($\square^{-1} = \square$).

Man mache sich bei den folgenden Überlegungen klar, daß die durch $\sim$ bezeichneten Teile des Bandes nie Arbeitsfeld werden und daher weder die Arbeitsweise der Maschine beeinflussen, noch verändert werden. Weiter mache man sich klar, daß die einzelnen Maschinen auch richtig arbeiten, falls irgendwelche Wörter leer werden.

Zur Arbeitsweise einiger dieser Turing-Maschinen:

K: K arbeitet nach dem in naheliegender Weise für das Arbeitsalphabet A_t modifizierten Flußdiagramm, das schon in Nr. 2 für A_1 angegeben ist.

V: α) Mit K erreichen wir die Stellung

$$\sim \star w_1 \star w_2 \star w_2 \overset{\star}{\uparrow} \ldots$$

und haben uns damit in dem unterstrichelten Teil soviel Platz verschafft, daß wir darin w_2 unterbringen können.

β) Durch $\S L^3 \S$ grenzen wir jetzt den uns interessierenden Teil des Bandes ein und erhalten

$$\sim \underset{\uparrow}{\S} w_1 \star w_2 \star w_2 \S \star \ldots$$

γ) Durch W_r^2 wischen wir w_1 und das erste w_2 und erhalten

$$\sim \S \star \ldots \underset{\uparrow}{\star} w_2 \S \star \ldots$$

δ) Jetzt transportieren wir w_2 buchstabenweise an die richtige Stelle. (Damit wir mit $\boxed{\overset{\star}{\to l}}$ auch beim ersten Mal die richtige Stelle finden, haben wir den linken $\S$ angebracht.) Daß wir fertig sind, merken wir daran, daß wir mit $\boxed{\overset{\star}{\to r}}$ auf den rechten $\S$ laufen. Dann müssen wir nur noch beide $\S$ löschen und hinter w_2 laufen.

I: I arbeitet nach einem Flußdiagramm, das dem für K analog ist.

K_n: K_n ist eine Verallgemeinerung von K.

In der folgenden Tabelle sind noch zwei Turing-Maschinen mit dem Eingangs- und Arbeitsalphabet A_1 angegeben, die wir in § 4, Nr. 2 benötigen werden.

Symbol	Wirkungsweise	Diagramm
T_r	$\sim \underset{\uparrow}{\star} X \star \ldots \;\Rightarrow$ $\sim \star \underset{\uparrow}{\star} X \star \ldots$ (*Translation* nach *rechts*)	$r \xrightarrow{\lvert} \star R\lvert \rightharpoondown$ $\hookrightarrow \xrightarrow{\star} l \underset{\lvert}{\overset{\text{ }}{\langle}} \overset{r}{\mathfrak{L}}$
T_e	$\sim \lvert\lvert \underset{\uparrow}{\star} X \star \ldots \;\Rightarrow$ $\sim \lvert \underset{\uparrow}{\star} X \star \ldots$ (*Translation* nach *links*)	$l \star r \, \mathfrak{R} \, l \xrightarrow{\lvert} \star L\lvert \rightharpoondown$ $\hookrightarrow \xrightarrow{\star} l \xrightarrow{\lvert} r$

Zur Arbeitsweise von T_r: α) X sei nicht die leere Sequenz. Dann steht, nach dem Arbeiten von r, ein Strich auf dem Arbeitsfeld. Mit diesem Strich beginnt ein Wort, das mit $\star R|$ um ein Feld nach rechts verschoben wird (man beachte, daß das Wort ja nur aus Strichen besteht). War dieses Wort nicht das letzte der Sequenz finden wir nach dem Arbeiten von r wieder einen Strich auf dem Arbeitsfeld, es wird das nächste Wort verschoben usf.. War das Wort dagegen das letzte, finden wir nach dem Arbeiten von r einen Stern. Da X nicht leer sein sollte, finden wir nach dem Arbeiten von l einen Strich, und mit L wird dann noch vor die verschobene Sequenz gelaufen. β) X sei die leere Sequenz. Dann werden sukzessive die Stellungen

$$\sim \underset{\uparrow}{\star}\star\ldots, \quad \sim \star\underset{\uparrow}{\star}\ldots, \quad \sim \underset{\uparrow}{\star}\star\ldots, \quad \sim \star\underset{\uparrow}{\star}\ldots$$

erreicht, und damit bleibt auch in diesem Fall T_r in der gewünschten Endstellung stehen.

Zur Arbeitsweise von T_l: Nachdem mit $l \star r R$ die Stellung

$$\sim |\star\star X\underset{\uparrow}{\star}\ldots$$

erreicht ist, arbeitet T_l ganz analog wie T_r. Bis das l, von dem $\overset{\star}{\longrightarrow}$ ausgeht, auf einen Stern trifft, wird im Falle, daß X nicht leer ist, die Stellung

$$\sim |\underset{\uparrow}{\star} X \star\ldots,$$

und im Falle, daß X leer ist, die Stellung

$$\sim |\star\underset{\uparrow}{\star}\ldots$$

erreicht. Jetzt wird noch geprüft, welcher Fall vorliegt, und jeweils an der richtigen Stelle stehengeblieben.

9. Nachweis der Turing-Berechenbarkeit einiger spezieller Funktionen

In dieser Nummer wollen wir einige spezielle Funktionen definieren und Turing-Maschinen angeben, die sie berechnen. Die Kenntnis der Turing-Maschinen und ihrer Arbeitsweise ist für das folgende nicht wesentlich. Man kann daher die Teile dieser Nummer, die sich damit beschäftigen, überschlagen.

a) *Die Produktfunktion*: Wir wollen eine Maschine P angeben, die die Produktfunktion *normiert* berechnet. P soll also, angesetzt auf

$$\sim \star w_1 \star w_2 \underset{\uparrow}{\star}\ldots,$$

wo w_1 und w_2 beliebige Wörter aus $\Omega(\{|\})$ sind (also nach unserer Konvention natürliche Zahlen), nach endlich vielen Schritten stehenbleiben auf
$$\sim \star w_1 \star w_2 \star w_1 \cdot w_2 \underset{\uparrow}{\star} \ldots.$$
Dabei soll P nicht in den durch $\sim$ bezeichneten Teil des Bandes gelaufen sein, ihn also insbesondere nicht verändert haben.

Dies leistet

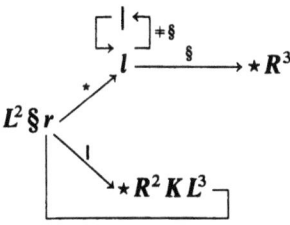

Zur Arbeitsweise:

α) Durch $L^2 \S$ markieren wir uns das Feld vor w_1;

β) jetzt kopieren wir durch

$$\boxed{(r) \xrightarrow{\ |\ } \star R^2 K L^3 \ \rule[0.5ex]{1ex}{0.4pt}}$$

w_2 so oft hintereinander, wie w_1 angibt. Dabei beachte man, daß K

$$\sim \star w_2 \underset{\uparrow}{\star} w_3 \star \cdots \overset{K}{\Longrightarrow} \sim \star w_2 \star w_3 w_2 \underset{\uparrow}{\star} \ldots$$

auch für nicht-leeres w_3 leistet.

γ) Wenn diese Maschine ihre Arbeit beendet hat, merken wir das daran, daß das eingekreiste r auf einen Stern läuft. Wir stehen dann auf
$$\sim \S \underbrace{\star \cdots \star}_{w_1\text{-mal}} \underset{\uparrow}{\star} w_2 \star w_1 \cdot w_2 \star \cdots.$$

δ) Jetzt stellen wir noch mit

$$\left[\begin{array}{c} | \leftarrow \\ \hookrightarrow l \end{array}\right] \neq \S$$

w_1 wieder her, löschen § und gehen hinter $w_1 \cdot w_2$.

(Man mache sich insbesondere klar, daß die Maschine das Gewünschte auch dann leistet, wenn einer oder beide Faktoren Null sind.)

b) *Umkehrbar eindeutige Funktionen von $\Omega(A_t)$ auf $\Omega(A_s)$*: Wir wollen zu jedem t und jedem s eine unkehrbar eindeutige Funktion $\gamma_{t,s}$ von $\Omega(A_t)$ auf $\Omega(A_s)$ definieren und nachweisen, daß sie und ihre Umkehrfunktion Turing-berechenbar sind.

Offensichtlich genügt es, den Fall $s=1$ zu betrachten. Setzt man nämlich für $s>1$

$$\gamma_{t,s}(w) = \gamma_{s,1}^{-1}(\gamma_{t,1}(w)),$$

so hat man

$$\gamma_{t,s}^{-1}(w) = \gamma_{t,1}^{-1}(\gamma_{s,1}(w)).$$

Hat man nun $\gamma_{t,1}$ für jedes t so definiert, daß es und seine Umkehrfunktion Turing-berechenbar sind, sind auch $\gamma_{t,s}$ und $\gamma_{t,s}^{-1}$ Turing-berechenbar, da die Einsetzung, wie wir in § 4, Nr. 6 sehen werden, von Turing-berechenbaren zu ebensolchen Funktionen führt.

Für $\gamma_{t,1}$ wollen wir dann im folgenden kurz γ_t schreiben.

Als γ_1 kann man die Identität wählen. Sie und ihre Umkehrfunktion (natürlich auch die Identität) werden berechnet durch die Maschine

Sei im folgenden $t>1$. Die durch das Rekursionsschema

$$\gamma_t(\square) = 0,$$
$$\gamma_t(w a_i) = \gamma_t(w) \cdot t + i \quad \text{für} \quad 1 \leq i \leq t$$

gegebene Funktion leistet das Gewünschte. Eine Berechnung wird gegeben durch die Maschine

$$\textcircled{L} \; r \begin{array}{c} \xrightarrow{\ast} R \\ \xrightarrow{a_1} \ast R^2 (r|)^t r P V^2 (|r)^1 L \\ \vdots \\ \xrightarrow{a_t} \ast R^2 (r|)^t r P V^2 (|r)^t L \end{array}$$

Zur Veranschaulichung der Arbeitsweise wollen wir annehmen, daß die Maschine im Laufe der Rechnung von der Stellung

$$\star w_1 w_2 \underset{\uparrow}{\star} \cdots$$

zu der Stellung

$$\star \cdots \star w_2 \underset{\uparrow}{\star} \gamma_t(w_1) \star \cdots$$

gelangt ist und die eingekreiste Maschine L arbeiten soll. (Das stimmt für $w_1 = \square$ auch zu Beginn der Rechnung!)

Jetzt geschieht folgendes:

α) Durch Lr laufen wir auf den ersten Buchstaben von w_2, falls $w_2 \neq \square$ bzw. auf den vor $\gamma_t(w_1)$ stehenden Stern, falls $w_2 = \square$ (in diesem Falle sind wir fertig und müssen nur noch mit R hinter den Funktionswert laufen). Sehen wir dagegen einen eigentlichen Buchstaben, müssen wir noch weiter rechnen.

β) Durch $\star R^2$ löschen wir diesen Buchstaben (er sei a_i) und laufen hinter $\gamma_t(w_1)$. Durch $(r|)^t$ erzeugen wir die Zahl t und durch r gehen wir noch ein Feld weiter nach rechts. Die erreichte Stellung ist damit

$$\star \cdots \star' w_2 \star \gamma_t(w_1) \star t \underset{\uparrow}{\star} \ldots$$

(dabei soll der Strich an w_2 andeuten, daß der erste Buchstabe gelöscht ist).

γ) Durch P erhalten wir

$$\star \cdots \star' w_2 \star \gamma_t(w_1) \star t \star \gamma_t(w_1) \cdot t \underset{\uparrow}{\star} \ldots,$$

δ) durch V^2

$$\star \cdots \star' w_2 \star \gamma_t(w_1) \cdot t \underset{\uparrow}{\star} \ldots$$

ε) und durch $(|r)^i$ dann

$$\star \cdots \star' w_2 \star \gamma_t(w_1) \cdot t + i \underset{\uparrow}{\star} \ldots$$

$\gamma_t(w_1) \cdot t + i$ ist aber $\gamma_t(w_1 a_i)$.

ζ) Gehen wir nun noch mit L zwischen die beiden Wörter, haben wir wieder unsere Ausgangsstellung, aber mit einem um einen Buchstaben kürzeren w_2 erreicht:

$$\star \cdots \star' w_2 \underset{\uparrow}{\star} \gamma_t(w_1 a_i) \star \cdots.$$

Die Berechnung läuft also, bis w_2 erschöpft ist (siehe α), planmäßig weiter.

Eine Berechnung von γ_t^{-1} wird durch die folgende Maschine geliefert:

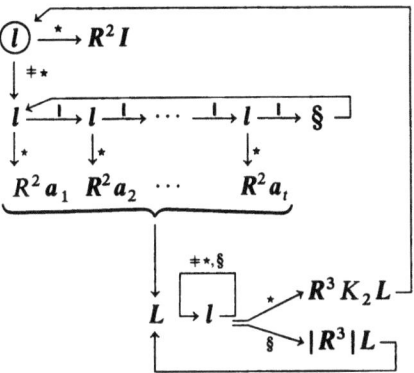

Zur Veranschaulichung der Arbeitsweise wollen wir annehmen, daß die Maschine im Laufe der Rechnung von der Stellung

$$\star \gamma_t(w_1 w_2) \underset{\uparrow}{\star} \ldots$$

zu der Stellung
$$\sim \star \gamma_t(w_1) \underset{\uparrow}{\star} w_2^{-1} \star \ldots$$
gelangt ist und daß die eingekreiste Maschine arbeiten soll (das stimmt mit $w_2 = \square$ auch zu Beginn der Rechnung!).

Jetzt geschieht folgendes:

α) Indem wir ein Feld nach links gehen, prüfen wir, ob $\gamma_t(w_1)$ Null (also das leere Wort) ist. Der Fall tritt ein, wenn wir einen Stern sehen. Wir sind praktisch fertig, da dann auch w_1 das leere Wort ist; wir müssen nur noch hinter w_2^{-1} laufen und dieses durch l umdrehen.

β) Im andern Fall müssen wir das i mit $1 \leq i \leq t$ und das $\gamma_t(w'_1)$ finden, sodaß
$$\gamma_t(w_1) = \gamma_t(w'_1) \cdot t + i$$
(der Strich hinter w_1 deute an, daß der letzte Buchstabe gestrichen ist). Dann gilt nämlich $w_1 = w'_1 a_i$. Beide Arbeiten werden simultan durch

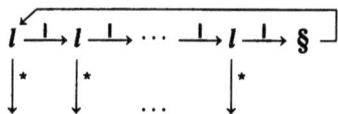

geleistet. Die Zahl der §, die im Laufe der Arbeit dieses Maschinenteils über Buchstaben von $\gamma_t(w_1)$ gedruckt werden, ist $\gamma_t(w'_1)$, und das i erkennt man daran, beim wievielten l man auf einen Stern gestoßen ist. Durch $R^2 a_i$ wird jetzt die Stellung
$$\sim \star \text{\textemdash} \star w_2^{-1} \underset{\uparrow}{a_i} \star \ldots$$
erreicht (dabei stehe —— für das durch das Überdrucken von § zerstörte $\gamma_t(w_1)$).

γ) Jetzt müssen wir noch $\gamma_t(w'_1)$ bestimmen. Dazu zählen wir mit

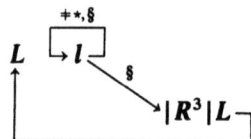

die § in ——folgendermaßen:

Durch L laufen wir hinter —— und durch ↳l↲ (+*,§) auf den ersten § in —— (falls noch einer vorhanden ist), ersetzen diesen durch einen Strich und fügen mit $R^3 |$ an die etwa schon vorhandene Zahl von § in —— für den eben überdruckten einen weiteren Strich an. Durch L laufen wir dann hinter $w_2^{-1} a_i$ und können zurückkoppeln.

δ) Falls wir dagegen mit $\overset{\ne *,\S}{\underset{}{\hookrightarrow l \,\lrcorner}}$ auf einen Stern laufen, sind alle § gezählt, und wir stehen auf

$$\sim \underset{\uparrow}{\star} \gamma_t(w_1) \star w_2^{-1} a_i \star \gamma_t(w_1') \star \ldots$$

ε) Durch $R^3 K_2 L$ erhalten wir die Stellung

$$\sim \star \gamma_t(w_1) \star w_2^{-1} a_i \star \gamma_t(w_1') \underset{\uparrow}{\star} w_2^{-1} a_i \star \ldots,$$

also wieder unsere Ausgangstellung (die ersten beiden Wörter interessieren nicht weiter), nur mit einem um einen Buchstaben verkürzten w_1. Die Berechnung verläuft also, bis w_1 erschöpft ist (d.h. $\gamma_t(w_1) = \square$ ist, siehe α), planmäßig weiter.

c) *n-Tupel-Funktionen:* Wir wollen zu jedem t und n eine umkehrbar-eindeutige Funktion σ_n^t von $\Omega^n(A_t)$ auf $\Omega(A_t)$ definieren, sodaß sie und ihre „Umkehrfunktionen" Turing-berechenbar sind. „Umkehrfunktionen" von σ_n^t sollen dabei die einstelligen Funktionen $\sigma_{n,i}^t$ ($1 \leq i \leq n$) von $\Omega(A_t)$ heißen, für die

$$\sigma_n^t(\sigma_{n,1}^t(w), \ldots, \sigma_{n,n}^t(w)) = w,$$

$$\sigma_{n,i}^t(\sigma_n^t(w_1, \ldots, w_n)) = w_i \quad \text{für} \quad 1 \leq i \leq n.$$

Es genügt den Fall $t = 1$ zu behandeln. Setzt man nämlich für $t > 1$

$$\sigma_n^t(w_1, \ldots, w_n) = \gamma_t^{-1}(\sigma_n^1(\gamma_t(w_1), \ldots, \gamma_t(w_n))),$$

so hat man

$$\sigma_{n,i}^t(w) = \gamma_t^{-1}(\sigma_{n,i}^1(\gamma_t(w)))$$

und ist damit (ähnlich wie in b) fertig.

Für σ_n^1 und $\sigma_{n,i}^1$ wollen wir kurz σ_n und $\sigma_{n,i}$ schreiben.

Weiter genügt es, den Fall $n = 2$ zu behandeln. Setzt man nämlich für $n > 2$

$$\sigma_n(w_1, \ldots, w_n) = \sigma_2(\sigma_{n-1}(w_1, \ldots, w_{n-1}), w_n),$$

so hat man

$$\sigma_{n,i}(w) = \sigma_{n-1,i}(\sigma_{2,1}(w)) \quad \text{für} \quad 1 \leq i \leq n-1,$$

$$\sigma_{n,n}(w) = \sigma_{2,2}(w)$$

und ist damit wie oben (durch Induktion über n) fertig.

Ehe wir jetzt eine mögliche Funktion σ_2 angeben, wollen wir einige Hilfsüberlegungen durchführen:

Aus jedem Wort w aus $\Omega(A_2)$, das wenigstens einmal den Buchstaben a_2 enthält, kann man eindeutig die Wörter w_1 und w_2 entnehmen, sodaß

$$w = w_1 a_2 w_2 \quad \text{und} \quad w_1 \text{ aus } \Omega(A_1).$$

Daher ist die Abbildung von $\Omega(A_1) \times \Omega(A_2)$ *auf* die Menge der Wörter aus $\Omega(A_2)$, die wenigstens einmal den Buchstaben a_2 enthalten, die durch

$$(w_1, w_2) \mapsto w_1 a_2 w_2$$

gegeben wird, umkehrbar-eindeutig. Die Menge der Wörter aus $\Omega(A_2)$, die bei dieser Abbildung nicht als Bild auftreten, ist gerade $\Omega(A_1)$.

Die Abbildung σ von $\Omega^2(A_1)$ in $\Omega(A_2)$ mit

$$\sigma(w_1, w_2) = \begin{cases} w_2 & \text{falls } w_1 = 0, \\ (w_1 - 1) a_2 \gamma_2^{-1}(w_2) & \text{falls } w_1 \neq 0 \end{cases}$$

ist daher eine umkehrbar-eindeutige Abbildung von $\Omega^2(A_1)$ auf $\Omega(A_2)$.

Wir wollen nun definieren

$$\sigma_2(w_1, w_2) = \gamma_2(\sigma(w_1, w_2)).$$

Damit ist σ_2 eine umkehrbar-eindeutige Funktion von $\Omega^2(A_1)$ auf $\Omega(A_2)$.

α) Eine Berechnung von σ_2 wird durch die Turing-Maschine

$$L^2 r \underset{\searrow \star R^2 M_1 K_3 K_2 L a_2 R M_2}{\overset{\star \nearrow R M_2}{\lessdot}}$$

geleistet. Dabei sei M_1 ein Symbol für eine Turing-Maschine, die γ_2^{-1} normiert berechnet, und M_2 ein Symbol für eine Turing-Maschine zur normierten Berechnung von γ_2. In b) haben wir nur Turing-Maschinen zur Berechnung von γ_2 und γ_2^{-1} angegeben. Wir werden aber in § 4, Nr. 3 sehen, daß es dann auch Turing-Maschinen zur normierten Berechnung gibt.

β) $\sigma_{2,1}$ wird berechnet durch die Maschine

$$M_1 L \overset{\neq \star, a_2}{\underset{\star}{\overset{\longrightarrow}{\longrightarrow}} r \overset{a_2}{\longrightarrow} \star R K_2 | r \atop \longrightarrow r} .$$

γ) $\sigma_{2,2}$ wird berechnet durch die Maschine

$$M_1 L \overset{\neq \star, a_2}{\longrightarrow} r \overset{a_2}{\longrightarrow} \star R M_2 .$$

Einzelheiten der Arbeitsweise der drei Maschinen seien dem Leser überlassen.

10. Darstellung einer Turing-Maschine durch ein aus den Elementarmaschinen zusammengesetztes Diagramm

Wir haben früher schon informal die Redeweise „eine Maschine simuliert eine andere Maschine" benutzt. Für den Fall, daß beide Maschinen Turing-Maschinen sind, wollen wir dies jetzt präzisieren.

Wir wollen sagen, eine Turing-Maschine M simuliert eine Turing-Maschine M' (im strengen Sinn; in § 4, Nr. 2 werden wir noch eine schwächere Simulation kennenlernen), wenn folgendes gilt:

(i) M bleibt, angesetzt auf eine bestimmte Stellung, genau dann nach endlich vielen Schritten wegen Maschinenstopps bzw. Bandüberschreitung stehen, wenn M', angesetzt auf dieselbe Stellung, nach endlich vielen Schritten wegen Maschinenstopps bzw. Bandüberschreitung stehenbleibt. In beiden Fällen ist die Endstellung von M' mit der Endstellung von M identisch.

(ii) Die Folge der Stellungen, die M, angesetzt auf eine bestimmte Stellung, durchläuft, ist eine Teilfolge der Stellungen, die M', angesetzt auf dieselbe Stellung, durchläuft.

Es gilt nun der folgende

Satz: *Zu jeder Turing-Tafel T über dem Alphabet A_t kann man effektiv ein nur aus den Symbolen r, l, $a_0, \ldots, a_t$ und dem Punkt zusammengesetztes Diagramm D angeben, sodaß die durch dieses Diagramm gegebene Turing-Maschine die durch die Tafel gegebene simuliert.*

Beweis: Ein solches Diagramm kann man auf folgende Weise gewinnen:

Für jede Zeile $q\,a\,v\,q'$ von T, in der v von s verschieden ist, schreibe man das Symbol v auf. In diesem Zusammenhang soll es das der Zeile $q\,a\,v\,q'$ *zugeordnete* Symbol heißen. Außerdem schreibe man den Punkt hin.

Jetzt verbinde man für $j = 0, \ldots, t$
 a) den Punkt mit dem der Zeile $q_0 a_j \ldots$ zugeordneten Symbol,
 b) jedes einer Zeile $\ldots q$ zugeordnete Symbol mit dem der Zeile $q\,a_j\ldots$ zugeordneten

durch einen Pfeil mit dem Buchstaben a_j, sofern die betreffenden Symbole überhaupt aufgeschrieben worden sind, d.h. das entsprechende Verhalten von s verschieden ist.

Offensichtlich leistet dieses Diagramm das Verlangte. Ein Beweis von (i) und (ii) sei dem Leser überlassen.

§ 4. Normierte Turing-Berechenbarkeit

In diesem Paragraphen soll bewiesen werden, daß jede Turing-berechenbare Funktion normiert Turing-berechenbar ist, und zwar durch eine Turing-Maschine ohne Hilfsbuchstaben. (Zur Definition der normiert Turing-berechenbaren Funktion vgl. § 2.) Hierzu konstruieren wir in mehreren Schritten aus einer Turing-Maschine, T, die eine Funktion f berechnet, eine Turing-Maschine ohne Hilfsbuchstaben, die f normiert berechnet. Die Schritte werden in den Nummern 1 bis 3 ausgeführt, in den Nummern 4 und 5 werden zwei dazu benötigte Hilfsmaschinen angegeben, und in Nummer 6 wird eine einfache Konsequenz des Hauptsatzes dieses Paragraphen bewiesen.

1. Die Maschine $T^§$

f sei eine n-stellige Funktion mit dem Eingangsalphabet $E = A_{t_1}$ und dem Bildalphabet $B = A_{t_2}$:

$$f : \Omega^n(A_{t_1}) \rightarrow \Omega(A_{t_2}).$$

T habe das Arbeitsalphabet $A_t \supset E \cup B$ und berechne f. § sei, wie üblich, eine Abkürzung für a_{t+1}.

Wir betrachten die folgende Maschine mit dem Arbeitsalphabet A_{t+1}, die wir mit $T^§$ bezeichnen wollen:

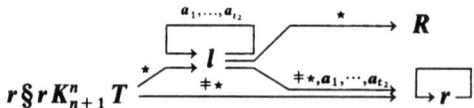

(Man beachte unsere Konvention, in diesem Fall für jeden Zustand q von T sich T um die Zeile $q§sq$ vermehrt zu denken.)

Angesetzt auf

$$\star w_1 \star \cdots \star w_n \underset{\uparrow}{\star} \cdots,$$

leistet diese Turing-Maschine folgendes:

α) Durch $r§rK^n_{n+1}$ wird die Stellung

$$\star w_1 \star \cdots \star w_n \star § \star w_1 \star \cdots \star w_n \underset{\uparrow}{\star} \cdots .$$

erreicht.

β) Jetzt arbeitet T. Entweder bleibt T nun nie stehen (dann ist offensichtlich $f(w_1, \ldots, w_n)$ nicht definiert), oder es bleibt wegen Maschinenstopps stehen. Wegen Bandüberschreitung kann es nicht stehenbleiben, da es nicht über § nach links laufen kann. Jetzt können verschiedene Fälle eintreten:

γ_1) T bleibt auf einem eigentlichen Buchstaben stehen. Falls dieser § ist, wäre das alte T angesetzt auf

$$\star w_1 \star \cdots \star w_n \underset{\uparrow}{\star} \cdots,$$

wegen Bandüberschreitung stehengeblieben, in allen anderen Fällen auf demselben Buchstaben. In beiden Fällen ist $f(w_1,\ldots,w_n)$ nicht definiert. In $T^\S$ muß als nächste Maschine $\boxed{\to r}$ arbeiten. $T^\S$ bleibt damit in diesem Fall nie stehen.

γ_2) T bleibt auf dem leeren Buchstaben stehen. Damit stehen wir sicher hinter einem Wort w. Das alte T wäre, angesetzt auf

$$\star w_1 \star \cdots \star w_n \underset{\uparrow}{\star} \cdots,$$

hinter demselben Wort stehengeblieben, wenn dieses nicht mit § beginnt. Im Falle, daß $w = \S w'$, wäre das alte T auf

$$\exists w' \underset{\uparrow}{\star} \sim$$

stehengeblieben. Dies zeigt: $f(w_1,\ldots,w_n)$ ist genau dann definiert (und hat dann den Wert w), wenn w nur Buchstaben aus B enthält.

Ob dies der Fall ist, wird durch

$$\boxed{\overset{a_1,\ldots,a_{l_2}}{\to l}}$$

untersucht.

Treffen wir hiermit nämlich auf einen Stern, haben wir tatsächlich hinter dem Funktionswert gestanden. In $T^\S$ muß als nächste Maschine R arbeiten, wir gehen also wieder hinter den Funktionswert.

Treffen wir dagegen nicht auf den Stern, ist $f(w_1,\ldots,w_n)$ nicht definiert. In diesem Fall muß in $T^\S$ als nächste Maschine $\boxed{\to r}$ arbeiten, $T^\S$ bleibt also nie stehen.

Zusammenfassend haben wir damit folgendes über die Arbeitsweise von $T^\S$: Angesetzt auf

$$\star w_1 \star \cdots \star w_n \underset{\uparrow}{\star} \cdots,$$

bleibt T
a) nie stehen, falls $f(w_1,\ldots,w_n)$ nicht definiert ist,
b) hinter $f(w_1,\ldots,w_n)$ stehen, sonst.

2. Simulierung über dem Alphabet $\{|\}$

Wir betrachten eine Turing-Maschine M mit dem Arbeitsalphabet A_m. Einer beliebigen Inschrift des Bandes von M kann man ein uneigentliches Wort über A_m dadurch zuordnen, daß man die einzelnen Buchstaben der Inschrift bis zu einem bestimmten Feld der

Reihe nach aufschreibt, und zwar mindestens so weit, daß alle eigentlichen Buchstaben der Inschrift erfaßt werden. Die verschiedenen Wörter, die so einer Inschrift zugeordnet werden können, unterscheiden sich nur durch eine endliche Folge von Sternen am rechten Ende voneinander. Durch jedes uneigentliche Wort ist eine Inschrift eindeutig bestimmt, man kann es also zur Charakterisierung dieser Inschrift benutzen. Z. B. bestimmt das Wort

$a_0 a_3 a_6 a_0 a_0$ die Inschrift ▌$\star a_3 a_6 \star \cdots$

und $a_0 a_3 a_6$ die Inschrift ▌$\star a_3 a_6 \star \cdots$.

Wenn wir eine bestimmte Stellung betrachten, wollen wir nur solche Wörter zur Charakterisierung ihrer Inschrift zulassen, die jedenfalls die Beschriftung des Arbeitsfeldes angeben (auch, wenn diese leer ist, und rechts davon nur noch leere Felder folgen).

Ein beliebiges uneigentliches Wort w über A_m läßt sich nun durch ein uneigentliches Wort über A_1 verschlüsseln. Hierzu schreibe man nämlich für jeden Buchstaben von w eine Folge von | auf, deren Länge um eins größer ist, als der Index des betreffenden Buchstabens angibt. Die so entstehenden Folgen trenne man durch $\star$ voneinander. Außerdem wollen wir noch vor das so entstandene uneigentliche Wort einen Stern schreiben. Den Stern, der vor einer Folge von Strichen steht, die aus einem bestimmten Buchstaben von w entstanden ist, wollen wir den zu diesem Buchstaben gehörigen Stern nennen. Z. B. verschlüsselt

$\star|\star|||\star||||||\star|\star|$ das Wort $a_0 a_3 a_6 a_0 a_0$

und $\star|\star|||\star||||||$ das Wort $a_0 a_3 a_6$.

Sei jetzt eine bestimmte Stellung S mit einer Inschrift aus Buchstaben von A_m gegeben, und sei w ein zugelassenes uneigentliches Wort über A_m, welches die Inschrift von S charakterisiert. Aus w bilden wir jetzt die Verschlüsselung durch ein uneigentliches Wort über A_1 und schreiben dieses Wort auf ein Turingband. Ein Arbeitsfeld bestimmen wir uns folgendermaßen: Auf dem Arbeitsfeld von S steht ein bestimmter Buchstabe, der auf jeden Fall noch in w vorkommt, da w zulässig ist. In der Verschlüsselung von w gehört zu diesem Buchstaben ein bestimmter Stern. Das Feld, auf dem dieser Stern steht, wählen wir als Arbeitsfeld. Damit haben wir Stellungen mit Inschriften über A_m Stellungen mit Inschriften über A_1 zugeordnet. Z. B. wird der Stellung

▌$\star a_3 a_6 \star \underset{\uparrow}{\star} \cdots$ die Stellung ▌$\star|\star|||\star||||||\star|\underset{\uparrow}{\star}|\star \cdots$

zugeordnet.

Jede so S zugeordnete Stellung wollen wir mit $\bar{S}$ bezeichnen. Aus jedem $\bar{S}$ kann man offenbar S zurückgewinnen. $\bar{S}$ ist bis auf eine hinter den letzten eigentlichen Buchstaben seiner Inschrift geschriebene Folge von $\star|$ eindeutig bestimmt.

Jetzt wollen wir uns aus M eine Maschine $\bar{M}$ konstruieren, für die folgendes gilt:

(i) M bleibt, angesetzt auf S, genau dann nach endlich vielen Schritten wegen Maschinenstopps bzw. Bandüberschreitung stehen, wenn $\bar{M}$, angesetzt auf ein beliebiges der $\bar{S}$, nach endlich vielen Schritten wegen Maschinenstopps bzw. Bandüberschreitung stehenbleibt. In beiden Fällen ist die Endstellung von $\bar{M}$ ein $\bar{S_E}$, wobei S_E die Endstellung von M ist.

(ii) M durchlaufe, angesetzt auf S_0, die (möglicherweise unendliche) Folge der Stellungen $S_0, S_1, \ldots$. Dann besitzt jede Folge der Stellungen, die $\bar{M}$, angesetzt auf ein $\bar{S}_0$, durchläuft, eine Teilfolge $\bar{S}_0, \bar{S}_1, \ldots$.

(Vgl. diese Forderungen mit unseren Forderungen (i), (ii) aus § 3, Nr. 10. Wir wollen auch dieses Verhalten von $\bar{M}$ in bezug auf M noch Simulierung nennen.)

Ein solches $\bar{M}$ gewinnen wir folgendermaßen:

(1) Wir stellen uns ein nur mithilfe der Symbole für die Elementarmaschinen $r, l, a_0, \ldots, a_m$ und dem Punkt gebildetes Diagramm her, das M simuliert (vgl. § 3, Nr. 10). Darin lassen wir den Punkt unverändert, alle übrigen Symbole ändern wir nach (2) bis (4).

(2) Jedes Symbol l ersetzen wir durch ein Symbol für die Maschine

$$\overset{|}{\underset{\rightarrow l}{\llcorner \quad \lrcorner}}.$$

Diese Maschine bleibt nämlich, angesetzt auf

$$\sim \underbrace{\star|\cdots|}_{i+1}\underset{\uparrow}{\star}\underbrace{|\cdots|}_{j+1}\star\sim \quad \text{d. h.} \quad \overline{\sim a_i \underset{\uparrow}{q_j}\sim}$$

nach endlich vielen Schritten wegen Maschinenstopps stehen auf

$$\sim \underset{\uparrow}{\star}\underbrace{|\cdots|}_{i+1}\star\underbrace{|\cdots|}_{j+1}\star\sim \quad \text{d. h.} \quad \overline{\sim \underset{\uparrow}{q_i} a_j \sim}$$

und bleibt, angesetzt auf

$$\rrbracket\underset{\uparrow}{\star}\underbrace{|\cdots|}_{i+1}\star\sim \quad \text{d. h.} \quad \overline{\rrbracket \underset{\uparrow}{a_i}\sim}$$

wegen Bandüberschreitung stehen auf derselben Stellung.

43

(3) Jedes Symbol r ersetzen wir durch ein Symbol für die Turing-Maschine

$$\boxed{\to r\,\rfloor} \xrightarrow{*} r \begin{matrix} \nearrow^{*} |l \\ \searrow_{*} l \end{matrix}$$

Diese Turing-Maschine bleibt nämlich, angesetzt auf

$$\sim \underset{\uparrow}{*}\underbrace{|\cdots|}_{i+1}\underbrace{*|\cdots|}_{j+1}*\sim \qquad \text{d. h.} \quad \overline{\sim q_i a_j \sim}$$

wegen Maschinenstopps stehen auf

$$\sim *\underbrace{|\cdots|}_{i+1}\underset{\uparrow}{*}\underbrace{|\cdots|}_{j+1}*\sim \qquad \text{d. h.} \quad \overline{\sim a_i q_j \sim}$$

und, angesetzt auf

$$\sim \underset{\uparrow}{*}\underbrace{|\cdots|}_{i+1}*\cdots \qquad \text{d. h.} \quad \overline{\sim q_i * \cdots},$$

wegen Maschinenstopps stehen auf

$$\sim *\underbrace{|\cdots|}_{i+1}\underset{\uparrow}{*}|*\cdots \qquad \text{d. h.} \quad \overline{\sim a_i \underset{\uparrow}{*} \cdots}.$$

(4) Jedes Symbol a_i ersetzen wir durch ein Symbol für die Turing-Maschine

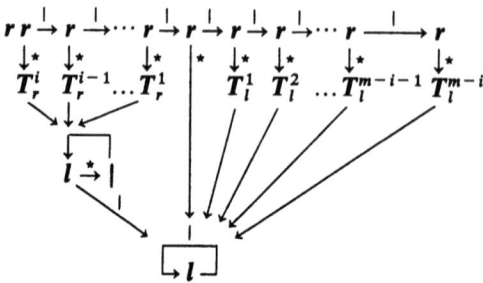

Diese Turing-Maschine leistet nämlich folgendes: Angesetzt auf

$$\sim \underset{\uparrow}{*}\underbrace{|\cdots|}_{j+1}*\sim \qquad \text{d. h.} \quad \overline{\sim q_j \sim},$$

trifft sie nach der $(j+2)$-maligen Ausführung von r auf einen Stern. Im nächsten Schritt muß also der Maschinenteil arbeiten, der am Ende des von diesem r ausgehenden $\xrightarrow{*}$ steht.

a) $j < i$.

Dann ist dieser Maschinenteil T_r^{i-j}. Hierdurch wird die rechts vom augenblicklichen Arbeitsfeld stehende Sequenz um $i-j$ Felder nach rechts verschoben. (Man beachte, daß wenn $\bar{M}$ unsern Wünschen entsprechen soll, im Augenblick eine solche Stellung erreicht ist, wo rechts vom Arbeitsfeld eine Sequenz steht und alle folgenden Felder leer sind.) Wir stehen dann auf

$$\sim \underbrace{\star | \cdots |}_{j+1} \underbrace{\star \cdots \star}_{i-j} \overset{\uparrow}{\star} \sim .$$

Durch $\overline{l \xrightarrow{\star} |}$ ersetzen wir die $i-j$ Sterne durch Striche; schließlich laufen wir vor die so entstandene Folge von $i+1$ Strichen. Die Endstellung ist also in diesem Fall, wie gewünscht, ein

$$\sim \overset{\uparrow}{a_i} \sim$$

b) $j = i$.

Wir haben festgestellt, daß „auf dem Arbeitsfeld a_i steht"[2], und sollen „a_i auf das Arbeitsfeld drucken". Wir müssen daher nur noch wieder auf den zu a_i gehörigen Stern laufen.

c) $j > i$ (aber $j \leq m!$).

Wir haben festgestellt, daß „auf dem Arbeitsfeld ein Buchstabe mit einem Index größer als i steht". Durch $(j-i)$-malige Anwendung von T_l erreichen wir, daß „der Index des Buchstabens auf i verkleinert wird" und gleichzeitig, daß die rechts von „a_j" folgende Sequenz herangezogen wird. Schließlich laufen wir auf den zu a_i gehörigen Stern.

Das mit (2), (3), (4) einem bestimmten Elementarmaschinensymbol E im alten Diagramm zugeordnete Symbol im neuen wollen wir mit $\bar{E}$ bezeichnen.

(5) Jetzt beseitigen wir alle alten Pfeile und fügen dafür neue Pfeile und weitere Symbole ein:

Im alten Diagramm sei das Symbol E durch die Pfeile $\xrightarrow{a_{i_1}}, \ldots, \xrightarrow{a_{i_k}}$ mit den Symbolen $E_1, \ldots, E_k$ verbunden, und andere Pfeile mögen nicht von E ausgehen. Dann verbinden wir $\bar{E}$ mit $\bar{E}_1, \ldots, \bar{E}_k$ folgendermaßen:

---

[2] Wir wollen hier Anführungszeichen verwenden, um Aussagen über $\bar{S}$ kurz durch Aussagen über S anzugeben.

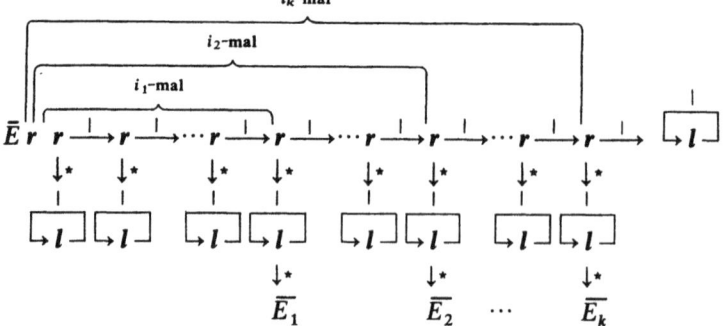

Wir stellen also auf dieselbe Art, wie in (4), fest, „welcher Buchstabe auf dem Arbeitsfeld steht", laufen zu dem zu diesem gehörigen Stern zurück, koppeln, „falls dieser a_i war", $\overline{E}_1$ an, usf. Falls „keiner der Buchstaben $a_{i_1}, \ldots, a_{i_k}$ auf dem Arbeitsfeld steht", bleibt $\overline{M}$ nach dem Zurücklauf stehen, da auch M in diesem Fall stehenbleibt.

Die durch die Manipulationen (1) bis (5) gewonnene Turing-Maschine simuliert offenbar in der gewünschten Weise M, wie aus den Erläuterungen unter (2) bis (5) hervorgehen möge. Das Arbeitsalphabet von $\overline{M}$ kann man beliebig wählen, es muß nur den Strich enthalten. Das ist aber bei unsrer Konvention über Alphabete für jedes Alphabet gewährleistet.

3. Normierte Turing-Berechnung

Wenn wir die in Nr. 2 angegebene Konstruktion auf unsere in Nr. 1 konstruierte Turing-Maschine $T^\S$ anwenden, leistet die entstehende Turing-Maschine $\overline{T^\S}$ folgendes (als Arbeitsalphabet sei dabei $A_{\text{Max}\{t_1, t_2\}}$ (vgl. Nr. 1) gewählt):

Angesetzt auf
$$S := \overline{\star w_1 \star \cdots \star w_n \star}_\uparrow \cdots,$$

wo $w_1, \ldots, w_n$ beliebige Wörter aus $\Omega(A_{t_1})$ sind, bleibt sie nach endlich vielen Schritten stehen genau dann, wenn $f(w_1, \ldots, w_n)$ definiert ist. Sie bleibt dann sicher wegen Maschinenstopps stehen, und die Endstellung ist

$$\star X_1 \star \overline{f(w_1, \ldots, w_n)}_\uparrow \star \star X_2 \star \ldots.$$

Dabei sind X_1 und X_2 beliebige, hier nicht weiter interessierende (möglicherweise leere) Sequenzen von Strichfolgen (falls X_1 leer ist, soll auch der davor stehende Stern fehlen).

Da $\overline{T^\S}$, angesetzt auf S, im Laufe der Rechnung auf dem Feld mit der Nummer 0 nie einen Iinksbefehl bekommt (denn dann würde es wegen Bandüberschreitung stehenbleiben), kann man die Inschrift von S auf dem Band noch beliebig nach rechts verschieben und davor irgendetwas beliebiges schreiben

$$\overline{\sim \star w_1 \star \cdots \star w_n \star}_\uparrow \cdots,$$

die Rechnung wird durch $\sim$ nicht gestört, $\sim$ wird im Laufe der Rechnung nicht verändert und die Endstellung ist

$$\sim \star X_1 \star \overline{f(w_1, \ldots, w_n)\star}_\uparrow \star X_2 \star \ldots.$$

Als $\sim$ wollen wir $\star w_1 \star \ldots \star w_n \star$ verwenden. Damit haben wir: angesetzt auf

$$\star w_1 \star \cdots \star w_n \star \overline{\star w_1 \star \cdots \star w_n \star}_\uparrow \cdots,$$

bleibt $\overline{T^\S}$ nach endlich vielen Schritten stehen genau dann, wenn $f(w_1, \ldots, w_n)$ definiert ist. In diesem Fall ist die Endstellung

$$\star w_1 \star \cdots \star w_n \star \star X_1 \star \overline{f(w_1, \ldots, w_n)\star}_\uparrow \star X_2 \star \ldots.$$

Wenn wir jetzt noch Maschinen V_n *(Verschlüsselmaschine für n-Tupel)* und E *(Entschlüsselmaschine)* mit dem Arbeitsalphabet $A_{\text{Max}\{t_1, t_2\}}$ angeben, für die

$$\star w_1 \star \cdots \star w_n \underset{\uparrow}{\star} \cdots \xRightarrow{V_n} \star w_1 \star \cdots \star w_n \star \overline{\star w_1 \star \cdots \star w_n \star}_\uparrow \cdots$$

beziehungsweise

$$\star w_1 \star \cdots \star w_n \star \star X_1 \star \overline{w \star}_\uparrow \star X_2 \star \ldots \xRightarrow{E} \star w_1 \star \cdots \star w_n \star w \underset{\uparrow}{\star} \ldots,$$

leistet $V_n \overline{T^\S} E$ das für die normierte Turing-Berechnung ohne Hilfsbuchstaben Gewünschte. V_n wird in Nr. 4, E in Nr. 5 angegeben.

4. Eine Verschlüsselmaschine für n-Tupel

Wir werden V_n aus Turing-Maschinen V_{ni} zusammensetzen, die folgendes leisten (X bezeichne, wie üblich, eine Sequenz von Strichfolgen):

$$\star w_1 \star \cdots \star w_n \star \star X \underset{\uparrow}{\star} \cdots \xRightarrow{V_{ni}} \star w_1 \star \cdots \star w_n \star \star X \overline{w_i \star}_\uparrow \star \cdots.$$

Dann kann man offensichtlich V_n als

$$r^2 | r V_{n1} \cdots V_{nn} l^2$$

wählen (man beachte, daß $\overline{w_i \star}$ die Gestalt $\star Y$ hat, wo Y eine nicht-leere Sequenz ist).

Die Arbeit von V_{ni} schließlich wird durch die folgende Turing-Maschine geleistet (beim Nachprüfen der Arbeitsweise beachte man, daß einige der w_j leer sein können):

$$\mathfrak{L}L^{n-i+2} \; r \begin{array}{l} \xrightarrow{*} \star R^{n-i+1}\mathfrak{R}r(|r)^1 \\ \xrightarrow{a_1} \star R^{n-i+2}\mathfrak{R}r(|r)^2 \mathfrak{L}L^{n-i+2} a_1 \\ \vdots \\ \xrightarrow{a_{t_1}} \star R^{n-i+2}\mathfrak{R}r(|r)^{t_1+1} \mathfrak{L}L^{n-i+2} a_{t_1} \end{array} \Bigg\}$$

Das Arbeitsalphabet sei $A_{\text{Max}\{t_1, t_2\}}$. V_{ni} arbeitet nach einem ähnlichen Flußdiagramm wie die Kopiermaschine, Einzelheiten seien dem Leser überlassen.

5. Eine Entschlüsselmaschine

Für die etwas schwierigere Arbeit der Entschlüsselmaschine wollen wir uns zuerst ein Flußdiagramm überlegen. Die Arbeitsweise der Teilmaschinen geben wir dabei einfach durch die gewünschte Endstellung an. Die interessierende Anfangsstellung von E soll, etwas anders als in Nr. 3 geschrieben, sein

$$\star w_1 \star \cdots \star w_n \star \star X_1 \star | \bar{w} \underset{\uparrow}{\star} | \star X_2 \star \cdots .$$

Die Arbeit kann jetzt etwa folgendermaßen ablaufen

a) $\sim \star \star X_1 \star | \bar{w} \star | \underset{\uparrow}{\star} X_2 \star \star \cdots$

b) $\sim \star \star X_1 \star | \bar{w} \star | \star \cdots \underset{\uparrow}{\star} \cdots$

c) $\sim \star \star X_1 \star | \bar{w} \underset{\uparrow}{\star} | \star \cdots$

d) $\sim \star \star X_1 \star | \underset{\uparrow}{\bar{w}} \star | \star \cdots$

e) $\sim \underset{\uparrow}{\star} \star \cdots \star \bar{w} \star | \star \cdots$

f) $\sim \star | \underset{\uparrow}{\star} \cdots \star \bar{w} \star | \star \cdots$

g) $\sim \star | w \underset{\uparrow}{\star} \cdots$

h) $\sim \star w \underset{\uparrow}{\star} \cdots .$

Dabei soll die Stellung des Pfeils in d) andeuten, daß das Arbeitsfeld dasselbe Feld wie in c) ist, falls w leer ist, und sonst das Feld, das mit dem zum ersten Buchstaben von w gehörigen Stern beschrieben ist.

Die einzelnen Arbeiten werden der Reihe nach durch folgende Turing-Maschinen ausgeführt

a) r^2

b) ⌐*←⌐
   |r→*r|
   ⌐*⌐

c) ⌐*⌐
   ↳l⌐↦l

d) $\overline{Lr}$, d.h. durch die Turing-Maschine, die aus Lr mithilfe unsrer Konstruktion aus Nr. 2 entsteht. Dabei seien L und r als Turing-Maschinen über A_{t_2} aufgefaßt.

e) ⌐*←⌐
   |l→*l|
   ⌐*⌐

f) $r|$

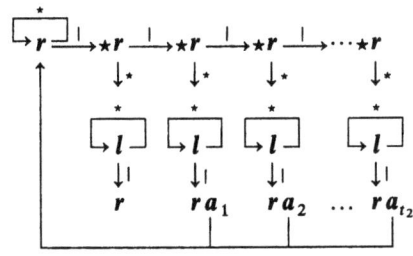

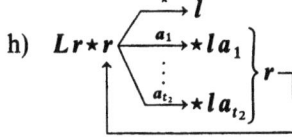

h) $Lr\star r$ ...

Einzelheiten der Arbeitsweise dieser Turing-Maschinen seien dem Leser überlassen.

6. Einsetzung Turing-berechenbarer Funktionen

Als einfaches Korollar der Tatsache, daß jede Turing-berechenbare Funktion normiert Turing-berechenbar ist, wollen wir in dieser Nummer noch beweisen, daß die Einsetzung Turing-berechenbarer Funktionen ineinander wieder eine Turing-berechenbare Funktion liefert. D.h. genauer:

Korollar: Seien $g_1,\ldots,g_m$ Turing-berechenbare n-stellige Funktionen von $\Omega(A_{t_1})$ in $\Omega(A_{t_2})$ und sei h eine Turing-berechenbare m-stellige Funktion von $\Omega(A_{t_2})$ in $\Omega(A_{t_3})$. Dann ist auch die n-stellige Funktion f mit[3]

$$f(w_1,\ldots,w_n) = h(g_1(w_1,\ldots,w_n),\ldots,g_m(w_1,\ldots,w_n))$$

von $\Omega(A_{t_1})$ in $\Omega(A_{t_3})$ Turing-berechenbar.

Beweis: Da $g_1,\ldots,g_m,h$ Turing-berechenbar sind, gibt es Turing-Maschinen $T_1,\ldots,T_m,T$, die sie *normiert* berechnen. Als Turing-Maschine zur Berechnung von f kann man dann offensichtlich

$$T_1 K_{n+1}^n T_2 K_{n+1}^n T_3 \ldots K_{n+1}^n T_m K_{(m-1)\cdot n+m} K_{(m-2)\cdot n+m} \ldots K_{(m-m)\,n+m} T$$

wählen. Charakteristische Stellungen im Laufe der Rechnung sind (dabei stehe g_i abkürzend für $g_i(w_1,\ldots,w_n)$, f für $f(w_1,\ldots,w_n)$):

$\star w_1 \star \cdots \star w_n \overset{*}{\star} \cdots$

$\star w_1 \star \cdots \star w_n \star g_1 \overset{*}{\star} \cdots$

$\star w_1 \star \cdots \star w_n \star g_1 \star w_1 \star \cdots \star w_n \overset{*}{\star} \cdots$

$\star w_1 \star \cdots \star w_n \star g_1 \star w_1 \star \cdots \star w_n \star g_2 \overset{*}{\star} \cdots$

$\star w_1 \star \cdots \star w_n \star g_1 \star w_1 \star \cdots \star w_n \star g_2 \star \cdots \star g_{m-1} \star w_1 \star \cdots \star w_n \star g_m \overset{*}{\star} \cdots$

$\star w_1 \star \cdots \star w_n \star g_1 \star w_1 \star \cdots \star w_n \star g_2 \star \cdots \star g_{m-1} \star w_1 \star \cdots \star w_n \star g_m \star g_1 \star \cdots \star g_m \overset{*}{\star} \cdots$

$\star w_1 \star \cdots \star w_n \star g_1 \star w_1 \star \cdots \star w_n \star g_2 \star \cdots \star g_{m-1} \star w_1 \star \cdots \star w_n \star g_m \star g_1 \star \cdots \star g_m \star f \overset{*}{\star}$

Einzelheiten seien dem Leser überlassen.

§ 5. Einfache Beispiele unentscheidbarer Mengen

Wir haben in der Einleitung (zu Teil I) schon eingesehen, daß man für den Nachweis, daß eine bestimmte Menge unentscheidbar ist, notwendig eine Präzisierung des Begriffs des Algorithmus' benötigt. Ein solcher Nachweis ist nämlich eine Aussage über die Klasse aller möglichen Algorithmen. Dazu muß diese Klasse aber genau abgegrenzt sein.

Sei M eine Menge von Wörtern über dem Alphabet A_t. Wir haben definiert: M ist entscheidbar genau dann, wenn seine charakteristische Funktion Turing-berechenbar ist. Dies liefert nun zwar

---

[3] Diese Gleichung ist so aufzufassen, daß, falls die eine Seite definiert ist, auch die andere definiert ist und dann die Gleichheit gilt. Um diesen Sachverhalt deutlicher auszudrücken, wird in der Literatur auch „$\cong$" anstelle von „$=$" verwandt.

eine Präzisierung, läßt aber noch eine „ziemlich große" Klasse von Algorithmen zu.

Hier hilft uns der in § 4 gewonnene Satz, daß jede Turing-berechenbare Funktion durch eine Turing-Maschine *ohne Hilfsbuchstaben* berechnet werden kann. Wir erhalten daraus nämlich sofort das

Korollar: Sei $M \subset \Omega(A_t)$. M ist entscheidbar genau dann, wenn es eine Turing-Maschine mit dem Arbeitsalphabet A_t gibt, die die charakteristische Funktion von M berechnet.

Mithilfe dieses Korollars werden wir in den Nummern 2 und 3 von einigen Eigenschaften von Turing-Maschinen nachweisen, daß sie unentscheidbar sind. In Nr. 1 werden Turing-Maschinen durch Wörter über ihrem Arbeitsalphabet charakterisiert.

1. Maschinenwörter

Wir haben uns schon immer auf den Standpunkt gestellt, daß eine Turing-Maschine durch ihre Tafel gegeben ist. Wir haben Tafeln so angegeben, daß wir sie zeilenweise *unter*einander geschrieben haben; natürlich kann man aber auch alle Zeilen der Reihe nach *hinter*einander schreiben. Wenn man darin die Zustandssymbole und r, l und s als neue Buchstaben auffaßt, sowie a_0 als neuen *eigentlichen* Buchstaben (der Deutlichkeit halber schreiben wir dann a_0'), erhält man ein Wort über

$$\{a_0'\} \cup A_t \cup \{q_0,...,q_n,r,l,s\},$$

wenn A_t das Arbeitsalphabet und $q_0,...,q_n$ die Zustände von T sind. Wir wollen uns auf den Standpunkt stellen, daß dieses Wort und die Tafel von T dasselbe sind. Wir wollen T aber durch ein Wort über seinem Arbeitsalphabet charakterisieren. Wenn wir auf das so erhaltene Wort $\gamma_{t+n+4,t}$ (vgl. § 3 Nr. 9) anwenden, erhalten wir zwar ein Wort w über A_t, können aber die Tafel nicht zurückgewinnen, da wir nicht ohne weiteres n aus w ermitteln können. Erst aus dem Paar n,w (man beachte unsere Auffassung der natürlichen Zahlen!) können wir mit $\gamma_{t+n+4,t}^{-1}$ die Tafel zurückgewinnen. Das Paar läßt sich wieder mit σ_2^t (vgl. § 3 Nr. 9) durch ein Wort über A_t charakterisieren. Zusammenfassend haben wir: Sei T eine Turing-Maschine mit dem Arbeitsalphabet A_t und den Zuständen $q_0,...q_n$. Sei w' die Tafel von T. Dann läßt sich T durch

$$w = \sigma_2^t(n, \gamma_{t+n+4,t}(w'))$$

eindeutig charakterisieren. w ist ein Wort über A_t. Man kann aus w' effektiv w gewinnen und aus w effektiv w'. Außerdem kann man offensichtlich feststellen, ob ein vorgelegtes Wort über A_t eine Turing-Maschine charakterisiert. Wir haben also (vgl. § 1 Nr. 4) die Menge der Turing-Maschinen mit dem Arbeitsalphabet A_t gödelisiert.

Das bei dieser Gödelisierung einer Turing-Maschine T zugeordnete Wort wollen wir mit w_T bezeichnen und es das Maschinenwort von T nennen.

2. Eine unentscheidbare Menge

Wir geben ein Alphabet A_t fest vor und betrachten die Menge M von Wörtern über A_t, die durch folgende Bedingung gegeben ist:

$w \in M$ gdw   Es gibt eine Turing-Maschine T über A_t, so daß $w = w_T$ und T bleibt, angesetzt auf w nach endlich vielen Schritten hinter | stehen.

Damit haben wir insbesondere für eine beliebige Turing-Maschine T über A_t

$w_T \in M$ gdw T bleibt angesetzt auf w_T nach endlich vielen Schritten hinter | stehen.

Wir behaupten, M ist unentscheidbar. Diesen Sachverhalt drückt man auch kurz so aus, daß man sagt, es ist unentscheidbar, ob eine beliebig vorgelegte Turing-Maschine mit dem Arbeitsalphabet A_t, angesetzt auf ihr Maschinenwort, nach endlich vielen Schritten hinter | stehenbleibt.

Beweis: Wir nehmen an, M sei entscheidbar. Dann gibt es eine Turing-Maschine T über A_t (ohne Hilfsbuchstaben!), die χ_M (vgl. § 1 Nr. 6) berechnet, für die also gilt: T bleibt, angesetzt auf ein beliebiges Wort w über A_t, nach endlich vielen Schritten stehen

hinter □ gdw $w \in M$,
hinter | gdw $w \notin M$.

Insbesondere haben wir damit für w_T:

T bleibt, angesetzt auf w_T, nach endlich vielen Schritten stehen hinter □,

gdw $w_T \in M$,

gdw T bleibt, angesetzt auf w_T, nach endlich vielen Schritten stehen hinter | (Definition von M).

Damit haben wir den gewünschten Widerspruch erzielt, denn $| \neq \square$.

3. Weitere unentscheidbare Mengen

In dieser Nummer wollen wir von zwei weiteren Mengen zeigen, daß sie unentscheidbar sind. Auch diese Mengen hängen noch eng mit dem Begriff der Turing-Maschine zusammen, sodaß ihre Unentscheidbarkeit außerhalb der Theorie der Turing-Maschinen wenig interessiert. Das Beweisverfahren ist aber charakteristisch für eine Methode, die Unentscheidbarkeit einer Menge nachzuweisen. Wir zeigen nämlich, daß die Entscheidbarkeit dieser Mengen die Entscheidbarkeit von M aus Nr. 2 nach sich zöge. Daher müssen diese Mengen unentscheidbar sein. Mit derselben Methode zeigt man auch die Unentscheidbarkeit mathematisch interessanter Mengen (vgl. z.B. die Artikel von Ebbinghaus und Hermes in diesem Band).

Sei ein Alphabet A_t vorgegeben. Wir definieren die Mengen M_1 und M_2 von Wörtern über A_t folgendermaßen:

$w \in M_1$ gdw   Es gibt eine Turing-Maschine T über A_t, sodaß $w = w_T$ und T bleibt angesetzt hinter w nach endlich vielen Schritten stehen.

$w \in M_2$ gdw   Es gibt eine Turing-Maschine T über A_t, sodaß $w = w_T$ und T bleibt angesetzt auf das leere Band nach endlich vielen Schritten stehen.

Für Maschinenwörter haben wir insbesondere, wie in Nr. 2,

$w_T \in M_1$ gdw T bleibt angesetzt hinter w_T nach endlich vielen Schritten stehen.

$w_T \in M_2$ gdw T bleibt angesetzt auf das leere Band nach endlich vielen Schritten stehen.

M_1 und M_2 sind unentscheidbar. Diese Tatsache drückt man wieder ähnlich aus, wie in Nr. 2 die Unentscheidbarkeit von M.

Beweis für M_1: Nehmen wir an, wir könnten M_1 entscheiden. Dann könnten wir auch M entscheiden.

Sei nämlich w über A_t beliebig vorgelegt. Zuerst stellen wir fest, ob w überhaupt ein Maschinenwort ist (das ist nach Nr. 1 effektiv möglich). Wenn das nicht der Fall ist, ist $w \notin M$. Wenn das aber der Fall ist, stellen wir die zu w gehörige Tafel her (auch das ist nach Nr. 1 effektiv möglich). Die zu dieser Tafel gehörige Turing-Maschine sei T, d.h. $w = w_T$. Sodann stellen wir fest, ob $w \in M_1$ oder nicht. Das ist wegen unsrer Annahme effektiv möglich. Wenn $w \notin M_1$, ist $w \notin M$. Wenn dagegen $w \in M_1$, setzen wir T hinter w an und lassen die Maschine laufen. Wir sind, da $w \in M_1$, sicher, daß T nach endlich vielen Schritten stehenbleibt. Nachdem T stehengeblieben ist, stellen wir fest, ob T hinter | stehengeblieben ist. Falls ja, ist $w \in M$, falls nein, ist $w \notin M$.

Hiermit haben wir ein Verfahren angegeben, daß im intuitiven Sinne M zu entscheiden gestattet. Mithilfe der Churchschen These erhielten wir dann auch eine Turing-Maschine, die M entschiede. Man kann die Verwendung der Churchschen These aber auch vermeiden und zu dem o.a. Verfahren direkt eine Turing-Maschine konstruieren, die es nachspielt. Ein wesentlicher Baustein dieser dieser Turing-Maschine wäre neben der Turing-Maschine, die M_1 entscheidet, eine universelle Turing-Maschine ähnlich der, die in § 6 Nr. 3 angegeben wird. Auf die Angabe einer Turing-Maschine zur Entscheidung von M soll aber hier wegen ihrer Kompliziertheit verzichtet werden.

Beweis für M_2: Auf dieselbe Weise wollen wir jetzt zeigen, daß die Entscheidbarkeit von M_2 die Entscheidbarkeit von M_1 nach sich zöge. Nehmen wir dazu an, wir könnten M_2 entscheiden, dann können wir auch M_1 entscheiden.

Sei nämlich w über A_t beliebig vorgegeben. Wir stellen fest, ob w ein Maschinenwort ist. Falls nicht, ist $w \notin M_1$. Falls ja, stellen wir die zu w gehörige Tafel her. Die zu dieser Tafel gehörige Turing-Maschine sei T. Sei ferner $w = a_{i_1} \ldots a_{i_k}$. Wir betrachten die Turing-Maschine

$$T' = r\, a_{i_1}\, r\, a_{i_2} \ldots r\, a_{i_k}\, r\, T.$$

Es gilt:

T', angesetzt auf das leere Band, bleibt nach endlich vielen Schritten stehen

gdw T, angesetzt hinter w, bleibt nach endlich vielen Schritten stehen.

Nach unsrer Annahme können wir entscheiden, ob T', angesetzt auf das leere Band, nach endlich vielen Schritten stehenbleibt. Falls nicht, ist $w \notin M_1$, falls ja, ist $w \in M_1$. Damit haben wir ein Entscheidungsverfahren für M_1 gewonnen.

Turing-Maschinen und berechenbare Funktionen III

H.-D. EBBINGHAUS

§ 6. Eine universelle Turing-Maschine und das Aufzählungstheorem von Kleene

$A = A_t$ sei ein fest vorgegebenes Alphabet. Wir wollen im folgenden effektiv eine T.-M. U angeben, die in der Lage ist, in einer noch näher zu beschreibenden Weise jede T.-M. mit dem Arbeitsalphabet A zu *simulieren*. Wir nennen U eine *universelle* T.-M. zum Alphabet A. Mit Hilfe von U beweisen wir dann das sog. *Kleenesche Aufzählungstheorem* für T.-b. Funktionen und im Anschluß daran die Unentscheidbarkeit des *Halteproblems* für U. Wir gewinnen damit eine interessante Variante zu dem Ergebnis aus Teil II, § 5 Nr. 3. (Die Angabe einer T.-M. mit einem unentscheidbaren Halteproblem stellt im Artikel über Aufzählbarkeit einen wesentlichen Schritt beim Beweis der Unentscheidbarkeit der Arithmetik dar.) Wir möchten nicht unerwähnt lassen, daß man effektiv T.-M. angeben kann, die in der Lage sind, beliebige T.-M. über *beliebigen* Alphabeten zu simulieren. Das kann jedoch nicht in der von uns beabsichtigten „direkten" Weise geschehen; man muß dann nämlich die Symbole $a_0, a_1, \ldots$ selbst als Worte über einem festen Alphabet verschlüsseln (wie man Schreibbuchstaben in Morsezeichen umsetzt), um mit endlich vielen Buchstaben auszukommen.

1. Die universelle Turing-Maschine U

Der Konstruktion von U liegt folgender Gedanke zugrunde: Wenn man eine T.-M. T auf eine gewisse Inschrift in einem gewissen Feld ansetzt, so arbeitet sie gemäß gewisser Vorschriften, die sie ihrer Tafel entnimmt. Es liegt nun nahe, eine T.-M. zu konstruieren, die sich wie eine beliebig vorgegebene T.-M. T mit dem Arbeitsalphabet A verhalten kann, sofern man die Tafel von T in geeigneter Weise als zusätzliche Information auf das Band gibt.

Es sei $A' = A_{2t+9}$. In suggestiverer Weise schreiben wir für die Buchstaben von $A' - A$ der Reihe nach $b_0,\ldots,b_t,r,l,s,+,-,O,c,\S$. Bez. r, l, s treten dann zwar Kollisionen mit den Bezeichnungen der entsprechenden Verhaltensweisen auf, doch ergibt sich jeweils aus dem Zusammenhang, was gemeint ist.

Wir ordnen jeder T.-M. T mit dem Arbeitsalphabet A (genauer: der Tafel von T) ein *Maschinenwort* w^T über A' zu, und zwar in anderer Weise, als dies in Teil II, §5, geschehen ist. Die Modifizierung verfolgt lediglich den Zweck, die Angabe von U leichter zu gestalten. w^T ist bei gegebener Tafel von T effektiv herstellbar, und umgekehrt kann aus w^T die Tafel von T effektiv ermittelt werden.

Die Tafel von T läßt sich in der Form

$$\begin{array}{c} T_0 \\ \vdots \\ T_s \end{array}$$

schreiben, wobei die i-te Teilmatrix T_i aus den mit q_i beginnenden Zeilen der Tafel von T besteht ($q_0,\ldots,q_s$ seien die Zustände von T). Jeder Zeile $q_i a_j v_{ij} q_{k_{ij}}$ von T ordnen wir ein Wort w_{ij}^T zu, und zwar sei

$$w_{ij}^T = \begin{cases} b_j v_{ij} +^{k_{ij}-i}, & \text{falls } k_{ij} > i, \\ b_j v_{ij} O, & \text{falls } k_{ij} = i, \\ b_j v_{ij} -^{i-k_{ij}}, & \text{falls } k_{ij} < i. \end{cases}$$

Das auf v_{ij} folgende Endstück von w_{ij}^T gibt in augenfälliger Weise die Differenz zwischen dem Index des Folgezustandes und dem des alten Zustandes an. T_i werde das Wort

$$w_i^T = w_{i0}^T \ldots w_{it}^T$$

zugeordnet, und der Tafel von T schließlich

$$w^T = c w_0^T c \ldots c w_s^T \S.$$

l_T sei die Länge von w^T. Für $i=0,\ldots,s$ entstehe $w^T(q_i/\star)$ aus w^T, indem das unmittelbar vor dem Teilwort w_i^T stehende c durch $\star$ ersetzt wird. $w^T(q_i/\star)$ ist ein uneigentliches Wort. Es leistet, wie w^T, eine effektive Beschreibung von T und markiert darüberhinaus noch einen Zustand, nämlich q_i.

Das Arbeitsalphabet von U sei A'. Wir geben U durch ein Diagramm an:

Für $j=0,\ldots,t$ sei zunächst R_j die durch das Diagramm

$$\underset{}{\overset{+\S}{(r)}} \xrightarrow{\S} \underset{}{\overset{+b_j}{(r)}} \xrightarrow{b_j} a_j$$

gegebene T.-M., und Z sei durch das folgende Diagramm gegeben:

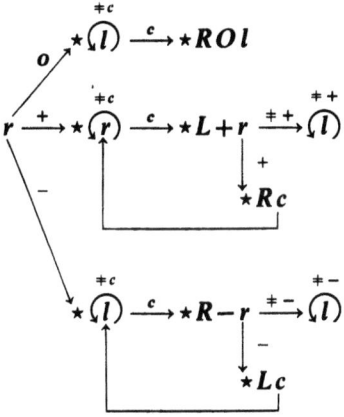

U sei dann die durch das anschließende Diagramm bestimmte Maschine:

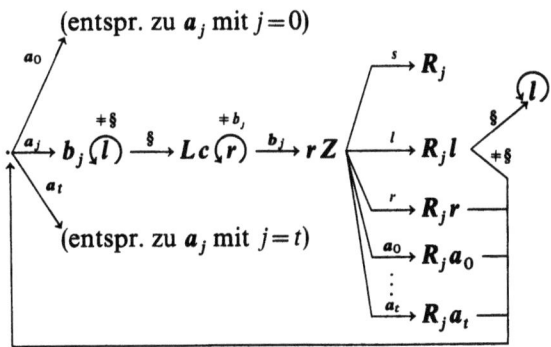

Wir beschreiben die Arbeitsweise von U für den Fall, daß U eine T.-M. T mit dem Arbeitsalphabet A in einer noch näher zu kennzeichnenden Weise simuliert. Die Arbeitsweise von U in anderen Fällen liegt außerhalb unseres Interesses.

Zunächst ordnen wir jeder Konfiguration

$$C = (m, \mathfrak{I}, q) = a_0 \ldots a_m^q \ldots$$

von T die Konfiguration

$$\bar{C} = (m + l_T, \mathfrak{I}_C, q_0) = w^T(q/\star) a_0 \ldots a_m^{q_0} \ldots$$

von U zu. (Es ist also $\mathfrak{J}_C$ definiert durch
$$\mathfrak{J}_C(0)\ldots\mathfrak{J}_C(l_T-1) = w^T(q/\star),$$
$$\mathfrak{J}_C(j+l_T) = \mathfrak{J}(j) \quad (j \geq 0).)$$

T werde auf die Inschrift $\mathfrak{J}_0$ im Arbeitsfeld m_0 angesetzt, es werde also $C_0 = (m_0, \mathfrak{J}_0, \boldsymbol{q}_0)$ als Anfangskonfiguration gewählt. Zur Simulierung von T wird U auf die Inschrift $\mathfrak{J}_{C_0}$ im Arbeitsfeld $m_0 + l_T$ angesetzt; es wird also $D_0 := \overline{C_0}$ als Anfangskonfiguration gewählt. Anschaulich: Ist

$$a_0 \ldots \overset{q}{a}_{m_0} \ldots$$

die Anfangsstellung von T, so wird

$$w^T(\boldsymbol{q}_0/\star) a_0 \ldots \overset{q}{a}_{m_0} \ldots$$

als Anfangsstellung von U gewählt.

Um uns eine Vorstellung von der Art und Weise zu machen, in der U die Maschine T simuliert, nehmen wir an, T habe im Verlauf der Rechnung die Konfiguration

$$C = (m, \mathfrak{J}, q) = a_0 \ldots a_m^q \ldots$$

erreicht, und U die Konfiguration

$$\overline{C} = (m + l_T, \mathfrak{J}_C, \boldsymbol{q}_0) = w^T(q/\star) a_0 \ldots a_m^{q_0} \ldots$$

(Das ist zu Beginn der Rechnung der Fall!)

$$q\, a_m\, v\, q'$$

sei die mit $q a_m$ beginnende Zeile der Tafel von T.

Fall a): $v = s$:

T macht Maschinenstopp. C ist eine Endkonfiguration, und

$$a_0 \ldots \overset{q}{a}_m \ldots$$

ist die Endstellung von T.

Fall b): $v = l$ und $m = 0$:

T macht Bandüberschreitung. C ist eine Endkonfiguration, und

$$\overset{q}{a}_0 \ldots$$

ist die Endstellung von T.

Fall c): Es liege weder a) noch b) vor:

C besitzt eine Folgekonfiguration

$$C' = (m', \mathfrak{J}', q') = a'_0 \ldots a'^{q'}_{m'} \ldots$$

Was macht U, falls die Konfiguration $\overline{C}$ vorliegt? $\overline{C}$ entspricht die Stellung

$$w^T(q/\star) a_0 \ldots \overset{q}{a}_m \ldots$$

Da q_0 der Zustand von $\bar{C}$ ist, beginnt der Punkt im Diagramm von U zu arbeiten. Es sei etwa $a_m = a_j$. U überdruckt zunächst a_j mit b_j, sucht mit

$$\underset{}{\widehat{l}} \xrightarrow[]{\overset{\neq \S}{\S}} Lc$$

den Stern in $w^T(q/\star)$ auf und überdruckt ihn mit c. Die augenblickliche Stellung ist dann (falls etwa $q = q_p$)

$$cw_0^T c \ldots cw_{p-1}^T \underset{\uparrow}{c} w_p^T c \ldots cw_s^T \S a_0 \ldots a_{m-1} b_j a_{m+1} \ldots$$

Mit $\widehat{r}\,\overset{\neq b_j}{}$ sucht U in dem sich unmittelbar rechts anschließenden w_p^T den Buchstaben b_j auf. Das führt zur Stellung

$$\sim cw_{p1}^T \ldots w_{pj-1}^T \underset{\uparrow}{b_j} v \ldots$$

U geht jetzt mit r ein Feld nach rechts. Die Beschriftung v dieses Feldes ist das bei der Konfiguration C von T geforderte Verhalten. Zunächst tritt nun der Maschinenteil Z in Aktion, der, wie man sich leicht klarmacht, den augenblicklichen Anfangsteil w^T der Inschrift (Der Stern in $w^T(q/\star)$ ist ja mit c überdruckt worden!) in $w^T(q'/\star)$ umwandelt. (Wir überlassen die entsprechenden Überlegungen dem Leser.) Nach der Bewältigung dieser Aufgabe steht U wieder auf dem Feld, das das von T geforderte Verhalten v enthält. Mit Hilfe von R_j sucht U nun – unabhängig davon, wie v beschaffen ist – das ursprüngliche Arbeitsfeld der Konfiguration $\bar{C}$ wieder auf und überdruckt das dort stehende b_j mit a_j ($= a_m$). Die damit erreichte Stellung ist

$$w(q'/\star)a_0 \ldots \underset{\uparrow}{a_m} \ldots$$

Um zu verfolgen, wie U weiterarbeitet, unterscheiden wir drei Möglichkeiten:

(1) Fall a) (d.h. $v = s$):
U macht Maschinenstopp; die Endstellung ist

$$w(q'/\star)a_0 \ldots \underset{\uparrow}{a_m} \ldots$$

(2) Fall b) (d.h. $v = l$ und $m = 0$):
U geht mit l zunächst ein Feld nach links, sieht $\S$ (den letzten Buchstaben von $w(q'/\star)$) und macht mit $\widehat{l}$ Bandüberschreitung. Die Endstellung ist

$$\underset{\uparrow}{}w(q'/\star)a_0 \ldots$$

(3) Fall c):
U führt das Verhalten v aus und erreicht (ähnlich zu T) die Stellung

$$w(q'/\star)a_0' \ldots \underset{\uparrow}{a_{m'}'} \ldots$$

Da anschließend der Punkt im Diagramm von U weiterarbeiten muß, ist U jetzt im Zustand q_0. U hat also die Konfiguration

$$w(q'/\star)a'_0 \ldots a'^{q_0}_m \ldots = \overline{C'}$$

erreicht.

Damit haben wir den folgenden Sachverhalt bewiesen, der die Simulierung von T durch U präzisiert:

6.1: $C_0, C_1, \ldots$ sei die mit C_0 beginnende Konfigurationsfolge von T, $D_0, D_1, \ldots$ die mit $D_0 = \overline{C_0}$ beginnende Konfigurationsfolge von U. Dann gilt:

Es gibt eine Teilfolge $D_{n_0}, D_{n_1}, \ldots$ von $D_0, D_1, \ldots$, die die gleiche Länge wie die Folge $C_0, C_1, \ldots$ besitzt (also auch zugleich mit dieser Folge abbricht oder nicht) und die folgenden Eigenschaften hat:
(i) $D_{n_i} = \overline{C_i} (i=0,1,\ldots)$.
(ii) Bricht die Folge $C_0, C_1, \ldots$ mit C_k ab, so gibt es ein r derart, daß die Folge $D_0, D_1, \ldots$ mit D_{n_k+r} abbricht.

$$a_0 \ldots \underset{\uparrow}{a_m} \ldots$$

sei die Endstellung von T. Hat T Maschinenstopp gemacht, so macht auch U Maschinenstopp, und es gibt ein q, so daß

$$w^T(q/\star)a_0 \ldots \underset{\uparrow}{a_m} \ldots$$

die Endstellung von U ist. Hat T Bandüberschreitung gemacht (ist also insbesondere $m=0$), so macht auch U Bandüberschreitung, und es gibt ein q, so daß

$$_\uparrow w^T(q/\star)a_0 \ldots$$

die Endstellung von U ist.

Ohne Beweis vermerken wir noch:
(iii) Der letzte Buchstabe von w^T, §, wird nicht von U gelöscht, und U druckt § nicht. Die Konfigurationen D_{n_i} entsprechen genau jeder zweiten derjenigen Konfigurationen unter den D_j, bei denen das Arbeitsfeld rechts von dem mit § bedruckten Feld liegt und überdies rechts von diesem Feld nur Buchstaben aus $A \cup \{a_0\}$ stehen, und das sind genau diejenigen Konfigurationen unter den D_j, deren Zustand q_0 ist.

Aus 6.1 folgt insbesondere, wenn C_0 bzw. $D_0 = \overline{C_0}$ als Anfangskonfigurationen für T bzw. U gewählt werden:

6.2: (1) T stoppt genau dann, wenn U stoppt.
(2) T macht genau dann einen Maschinenstopp, wenn U dies tut.

(3) T stoppt genau dann hinter einem Wort w aus $\Omega(A)$ (!), wenn U hinter w stoppt.
Als Korollar formulieren wir:

6.3 Satz: *Man kann effektiv eine universelle T.-M. zum Alphabet A angeben.*

2. Das Kleenesche Aufzählungstheorem für Turing-berechenbare Funktionen

Wir benutzen jetzt die universelle T.-M. U, um den folgenden, auf *Kleene* zurückgehenden Satz zu beweisen (vgl. Kleene [6], S. 341):

6.4 Satz: *Zu jedem n gibt es eine T.-b. Funktion F aus $\Omega^{n+1}(A)$ in $\Omega(A)$ derart, daß die Funktionen f_w mit $f_w(\mathfrak{w}) \cong F(w, \mathfrak{w})$ $(\mathfrak{w} \in \Omega^n(A))$ genau die T.-b. Funktionen aus $\Omega^n(A)$ in $\Omega(A)$ durchlaufen, wenn w $\Omega(A)$ durchläuft.*

Solch ein F heißt eine *universelle* Funktion zur Stellenzahl n. Ist $f = f_w$, nennt man w einen *Index* oder eine *Gödelnummer* von f bez. F. Da eine T.-b. Funktion aus $\Omega^n(A)$ in $\Omega(A)$ durch unendlich viele T.-M. über A berechnet werden kann, besitzt sie, wie sich aus dem folgenden Beweisgang entnehmen läßt, unendlich viele Indizes bez. F. –

Bei dem Beweis von 6.4 lassen wir uns von dem folgenden Gedanken leiten: Eine T.-b. Funktion f aus $\Omega^n(A)$ in $\Omega(A)$ läßt sich auf U berechnen, indem man außer dem Argument noch eine zusätzliche Information auf das Band gibt, die U veranlaßt, eine f berechnende T.-M. T mit dem Arbeitsalphabet A zu simulieren. Diese Information wird im wesentlichen das Maschinenwort w^T sein. F ist dann eine im wesentlichen durch U bestimmte Funktion, deren erstes Argument anschaulich ein solcher Informationsträger ist.

F' sei die durch U bestimmte T.-b. Funktion aus $\Omega^{n+1}(A')$ in $\Omega(A)$ und γ die T.-b., umkehrbar eindeutige Funktion von $\Omega(A)$ auf $\Omega(A')$ aus Teil II, § 3 Nr. 9. Die Funktion F aus $\Omega^{n+1}(A)$ in $\Omega(A)$ sei definiert durch

$$F(w, \mathfrak{w}) \cong F'(\gamma(w), \mathfrak{w}) \quad ((w, \mathfrak{w}) \in \Omega^{n+1}(A)).$$

Da die Einsetzung von T.-b. Funktionen zu T.-b. Funktionen führt, ist F T.-b. F erfüllt die Bedingung aus 6.4: Offensichtlich ist mit $w \in \Omega(A)$ f_w eine T.-b. Funktion aus $\Omega^n(A)$ in $\Omega(A)$. (Die hierzu notwendige Überlegung sei dem Leser überlassen.) Sei umgekehrt

f eine T.-b. Funktion aus $\Omega^n(A)$ in $\Omega(A)$. Nach Teil II, § 4. gibt es eine T.-M. T über dem Alphabet A, die f berechnet. $'w^T$ entstehe aus w^T durch Streichen des ersten Buchstabens c. Es sei $w \in \Omega(A)$ so gewählt, daß $\gamma(w) = {'w^T}$, und es sei $\mathfrak{w} = (w_1, \ldots, w_n) \in \Omega^n(A)$.

T hinter $\mathfrak{w}$ ansetzen heißt,

$$C_0 = \star w_1 \star \cdots \star w_n \star^{q_0} \star \cdots$$

als Anfangskonfiguration wählen. Für $\overline{C_0}$ ergibt sich, da $\star'w^T = w^T(q_0/\star)$,

$$\overline{C_0} = \star'w^T \star w_1 \star \cdots \star w_n \star^{q_0} \star \cdots$$

$\overline{C_0}$ als Anfangskonfiguration von U wählen heißt also, U hinter $('w^T, \mathfrak{w})$ ansetzen. Nach 6.2(3) gilt daher:

T stoppt, angesetzt hinter $\mathfrak{w}$, hinter einem Wort w' über A genau dann, wenn U, angesetzt hinter $('w^T, \mathfrak{w})$, hinter w' stoppt.

Das liefert:
$$f(\mathfrak{w}) \cong F'('w^T, \mathfrak{w}).$$

Mit
$$F'('w^T, \mathfrak{w}) \cong F'(\gamma(w), \mathfrak{w}) \cong F(w, \mathfrak{w}) \cong f_w(\mathfrak{w})$$

gewinnen wir:
$$f = f_w,$$

und das war zu zeigen.

Da wir effektiv γ und F' berechnende T.-M. angeben können, können wir auch effektiv eine T.-M. angeben, die F (sogar normiert) berechnet. In diesem Sinn ist eine Angabe von F in 6.4 sogar *effektiv* möglich.

3. Das Halteproblem für U

Aus den Betrachtungen in Nr. 1 können wir noch eine Folgerung ziehen: *Die Unentscheidbarkeit des Halteproblems für U*. Wir führen den Beweis hier naiv. Eine Verschärfung für die Turing-präzisierten Begriffe ist ebenfalls möglich. (Bei Anerkennung der Churchschen These ist das selbstverständlich.)

6.5 Satz: *Die Menge*

$$\{w : w \in \Omega(A') \text{ und } U \text{ stoppt, angesetzt hinter } w\}$$

ist nicht entscheidbar; d.h. es gibt kein Verfahren, das für ein beliebiges Wort w über A' zu entscheiden gestattet, ob U, angesetzt hinter w, stoppt.

Wir führen den Beweis indirekt: Da die Menge der Wörter über A', die die Gestalt $'w^T$ (T eine T.-M. mit dem Arbeitsalphabet A)

haben, entscheidbar ist, so wäre mit der in 6.5 genannten Menge auch die Menge
$\{'w^T : T$ T.-M. mit dem Arbeitsalphabet A und U stoppt, angesetzt hinter $'w^T\}$
entscheidbar. Da für die Konfiguration

$$C_0 = \star\star\star^{q_0}\star\ldots$$

einer T.-M. T mit dem Arbeitsalphabet A

$$\overline{C_0} = \star' w^T \star\star^{q_0}\star\ldots$$

ist, wäre nach 6.2(1) dann auch entscheidbar, ob eine beliebige T.-M. mit dem Arbeitsalphabet A, angesetzt auf das leere Band, stoppt. Das aber wäre ein Widerspruch zu dem Ergebnis aus Teil II, § 5 Nr. 3.

Literatur

1. Church, A.: An Unsolvable Problem of Elementary Number Theory. Amer. Journ. Math. **58**, 345—363 (1953).
2. Davis, M.: Computability and Unsolvability. New York-Toronto-London: McGraw-Hill 1958.
3. Gödel, K.: Über formal unentscheidbare Sätze der Principia Mathematica und verwandter Systeme I. Monatsh. Math. Phys. **38**, 173—198 (1931).
4. Hermes, H.: Aufzählbarkeit, Entscheidbarkeit, Berechenbarkeit. Berlin-Göttingen-Heidelberg: Springer 1961.
5. Kalmár, L.: An Argument Against the Plausibility of Church's Thesis. In: A. Heyting (Ed.), Constructivity in Mathematics, 72—80, Amsterdam: North-Holland Publishing Co. 1959.
6. Kleene, S.C.: Introduction to Metamathematics. Amsterdam-Groningen: North-Holland Publishing Co. und Noordhoff 1952 (4. Nachdruck 1964).
7. Péter, R.: Rekursivität und Konstruktivität. In: A. Heyting (Ed.), Constructivity in Mathematics, 226—233, Amsterdam: North-Holland Publishing Co. 1959.
8. Post, E.L.: Finite Combinatory Processes — Formulation I. Journ. Symb. Log. **1**, 103—105 (1936).
9. Rogers, H.: Theory of Recursive Functions and Effective Computability. New York-St. Louis-San Francisco: McGraw-Hill 1967.
10. Turing, A.M.: On Computable Numbers with an Application to the Entscheidungsproblem. Proc. Lond. Math. Soc. (ser. 2) **42**, 230—265 (1936/37) und **43**, 544—546 (1937).

Aufzählbarkeit

H.-D. EBBINGHAUS

§ 1. Einleitung

1. Der intuitive Begriff der Aufzählbarkeit. Inhaltsübersicht

Wohl jeder glaubt, daß ein mit den Anfängen der Zahlentheorie vertrauter Schüler – wenigstens prinzipiell – in der Lage ist, die Primzahlen bis zu einer beliebig vorgegebenen Schranke aufzuzählen, und daß die Gründe, die eine praktische Ausführung verhindern können, nichts mit Primzahlen zu tun haben, sondern medizinisch-biologischer oder physikalisch-technischer Natur sind. Unsere Zuversicht beruht auf der Annahme, daß jener Schüler ein *Verfahren* kennt, die Primzahlen, etwa in Dezimaldarstellung, der Größe nach geordnet in eine Liste einzutragen, wobei ihm – wenigstens prinzipiell – keine Grenze gesetzt ist. Wir sagen: *Die Menge der Primzahlen ist aufzählbar*. Ein Verfahren zur Aufzählung der Primzahlen nennen wir ein *Aufzählungsverfahren*.

Wir werden uns im folgenden mit einigen grundlegenden Fragestellungen und Ergebnissen aus der Theorie der aufzählbaren Mengen beschäftigen. Dabei werden zunächst die Bemühungen um eine Präzisierung des intuitiven Begriffes der Aufzählbarkeit im Vordergrund stehen.

Damit ein Ding Element einer aufzählbaren Menge und damit Gegenstand eines Aufzählungsverfahrens sein kann, muß man es *handhaben* können. Wie in den vorangehenden Artikeln über Turing-Maschinen und berechenbare Funktionen (die wir fortan mit „TMbF" zitieren) begründet wurde, können wir uns bei der Betrachtung von Mengen handhabbarer Dinge auf Mengen von Wort-n-tupeln über Alphabeten beschränken. Für solche Mengen formulieren wir, noch immer intuitiv, aber schon etwas genauer:

1.1 Definition: Eine Menge $\mathfrak{M}$ von Wort-n-tupeln über einem Alphabet heißt *aufzählbar* genau dann, wenn es ein allgemeines Verfahren gibt, mit dessen Hilfe die Elemente von $\mathfrak{M}$ systematisch gewonnen werden können. Ein allgemeines Verfahren, mit dessen Hilfe die Elemente von $\mathfrak{M}$ systematisch gewonnen werden können, heißt ein *Aufzählungsverfahren* für $\mathfrak{M}$.

Wir verlangen nicht (und möchten das ausdrücklich betonen), daß zu einer aufzählbaren Menge ein Aufzählungsverfahren effektiv angegeben werden kann; der Existenzquantor in 1.1 ist – ähnlich wie in der Definition der berechenbaren Funktionen (vgl. TMbF I, 1.9) – im *klassischen* Sinn zu verstehen. (In der Praxis werden jedoch Beweise für die Aufzählbarkeit von Mengen in der Regel dadurch erbracht, daß *effektiv* Aufzählungsverfahren angegeben werden.)

Einige Beispiele für aufzählbare Mengen:

1.2: Die leere Menge.

Ein Aufzählungsverfahren wird etwa durch die folgende Vorschrift gegeben: Es ist nicht erlaubt, etwas hinzuschreiben.

1.3: Die Menge der Wörter über dem Alphabet $\{|\}$, die aus einer geraden Anzahl von Strichen bestehen.

Ein Aufzählungsverfahren wird etwa durch die folgende Vorschrift gegeben: Man schreibe das leere Wort hin; hat man ein Wort hingeschrieben, schreibe man das Wort hin, das aus diesem durch Anhängen von zwei Strichen entsteht.

1.4: Die Menge der Wörter über einem Alphabet A.

Wir geben für diese Menge zwei Aufzählungsverfahren durch Verfahrensvorschriften an:

(1) Man schreibe zunächst das leere Wort hin; hat man ein Wort w der Länge l hingeschrieben, schreibe man das w lexikographisch unmittelbar folgende Wort über A der Länge l hin, falls w nicht das lexikographisch letzte Wort der Länge l über A ist; andernfalls schreibe man das lexikographisch erste Wort über A der Länge $l+1$ hin.

(2) Man darf das leere Wort hinschreiben; man darf ein Wort hinschreiben, das aus einem schon hingeschriebenen Wort durch Anhängen eines Buchstabens von A entsteht.

Diese Beispiele geben einen ersten, wenn auch kargen, exemplarischen Einblick darin, was unter den in 1.1 auftretenden intuitiven Begriffen des allgemeinen Verfahrens und der systematischen Gewinnbarkeit verstanden werden kann. Bei der Präzisierung dieser Begriffe stehen wir vor ähnlichen Schwierigkeiten wie in TMbF I bei der Präzisierung der Begriffe des Algorithmus und der berechenbaren Funktion. Diesen Schwierigkeiten versuchen wir auf folgende Weise zu begegnen:

Wir zeigen in § 2, daß ein enger Zusammenhang zwischen den Begriffen der Berechenbarkeit und der Aufzählbarkeit besteht, der bewirkt, daß mit einer Präzisierung des einen Begriffs zugleich eine Präzisierung des anderen gegeben ist. Aus der in TMbF I, § 2, vorgenommenen Präzisierung des Berechenbarkeitsbegriffs durch *Turing-Maschinen* gewinnen wir so den präzisen Begriff der *Turing-Aufzählbarkeit*. Bei diesen Überlegungen machen wir die Voraussetzung, daß zu jeder aufzählbaren Menge ein Aufzählungsverfahren existiert, das ähnlichen Bedingungen genügt, wie wir sie in TMbF I, 1.1–1.8, an Algorithmen gestellt haben, das also insbesondere eindeutig und schrittweise operiert, wie das in den Beispielen 1.2, 1.3 und 1.4(1) der Fall ist. Die Churchsche These, derzufolge der Begriff der Turing-Berechenbarkeit eine adäquate Präzisierung des intuitiven Begriffes der Berechenbarkeit ist, besagt dann auch, daß unter dieser Voraussetzung *der Begriff der Turing-Aufzählbarkeit eine adäquate Präzisierung des intuitiven Begriffes der Aufzählbarkeit ist*.

Wir behandeln Turing-aufzählbare Mengen genauer in § 3. Dort weisen wir auch die Existenz sog. *universeller* Turing-aufzählbarer Mengen nach (*Kleenesches Aufzählungstheorem*, Kleene [10]) und geben „konkret" Mengen an, die nicht Turing-aufzählbar sind.

Berücksichtigt man bei dem Versuch, die intuitiven Sachverhalte zu präzisieren, nicht ausschließlich die eindeutig operierenden Aufzählungsverfahren, öffnet sich auch ohne Benutzung des Begriffs der berechenbaren Funktion ein Zugang zu dem Begriff der Aufzählbarkeit, nämlich über sog. *Kalküle* oder *Regelsysteme*. Ein Beispiel für ein Verfahren, das in nicht notwendig eindeutiger Reihenfolge die Elemente einer Menge zu gewinnen gestattet, haben wir in 1.4(2) vor uns liegen. Man macht häufig einen Unterschied zwischen eindeutig und nicht notwendig eindeutig operierenden Aufzählungsverfahren. Da im zweiten Fall intuitiv gesehen nicht der Aspekt des *Aufzählens*, sondern eher der Aspekt des *Erzeugens* im Vordergrund steht, spricht man dann nach Post [13] von *erzeugbaren* Mengen. Wir machen hier jedoch keinen Unterschied, sondern sprechen schlechthin von *Aufzählungs*verfahren und *aufzählbaren* Mengen.

In § 4 gehen wir zunächst auf Kalküle ein und führen anschließend mittels spezieller Kalküle, der sog. *Smullyanschen formalen Systeme* (Smullyan [15]), einen präzisen Aufzählbarkeitsbegriff ein, den Begriff der sog. *Smullyan-Aufzählbarkeit*. Da wir den Kalkülbegriff nicht so eingehend vom intuitiven Standpunkt untersuchen wie den Algorithmenbegriff in TMbF I, ist es durchaus nicht selbstverständlich, daß die Smullyanschen formalen Systeme eine adäquate Präzisierung des Kalkülbegriffs und die Smullyan-Aufzählbarkeit daher eine adäquate Präzisierung des Aufzählbarkeitsbegriffs darstellen. Wir werden jedoch ein Argument für die Adäquatheit erbringen, indem wir in § 5 nachweisen, daß jede Turing-aufzählbare Menge Smullyan-aufzählbar ist, und einen Beweis für die Umkehrung skizzieren.

In § 6 werden wir von einer für den Mathematiker besonders interessanten Menge, nämlich der Menge der *wahren arithmetischen Aussagen*, nachweisen, daß sie *nicht* aufzählbar ist. Als Korollar ergibt sich daraus der *Satz von der Unentscheidbarkeit der Arithmetik* (Tarski [16]): Es gibt keinen Algorithmus, mit dessen Hilfe man von einer beliebig vorgelegten arithmetischen Aussage in endlich vielen Schritten entscheiden kann, ob sie wahr ist oder nicht.

Wir werden von den in TMbF eingeführten Bezeichnungen Gebrauch machen. Hierzu verweisen wir insbesondere auf TMbF I, § 1. Nr. 3. In den Paragraphen 3 und 5 benötigen wir zudem eine Reihe von Sätzen über Turing-Maschinen und Turing-berechenbare Funktionen, die i.w. TMbF II entnommen werden können. Die dabei verwandten Redeweisen werden in TMbF I, § 2, eingeführt.

2. Historische Bemerkungen

Unter dem Eindruck der stürmischen Entwicklung algorithmischer Methoden, besonders durch die Araber, entstand im 13. Jahrhundert der Wunsch nach einer *schematischen Erzeugung aller wahren Aussagen*. Ein erster unvollkommener, doch geistesgeschichtlich folgenreicher Versuch ist die *Ars magna* des Spaniers *Raymundus Lullus* (ca. 1235–1315). Eine klarere und modern anmutende Gestalt gewinnt dieses Vorhaben bei *Leibniz*. So schreibt der junge Leibniz ca. 1671 an den damaligen Herzog von Braunschweig-Lüneburg u.a. (vgl. Gerhardt [6], S. 57f):

„... In Philosophia habe ich ein mittel funden, dasjenige was Cartesius und andere per Algebram et Analysis in Arithmetica et Geometria getan, in allen scientien zuwege zu bringen per *Artem Combinatoriam*, welche Lullius und P. Kircher zwar excolirt, bey weiten aber in solche deren intima nicht gesehen. *Dadurch alle Notiones Compositae der ganzen welt in wenig simplices als deren Alphabet reduciret, und aus solches alphabets combination wiederumb alle dinge, samt ihren theorematibus, und was nur von ihnen zu inventiren müglich, ordinata methodo, mit der zeit zu finden, ein weg gebahnet wird.* Welche invention, dafern sie wils Gott zu werck gerichtet, als mater aller inventionen von mir vor das importanteste gehalten wird..."

Ein Erfolg war Leibniz, entgegen der ersten Feststellung in diesem Zitat, nicht vergönnt. Um die Durchführung seiner Ideen haben sich in erster Linie *Frege*, *Russell* und *Gödel* verdient gemacht

(Gödelscher *Vollständigkeitssatz* für die Prädikatenlogik der ersten Stufe, vgl. Gödel [7]). Der *Nachweis der Undurchführbarkeit* des Leibnizschen Programms im Rahmen der Prädikatenlogik der zweiten Stufe ist ebenfalls das Werk Gödels (Gödel [8]). Der Beweis der Nichtaufzählbarkeit der wahren arithmetischen Aussagen in § 6 kann in diesem Zusammenhang als ein Beweis für die Undurchführbarkeit dieses Programms im Rahmen der in § 6 betrachteten Sprache der Arithmetik aufgefaßt werden.

Die allgemeine Theorie der aufzählbaren Mengen wurde in Post [13] begründet. Sie hat sich heute zu einem wichtigen Teilgebiet der sog. *rekursiven Theorie* entwickelt. Aufzählbarkeitsfragen spielen zudem eine bedeutende Rolle in der Theorie der *formalen Sprachen* und der *mathematischen Linguistik* (vgl. Chomsky [2], Chomsky und Miller [3]).

§ 2. Naive Sätze über aufzählbare Mengen

1. Vorbemerkungen

Unser Ziel ist ein naiver Beweis dafür, daß sich der Begriff der Berechenbarkeit auf den Begriff der Aufzählbarkeit zurückführen läßt und umgekehrt. Die zweite Zurückführung versetzt uns in die Lage, die Präzisierung des Aufzählbarkeitsbegriffes auf die des Berechenbarkeitsbegriffes zu gründen. Das geschieht in 3.1 bei der Definition der Turing-Aufzählbarkeit.

Wir machen bei den folgenden Überlegungen zwar nur naiv Gebrauch von Berechnungs- und Aufzählungsverfahren, jedoch benötigen wir teilweise, daß die betrachteten Aufzählungsverfahren gewisse Bedingungen erfüllen (daß sie z.B. eindeutig operieren). Ferner ist folgendes zu beachten: Um den Berechenbarkeitsbegriff mit Turing-Maschinen zu präzisieren, haben wir in TMbF I eine Reihe von Forderungen an Algorithmen gestellt. Wollen wir nun 2.2 zur Zurückführung der Präzisierung des Aufzählbarkeitsbegriffs auf die des Berechenbarkeitsbegriffs benutzen, müssen wir sicher sein, daß 2.2 auch dann gilt, wenn wir nur solche Berechnungsverfahren zulassen, die diesen Forderungen genügen. Das können wir nur dann, wenn entsprechende Forderungen (z.B. schrittweises Operieren) auch für Aufzählungsverfahren erfüllbar sind.

Man kann nun, ähnlich wie in TMbF I, naiv eine Analyse des Aufzählbarkeitsbegriffs vornehmen und exemplarisch begründen, daß die Klasse der aufzählbaren Mengen nicht verkleinert wird, wenn man entsprechende Bedingungen an Aufzählungsverfahren stellt. Wir möchten jedoch davon absehen, um die naiven Betrachtungen nicht zu sehr aufzublähen.

2. Die Zurückführung des Berechenbarkeitsbegriffs auf den Aufzählbarkeitsbegriff

Für eine Funktion f sei $Graph\,f := \{(\mathfrak{w}, f(\mathfrak{w})) : \mathfrak{w} \in Def\,f\}$ (zu $Def\,f$, $Bild\,f$ usf. vgl. TMbF I, § 1. Nr. 5).

2.1 Satz: *Es sei $n \geq 1$ und f eine Funktion aus $\Omega^n(E)$ in $\Omega(B)$. Dann gilt:*
f ist berechenbar genau dann, wenn $Graph\,f$ aufzählbar ist.

Beweis: Wir nehmen zunächst an, f sei berechenbar. $\mathfrak{B}_f$ sei ein Berechnungsverfahren für f. $\Omega^n(E)$ können wir schematisch erzeugen, indem wir etwa für $k=0,1,\ldots$ der Reihe nach alle Wörter von $\Omega(E \cup \{,\})$ der Länge k lexikographisch aufzählen und nur diejenigen Wörter berücksichtigen, die genau $(n-1)$-mal das Komma enthalten. $\mathfrak{B}$ sei dieses Verfahren. Man verfahre nun zur Aufzählung von $Graph\,f$ der Reihe nach für $k=1,2,\ldots$ auf folgende Weise: Man erzeuge mit $\mathfrak{B}$ die ersten k Elemente $\mathfrak{w}_1,\ldots,\mathfrak{w}_k$ von $\Omega^n(E)$ und wende hierauf jeweils k Schritte gemäß $\mathfrak{B}_f$ an, soweit dies möglich ist. Wenn dabei $\mathfrak{B}_f$, angesetzt auf ein $\mathfrak{w}_i$, nach maximal k Schritten mit einem Resultat w_i abbricht, sei $(\mathfrak{w}_i, w_i)$ ein erzeugtes Element von $Graph\,f$. Jedes Element von $Graph\,f$ wird auf diese Weise schließlich erzeugt.

Sei nun umgekehrt $Graph\,f$ aufzählbar, und $\mathfrak{B}$ sei ein Verfahren, das $Graph\,f$ systematisch erzeugt. Das folgende Verfahren ist dann ein Berechnungsverfahren für f: $\mathfrak{w} \in \Omega^n(E)$ sei vorgegeben. Man beginne mit der systematischen Gewinnung der Elemente von $Graph\,f$ mittels $\mathfrak{B}$ und sehe bei jedem gewonnenen Element nach, ob die n ersten Komponenten mit den entsprechenden Komponenten von $\mathfrak{w}$ identisch sind. Ist dies zum ersten Mal der Fall, breche man das Verfahren mit der $(n+1)$ten Komponente als Resultat ab. Bricht $\mathfrak{B}$ ab, ohne daß dies der Fall gewesen ist, breche man das Verfahren ebenfalls, und zwar ohne Resultat, ab.

3. Die Zurückführung des Aufzählbarkeitsbegriffes auf den Berechenbarkeitsbegriff

2.2 Satz: *Es sei $n \geq 1$ und $\mathfrak{M} \subset \Omega^n(A)$. Dann gilt:*
$\mathfrak{M}$ ist aufzählbar genau dann, wenn es ein Alphabet E und berechenbare Funktionen $f_1,\ldots,f_n$ aus $\Omega(E)$ in $\Omega(A)$ gibt, so daß

$$\mathfrak{M} = \left\{(f_1(w),\ldots,f_n(w)) : w \in \bigcap_{i=1}^{n} Def\,f_i\right\}.$$

(Für $n=1$ besagt 2.2: $\mathfrak{M}$ ist genau dann aufzählbar, wenn $\mathfrak{M}$ der Bildbereich einer berechenbaren Funktion ist.)

Beweis: Wir nehmen zunächst an, $\mathfrak{M}$ sei aufzählbar. $\mathfrak{B}$ sei ein Aufzählungsverfahren für $\mathfrak{M}$, das die Elemente von $\mathfrak{M}$ *in eindeutiger Reihenfolge* liefert. Wir definieren berechenbare Funktionen $f_1,\ldots,f_n$ aus $\mathbb{N}$ in $\Omega(A)$, die das Gewünschte leisten, durch Angabe eines Berechnungsverfahrens: Es sei $m\in\mathbb{N}$ vorgegeben. Man verfahre solange nach $\mathfrak{B}$, bis das m-te Element von $\mathfrak{M}$ erzeugt ist. Bricht $\mathfrak{B}$ vorher ab, breche man das Verfahren ebenfalls, und zwar ohne Resultat, ab. Andernfalls sei die i-te Komponente des m-ten Elementes von $\mathfrak{M}$ der Wert von f_i für m ($1\leq i\leq n$).

Wir nehmen nun umgekehrt an, es gebe ein E und berechenbare Funktionen $f_1,\ldots,f_n$ aus $\Omega(E)$ in $\Omega(A)$ derart, daß

$$\mathfrak{M}=\left\{(f_1(w),\ldots,f_n(w)):w\in\bigcap_{i=1}^{n} Def\, f_i\right\}.$$

Nach 2.1 ist *Graph* f_i aufzählbar für $i\in\{1,\ldots,n\}$. $\mathfrak{B}_i$ sei ein schrittweise operierendes Aufzählungsverfahren für *Graph* f_i ($i\in\{1,\ldots,n\}$). Man kann $\mathfrak{M}$ nun auf folgende Weise aufzählen: Man verfahre, schrittweise wechselnd, nach $\mathfrak{B}_1,\ldots,\mathfrak{B}_n$. Jedesmal, wenn ein $\mathfrak{B}_j$ ein Element $(w,w_j)\in Graph\, f_j$ liefert, prüfe man, ob die restlichen $\mathfrak{B}_i$ schon Elemente der Gestalt $(w,w_i)\in Graph\, f_i$ geliefert haben (die w_i sind dann eindeutig bestimmt). Ist dies der Fall, so sei $(w_1,\ldots,w_n)$ ein erzeugtes Element von $\mathfrak{M}$. Brechen gewisse bzw. alle $\mathfrak{B}_i$ ab, lasse man sie anschließend aus bzw. breche selbst ab.

Aufgabe: Es sei $n=1$, und $\mathfrak{M}$ sei eine unendliche aufzählbare Teilmenge von $\Omega(A)$. Man zeige, daß es eine umkehrbar eindeutige berechenbare Funktion f von $\mathbb{N}$ in $\Omega(A)$ gibt mit *Bild* $f=\mathfrak{M}$. ($\mathfrak{M}$ ist „ohne Wiederholungen" aufzählbar.)

4. Aufzählbarkeit und Entscheidbarkeit

Es gibt einen Zusammenhang zwischen den Begriffen der Aufzählbarkeit und der Entscheidbarkeit, nämlich

2.3 Satz: *Es sei $n\geq 1$ und $\mathfrak{M}\subset\Omega^n(A)$. Dann gilt: $\mathfrak{M}$ ist entscheidbar genau dann, wenn $\mathfrak{M}$ und $\Omega^n(A)-\mathfrak{M}$ aufzählbar sind.*

Beweis: Wir wissen, daß $\Omega^n(A)$ aufzählbar ist. Sei zunächst $\mathfrak{M}$ entscheidbar. Wir skizzieren ein Aufzählungsverfahren für $\mathfrak{M}$ (entsprechend verfährt man mit $\Omega^n(A)-\mathfrak{M}$): Man erzeuge die Elemente von $\Omega^n(A)$. Von jedem Element, das man erhält, entscheide man, ob es zu $\mathfrak{M}$ gehört. Man verwerfe diejenigen Elemente, für die das nicht der Fall ist.

Seien nun umgekehrt $\mathfrak{M}$ und $\Omega^n(A) - \mathfrak{M}$ aufzählbar. Wir skizzieren ein Entscheidungsverfahren für $\mathfrak{M}$: $\mathfrak{w} \in \Omega^n(A)$ sei vorgegeben. Man verfahre schrittweise nach einem Aufzählungsverfahren für $\mathfrak{M}$ und nach einem solchen für $\Omega^n(A) - \mathfrak{M}$, wobei man nach jedem Schritt das Verfahren wechselt. Ist ein Verfahren nicht mehr durchführbar, verfahre man fortan ausschließlich nach dem anderen; dieses muß durchführbar sein, da man mit den beiden Verfahren in endlich vielen Schritten nur endlich viele Elemente erzeugt haben kann. Man vergleiche jedes Element, das man auf diese Weise erhält, mit $\mathfrak{w}$. Liegt zum erstenmal Gleichheit vor (und das ist schließlich der Fall!), breche man ab. $\mathfrak{w}$ gehört zu $\mathfrak{M}$, wenn es mit dem Aufzählungsverfahren für $\mathfrak{M}$ gewonnen worden ist, sonst zu $\Omega^n(A) - \mathfrak{M}$.

§ 3. Turing-Aufzählbarkeit

Im folgenden sei A ein Alphabet, $n \geq 1$ und $\mathfrak{M} \subset \Omega^n(A)$.

1. Definition und Charakterisierungen Turing-aufzählbarer Mengen

In Anlehnung an 2.2 definieren wir:

3.1 Definition: $\mathfrak{M}$ heißt *Turing-aufzählbar* (oder kürzer: T.-a.) genau dann, wenn es ein Alphabet E und T.-b. Funktionen $f_1, \ldots, f_n$ aus $\Omega(E)$ in $\Omega(A)$ gibt, so daß

$$\mathfrak{M} = \left\{ (f_1(w), \ldots, f_n(w)) : w \in \bigcap_{i=1}^n Def\ f_i \right\}.$$

Der Existenzquantor in 3.1 ist, wie auch in 1.1, im *klassischen* Sinn zu verstehen.

$\mathfrak{M}$ sei T.-a. und

$$\mathfrak{M} = \left\{ (f_1(w), \ldots, f_n(w)) : w \in \bigcap_{i=1}^n Def\ f_i \right\}$$

eine Darstellung von $\mathfrak{M}$ im Sinne von 3.1. $\sigma_n, \sigma_{n1}, \ldots, \sigma_{nn}$ seien T.-b. n-tupel-Funktionen über $\Omega(A \cup E)$ (vgl. TMbF II, §3. Nr. 9). Wir setzen für $i \in \{1, \ldots, n\}$ und $w \in \Omega(E)$ $h_i(w) \cong \sigma_{ni}(\sigma_n(f_1(w), \ldots, f_n(w)))$[1].

---

[1] Zu „$\cong$" vgl. TMbF II, § 4, Nr. 6.

Die h_i sind nach TMbF II, §4, Nr. 6. T.-b. Funktionen aus $\Omega(E)$ in $\Omega(A)$ mit dem gemeinsamen Definitionsbereich $\mathfrak{D} = \bigcap_{i=1}^{n} \text{Def } f_i$. Da für $w \in \mathfrak{D}$ $f_i(w) = h_i(w)$, ist

$$\mathfrak{M} = \{(h_1(w), \ldots, h_n(w)) : w \in \mathfrak{D}\}.$$

Ist ferner E' ein beliebiges Alphabet und γ eine T.-b., umkehrbar eindeutige Abbildung von $\Omega(E')$ auf $\Omega(E)$ (vgl. TMbF II, §3, Nr. 9.), so ist auch

$$\mathfrak{M} = \{(h_1(\gamma(w)), \ldots, h_n(\gamma(w))) : w \in \gamma^{-1}(\mathfrak{D})\}$$

eine Darstellung im Sinne von 3.1 mit E' anstelle von E und den T.-b. Funktionen $h_1 \circ \gamma, \ldots, h_n \circ \gamma$ aus $\Omega(E')$ in $\Omega(A)$ mit dem gemeinsamen Definitionsbereich $\gamma^{-1}(\mathfrak{D})$. Wir erhalten damit:

3.2 Satz: *E sei ein beliebiges Alphabet. Dann gilt: $\mathfrak{M}$ ist T.-a. genau dann, wenn es T.-b. Funktionen $f_1, \ldots, f_n$ aus $\Omega(E)$ in $\Omega(A)$ mit gemeinsamem Definitionsbereich $\mathfrak{D}$ gibt, so daß $\mathfrak{M} = \{(f_1(w), \ldots, f_n(w)) : w \in \mathfrak{D}\}$.*

(Man hätte die Forderung nach einem *gemeinsamen* Definitionsbereich der f_i auch gleich in 3.1 stellen können. Wir haben davon Abstand genommen, um in der Definition zu garantieren, daß n *beliebige* T.-b. Funktionen aus $\Omega(E)$ in $\Omega(A)$ gemäß der Darstellung in 3.1 eine T.-a. Teilmenge von $\Omega^n(A)$ bestimmen. Die in TMbF II betrachteten Beispiele T.-b. Funktionen liefern uns damit eine Fülle von Beispielen T.-a. Mengen.)

Eine für beweistechnische Zwecke nützliche Charakterisierung T.-a. Mengen enthält

3.3 Satz: *$\mathfrak{M}$ ist T.-a. genau dann, wenn $\mathfrak{M}$ Definitionsbereich einer T.-b. Funktion aus $\Omega^n(A)$ ist.*

Zum Beweis führen wir zunächst eine Reduktion auf den Fall $n = 1$ durch[2]. Sei hierzu § der erste nicht in A auftretende Buchstabe der Symbolfolge $a_1, a_2, \ldots$ und φ die Abbildung von $\Omega^n(A)$ in $\Omega(A \cup \{\S\})$ mit $\varphi(w_1, \ldots, w_n) = w_1 \S w_2 \S \ldots \S w_n$ $(w_1, \ldots, w_n \in \Omega(A))$. φ ist T.-b. Wir behaupten:

3.4: (a) $\mathfrak{M}$ ist T.-a. genau dann, wenn $\varphi(\mathfrak{M})$ T.-a. ist.
(b) $\mathfrak{M}$ ist Definitionsbereich einer T.-b. Funktion aus $\Omega^n(A)$ genau dann, wenn $\varphi(\mathfrak{M})$ Definitionsbereich einer T.-b. Funktion aus $\Omega(A \cup \{\S\})$ ist.

---

[2] Im Hinblick auf 4.8 und §5 führen wir die Reduktion nicht, wie üblich, mit den σ-Funktionen aus TMbF II, §3, Nr. 9., durch.

Beweis: (a) Sei zunächst $\mathfrak{M}$ T.-a. und $\mathfrak{M} = \{(f_1(w),\ldots,f_n(w)) : w \in \mathfrak{D}\}$ eine Darstellung von $\mathfrak{M}$ im Sinne von 3.2 mit $E = A$. Die Funktion h aus $\Omega(A)$ in $\Omega(A \cup \{\S\})$ mit $\text{Def } h = \mathfrak{D}$ und $h(w) = \varphi(f_1(w),\ldots,f_n(w))$ für $w \in \mathfrak{D}$ ist T.-b., und es ist $\varphi(\mathfrak{M}) = \{h(w) : w \in \mathfrak{D}\}$. Daher ist $\varphi(\mathfrak{M})$ T.-a.

Sei umgekehrt $\varphi(\mathfrak{M})$ T.-a. und $\varphi(\mathfrak{M}) = \{h(w) : w \in \mathfrak{D}\}$ eine Darstellung von $\varphi(\mathfrak{M})$ im Sinne von 3.2 mit $E = A$ und $n = 1$. Die Funktionen $g_1,\ldots,g_n$ aus $\Omega(A \cup \{\S\})$ in $\Omega(A)$ mit $\text{Def } g_i = \varphi(\Omega^n(A))$ und $g_i(w_1 \S \ldots \S w_n) = w_i$ für $w_1,\ldots,w_n \in \Omega(A)$ sind T.-b., daher auch die Funktionen $f_1,\ldots,f_n$ aus $\Omega(A)$ in $\Omega(A)$ mit $\text{Def } f_i = \mathfrak{D}$ und $f_i(w) = g_i(h(w))$ für $w \in \mathfrak{D}$. Es ist $\mathfrak{M} = \{(f_1(w),\ldots,f_n(w)) : w \in \mathfrak{D}\}$, also $\mathfrak{M}$ T.-a.

(b) Sei o.B.d.A. $n \geq 2$ und f eine T.-b. Funktion aus $\Omega^n(A)$ in $\Omega(B)$ mit $\text{Def } f = \mathfrak{M}$. T sei eine T.-M., die f berechnet. Wir betrachten die Maschine T', die durch das Diagramm

$$\overset{\neq *}{\widehat{(1)}} \longrightarrow \left[\overset{\neq \S}{\widehat{(r)}} \overset{\S}{\longrightarrow} \star \right]^{n-1} \overset{\neq *, \S}{\widehat{(r)}} \longrightarrow T$$
$$\overset{\S}{\longrightarrow} \widehat{(r)}$$

gegeben wird. Die durch T' bestimmte T.-b. Funktion f' aus $\Omega(A \cup \{\S\})$ in $\Omega(B)$ ist höchstens für solche Argumente definiert, die aus $\varphi(\Omega^n(A))$ sind. Das leistet der T vorgeschaltete Teil von T', der zugleich solche Argumente in die entsprechenden Urbild-n-tupel bez. φ umwandelt. Das liefert weiter: $\text{Def } f' = \varphi(\mathfrak{M})$, und das war zu zeigen.

Die Umkehrung verläuft ähnlich. Wir wollen daher auf eine Ausführung verzichten.

Auf Grund von 3.4 können wir uns beim Beweis von 3.3 auf den Fall $n = 1$ beschränken. Wir beweisen zunächst die einfachere Richtung von rechts nach links:

$\mathfrak{M}$ sei Definitionsbereich einer T.-b. Funktion f aus $\Omega(A)$ und T eine T.-M., die f normiert berechnet. (Zur Definition der normierten Berechnung vgl. TMbF I, 2.2.). Die durch das Diagramm $T\overset{\neq *}{\widehat{(1)}}$ gegebene T.-M. T' leistet dann das folgende: Angesetzt auf ein Wort $w \in \Omega(A)$ berechnet sie zunächst $f(w)$ *auf normierte Weise*, falls $f(w)$ existiert, und stoppt dann hinter w. Für die durch T' bestimmte T.-b. Funktion f' aus $\Omega(A)$ in $\Omega(A)$ gilt daher:

$$\text{Def } f' = \text{Def } f, \quad f'(w) = w \; (w \in \text{Def } f'),$$

also

$$\mathfrak{M} = \{f'(w) : w \in \text{Def } f'\}, \text{ d.h. T.-a. } \mathfrak{M}.$$

Nun zur umgekehrten Richtung von 3.3: $\mathfrak{M}$ sei T.-a. Offensichtlich genügt es, die Existenz einer T.-M. T' nachzuweisen, die, angesetzt hinter ein Wort $w \in \Omega(A)$, genau dann hinter einem Wort stoppt, wenn $w \in \mathfrak{M}$. Wir werden den Existenzbeweis zwar nicht in allen Einzelheiten, jedoch so ausführlich bringen, daß eine Vervollständigung nur noch einfache technische Überlegungen erfordert.

Nach 3.2 können wir annehmen, daß es eine T.-b. Funktion f aus $\mathbb{N}$ in $\Omega(A)$ gibt mit $\mathfrak{M} = \{f(n) : n \in Def\ f\}$. T sei eine T.-M. mit dem A umfassenden Arbeitsalphabet A', die f *normiert* berechnet. Wir werden zur Konstruktion von T' den folgenden Weg einschlagen: Wir gehen aus von einem Wort w über A. Es ist $w \in \mathfrak{M}$ genau dann, wenn w ein f-Bild ist, wenn es also ein n_1 und ein n_2 gibt derart, daß T, angesetzt hinter n_1, nach höchstens n_2 Schritten hinter w stoppt. Unter Benutzung der T.-b. Paarfunktionen σ_{21} und σ_{22} über $\mathbb{N}$ (vgl. TMbF II, §3, Nr. 9.) heißt das: Wenn es ein n gibt derart, daß T, angesetzt hinter $\sigma_{21}(n)$, nach höchstens $\sigma_{22}(n)$ Schritten hinter w stoppt. Wir sind also fertig, wenn wir eine T.-M. T' angeben können, die, angesetzt hinter w, der Reihe nach für $n = 0, 1, \ldots$ jeweils bis zu $\sigma_{22}(n)$ Schritte zur Berechnung von $f(\sigma_{21}(n))$ gemäß der Arbeitsweise von T durchführt und genau dann stoppt, wenn hierbei zum erstenmal w als Resultat auftritt. T' kann durch das folgende Flußdiagramm beschrieben werden (§ sei der erste nicht zu A' gehörende Buchstabe der Symbolfolge $a_1, a_2, \ldots$):

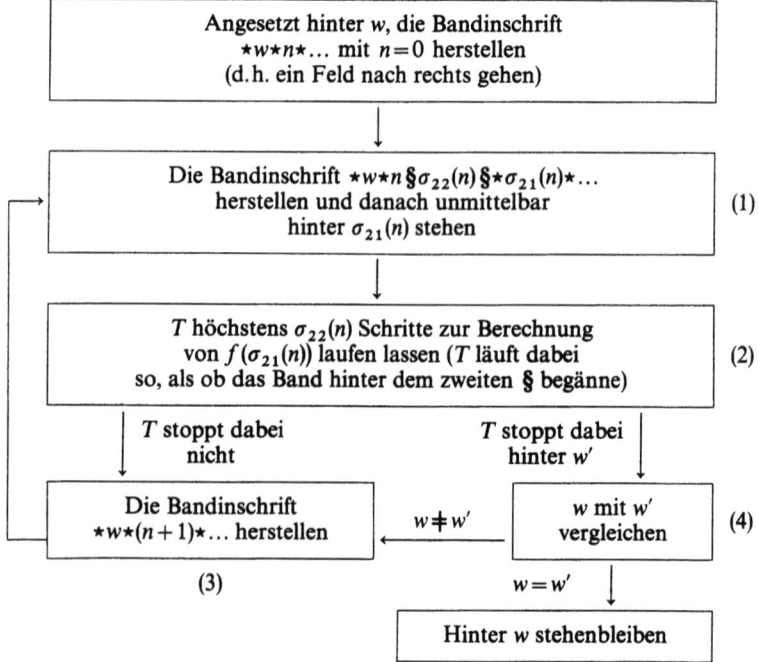

Wir bemerken hierzu: Zur Durchführung von (1) benötigt man T.-M., die σ_{21} bzw. σ_{22} normiert berechnen. Die Durchführung von (2) kann durch den folgenden Maschinenteil geschehen: Man stelle unter ausschließlicher Verwendung der Elementarmaschinen r, l, a_i ein Diagramm von T auf, ersetze darin jeden Pfeil der Gestalt $\xrightarrow{a}$ durch

$$\xrightarrow{a} \S \stackrel{\neq \S}{\overbrace{(l)}} \xrightarrow{\S} \stackrel{\neq l, \S}{\overbrace{(l)}} \xrightarrow{l} * \left[\stackrel{\neq \S}{\overbrace{(r)}} \right]^2 a \xrightarrow{a},$$
$$\downarrow \S$$

wobei der nach unten gerichtete Pfeil zu dem Maschinenteil führt, der (3) vollzieht, und kopple im übrigen an den Maschinenteil, der (4) vollzieht. Durch diese eingeschobenen Maschinenteile wird erreicht, daß bei jedem Schritt von T ein Strich von $\sigma_{22}(n)$ gelöscht wird und daß T höchstens solange arbeitet, bis $\sigma_{22}(n)$ ganz gelöscht ist. Nach der Durchführung von (2) sieht die Bandinschrift folgendermaßen aus:

$$\star w \star n \S a_1 \ldots a_{\sigma_{22}(n)} \S b_1 \ldots b_{\sigma_{22}(n) + \sigma_{21}(n) + 2} \star \cdots$$

Es ist damit leicht, für (3) und (4) geeignete T.-M. anzugeben.

Mit 3.3 können wir noch eine andere Charakterisierung der T.-a. Mengen gewinnen: T sei eine T.-M. mit einem A umfassenden Arbeitsalphabet. Wir setzen

3.5: $\mathfrak{M}(T, A, n) := \{w : w \in \Omega^n(A)$ und T stoppt, angesetzt hinter $w\}$.

Wir überlassen dem Leser die Aufgabe, (z.B. mit einer ähnlichen Methode wie die Konstruktion von $T^\S$ in TMbF II, § 4, Nr. 1) eine T.-M. T' mit einem A umfassenden Arbeitsalphabet A' anzugeben, so daß

$$\mathfrak{M}(T, A, n) = \{w : w \in \Omega^n(A) \text{ und } T' \text{ stoppt, angesetzt hinter } w,$$
$$\text{hinter einem Wort}\}.$$

Nach 3.3 ist dann $\mathfrak{M}(T, A, n)$ als Definitionsbereich der durch T' bestimmten T.-b. Funktion aus $\Omega^n(A)$ in $\Omega(A')$ T.-a.

Ist umgekehrt $\mathfrak{M}$ eine T.-a. Menge, so gibt es nach 3.3 eine T.-b. Funktion f aus $\Omega^n(A)$ mit $Def\ f = \mathfrak{M}$. T sei eine T.-M. mit einem A umfassenden Arbeitsalphabet, die f normiert berechnet. Dann ist $Def\ f = \mathfrak{M}(T, A, n)$, also $\mathfrak{M} = \mathfrak{M}(T, A, n)$. Das zeigt:

3.6 Satz: $\mathfrak{M}$ *ist T.-a. genau dann, wenn es eine T.-M.* T *mit einem A umfassenden Arbeitsalphabet gibt, so daß* $\mathfrak{M} = \mathfrak{M}(T, A, n)$.

2. Abgeschlossenheitseigenschaften Turing-aufzählbarer Mengen

Eine Reihe von mengentheoretischen Operationen führt von T.-a. Mengen wieder zu T.-a. Mengen. Wir erwähnen die wesentlichsten dieser Operationen in 3.7 und 3.8:

3.7 Satz: *Wenn $\mathfrak{M}_1$ und $\mathfrak{M}_2 \subset \Omega^n(A)$ und $\mathfrak{M}_1$ und $\mathfrak{M}_2$ T.-a. sind, so sind $\mathfrak{M}_1 \cap \mathfrak{M}_2$ und $\mathfrak{M}_1 \cup \mathfrak{M}_2$ T.-a.*

3.8 Satz: *Wenn $n \geq 2$ und $\mathfrak{M}$ T.-a. ist, so sind T.-a.*
 (a) $\{(w_{\pi(1)},\ldots,w_{\pi(n)}) : (w_1,\ldots,w_n) \in \mathfrak{M}\}$
für jede Permutation π von $\{1,\ldots,n\}$;
 (b) $\{(w_1,\ldots,w_{n-1}) : $ *Es gibt ein* w_n *mit* $(w_1,\ldots,w_n) \in \mathfrak{M}\}$;
 (c) $\{(w_1,\ldots,w_{n-1}) : (w_1,\ldots,w_{n-1},w_{n-1}) \in \mathfrak{M}\}$.

Wir beweisen zunächst 3.8: Die Voraussetzungen seien erfüllt. Gestatten $f_1,\ldots,f_n$ eine Darstellung von $\mathfrak{M}$ im Sinne von 3.2, so gestatten $f_{\pi(1)},\ldots,f_{\pi(n)}$ eine Darstellung der in (a) und $f_1,\ldots,f_{n-1}$ eine Darstellung der in (b) erwähnten Menge im Sinne von 3.2. Wir brauchen also nur noch (c) zu zeigen.

Da $\mathfrak{M}$ T.-a. ist, gibt es nach 3.6 eine T.-M. T mit einem A umfassenden Arbeitsalphabet derart, daß $\mathfrak{M} = \mathfrak{M}(T,A,n)$. K sei die Kopiermaschine über A (vgl. TMbF II, §3, Nr. 2.) und T' die durch das Diagramm KT gegebene T.-M. Angesetzt auf $(w_1,\ldots,w_{n-1}) \in \Omega^{n-1}(A)$, kopiert T' zunächst w_{n-1}. Dann beginnt T zu arbeiten. T (und damit T') stoppt genau dann, wenn $(w_1,\ldots,w_{n-1},w_{n-1}) \in \mathfrak{M}$. Daher ist $\{(w_1,\ldots,w_{n-1}) : (w_1,\ldots,w_{n-1},w_{n-1}) \in \mathfrak{M}\} = \mathfrak{M}(T',A,n-1)$. Mit 3.6 folgt (c).

Zum Beweis von 3.7: Die Voraussetzungen von 3.7 seien erfüllt. Ähnlich wie beim Beweis von 3.3 können wir uns wegen 3.4(a) auf den Fall $n=1$ beschränken. Sei also $n=1$. Nach 3.3 gibt es T.-b. Funktionen f_i aus $\Omega(A)$ in $\Omega(B_i)$ mit *Def* $f_i = \mathfrak{M}_i$ $(i=1,2)$. Sei $B := B_1 \cup B_2$ und σ_2 die T.-b. Paarfunktion über B (vgl. TMbF II, §3, Nr. 9). Die durch $h(w) \cong \sigma_2(f_1(w), f_2(w))$ $(w \in \Omega(A))$ definierte Funktion aus $\Omega(A)$ in $\Omega(B)$ ist T.-b., und es ist *Def* $h = \mathfrak{M}_1 \cap \mathfrak{M}_2$. Nach 3.3 ist daher $\mathfrak{M}_1 \cap \mathfrak{M}_2$ T.-a.

Nun zu $\mathfrak{M}_1 \cup \mathfrak{M}_2$: Nach 3.2 können wir annehmen, daß für $i=1,2$ $\mathfrak{M}_i$ das Bild einer T.-b. Funktion f_i aus $\mathbb{N}$ in $\Omega(A)$ ist. Wir betrachten die Funktion g aus $\Omega(\{a_1,a_2\})$ in $\Omega(A)$, die durch das folgende Verfahren gegeben wird: Ausgehend von einem Wort w über $\{a_1,a_2\}$ der Länge l berechne man $f_1(l)$, falls $l=0$ oder w mit a_1 endet, und $f_2(l-1)$, falls $l \geq 1$ und w mit a_2 endet. Dann ist *Bild* $g = $ *Bild* $f_1 \cup $ *Bild* f_2, also $\mathfrak{M}_1 \cup \mathfrak{M}_2 = \{g(w) : w \in Def\ g\}$. Es ist nicht schwer, eine g berechnende T.-M. anzugeben und damit $\mathfrak{M}_1 \cup \mathfrak{M}_2$ als T.-a. nachzuweisen.

Wir möchten bemerken, daß Komplementbildung (bez. $\Omega^n(A)$) i.a. aus dem Bereich der T.-a. Mengen hinausführt. In Nr. 4 werden wir ein interessantes Beispiel dafür angeben. Das gleiche gilt, wenn man in 3.8(b) das „Es gibt" durch ein „Für alle" ersetzt. Dies ist anschaulich einsichtig: Ist $(w_1, \ldots, w_{n-1})$ vorgegeben, so kann man nach endlich vielen Schritten i.a. nur für höchstens endlich viele w (bei unendlichem $\mathfrak{M}$ also nicht für alle $w \in \mathfrak{M}$) die Bestätigung haben, daß $(w_1, \ldots, w_{n-1}, w) \in \mathfrak{M}$ ist.

3. Das Aufzählungstheorem

In TMbF III, §6, Nr. 2 haben wir die Existenz universeller T.-b. Funktionen nachgewiesen. Wir werden diese Funktionen nun benutzen, die Existenz von T.-a. Mengen mit ähnlichen Universaleigenschaften nachzuweisen. Wir zeigen genauer:

3.9 Satz: *Es gibt eine T.-a. Teilmenge $\mathfrak{W}$ von $\Omega^{n+1}(A)$ derart, daß die Mengen $\mathfrak{M}_w := \{(w_1, \ldots, w_n) : (w, w_1, \ldots, w_n) \in \mathfrak{W}\}$ genau die T.-a. Teilmengen von $\Omega^n(A)$ durchlaufen, wenn w $\Omega(A)$ durchläuft.*

3.9 ist bekannt als eine Form des Aufzählungstheorems von Kleene (vgl. Kleene [10]). Es gestattet die Darstellung der T.-a. Teilmengen von $\Omega^n(A)$ als „Schnitte" bzgl. der ersten Komponente einer festen T.-a. Teilmenge von $\Omega^{n+1}(A)$. Ist $\mathfrak{M} = \mathfrak{M}_w$, nennt man w einen *Index* von $\mathfrak{M}$ (bez. $\mathfrak{W}$). Jede T.-a. Teilmenge von $\Omega^n(A)$ besitzt unendlich viele Indizes. Indizes spielen eine bedeutende Rolle in der Theorie der aufzählbaren Mengen. Da eine T.-a. Menge durch einen ihrer Indizes völlig gegeben ist und die Indizes handhabbare Objekte sind, werden auch die T.-a. Mengen durch die Indizierung handhabbar und damit mögliche Argumente berechenbarer Funktionen oder mögliche Elemente aufzählbarer Mengen. Als Beispiel der Behandlung T.-a. Mengen von diesem Standpunkt aus erwähnen wir die folgende Verschärfung von 3.7:

3.7*: Es gibt T.-b. Funktionen $f_\cap$ und $f_\cup$ von $\Omega^2(A)$ in $\Omega(A)$ derart, daß für alle $w_1, w_2 \in \Omega(A)$ gilt:

$$\mathfrak{M}_{w_1} \cap \mathfrak{M}_{w_2} = \mathfrak{M}_{f_\cap(w_1, w_2)} \quad \text{und} \quad \mathfrak{M}_{w_1} \cup \mathfrak{M}_{w_2} = \mathfrak{M}_{f_\cup(w_1, w_2)}.$$

Zur genaueren Information verweisen wir auf Rogers [14].

Zum *Beweis* von 3.9: F sei eine $(n+1)$-stellige universelle Funktion zum Alphabet A aus TMbF III, 6.4. Wir setzen $\mathfrak{W} := \text{Def } F$. Nach 3.3 ist $\mathfrak{W}$ T.-a. Für $w \in \Omega(A)$ ist f_w eine T.-b. Funktion. Da $\text{Def } f_w = \mathfrak{M}_w$ ist, ebenfalls nach 3.3, $\mathfrak{M}_w$ T.-a. Sei nun umgekehrt $\mathfrak{M}$

eine T.-a. Teilmenge von $\Omega^n(A)$. Nach 3.3 ist $\mathfrak{M}$ der Definitionsbereich einer T.-b. Funktion f aus $\Omega^n(A)$. Wie das im Beweis von 3.3 auf S. 74 angegebene Flußdiagramm zeigt, kann f sogar so gewählt werden, daß f die Identität auf $Def\,f$ ist, also insbesondere eine Funktion aus $\Omega^n(A)$ in $\Omega(A)$. Dann gibt es ein $w \in \Omega(A)$, für das $f = f_w$ und damit $\mathfrak{M} = Def\,f_w = \mathfrak{M}_w$. Das war zu zeigen.

Nach der abschließenden Bemerkung zu TMbF III, 6.4 können wir effektiv eine T.-M. T angeben, die das im Beweis angegebene F *normiert* berechnet. Da hierfür $\mathfrak{W} = Def\,F = \mathfrak{M}(T, A, n+1)$, überträgt sich diese Bemerkung in dem Sinne auf 3.9, als wir effektiv eine T.-M. T angeben können mit $\mathfrak{W} = \mathfrak{M}(T, A, n+1)$.

4. Nicht Turing-aufzählbare Mengen

Die Existenz von Mengen, die nicht T.-a. sind, ist leicht einzusehen. Da z.B. $\mathbb{N}$ nur abzählbar viele T.-a. Teilmengen enthält, nämlich (für $A = \{|\}$ und $n = 1$) die Mengen $\mathfrak{M}_m$ mit $m \in \mathbb{N}$, sind „fast alle" Teilmengen von $\mathbb{N}$ nicht T.-a.

Wir werden jetzt zwei interessante Beispiele angeben: Wir betrachten 3.9 für den Fall $n = 1$ und setzen ($\mathfrak{W}$ sei fest gewählt)

$$\mathfrak{M}_{\text{Dia}} := \{w : (w, w) \notin \mathfrak{W}\}.$$

(Der Index „Dia" soll an „Diagonalisierung" erinnern.)
Dann gilt:

3.10 Satz $\mathfrak{M}_{\text{Dia}}$ *ist nicht T.-a.*; $\Omega(A) - \mathfrak{M}_{\text{Dia}}$ *ist T.-a.*

Beweis: $\Omega(A) - \mathfrak{M}_{\text{Dia}} = \{w : (w, w) \in \mathfrak{W}\}$ ist T.-a. nach 3.8(c). Wir beweisen indirekt, daß $\mathfrak{M}_{\text{Dia}}$ nicht T.-a. ist. Wäre $\mathfrak{M}_{\text{Dia}}$ T.-a., so gäbe es nach 3.9 ein $w_0 \in \Omega(A)$ derart, daß $\mathfrak{M}_{\text{Dia}} = \mathfrak{M}_{w_0}$. Hieraus ergäbe sich: $w_0 \in \mathfrak{M}_{\text{Dia}}$ genau dann, wenn $w_0 \in \mathfrak{M}_{w_0}$, und das würde besagen: $(w_0, w_0) \notin \mathfrak{W}$ genau dann, wenn $(w_0, w_0) \in \mathfrak{W}$. Wir erhielten hiermit einen Widerspruch.

Damit ist 3.10 bewiesen. Die Konstruktion von $\mathfrak{M}_{\text{Dia}}$ erinnert an die der *Russellschen Antinomie* zugrunde liegende Bildung von $\{x : x$ ist eine Menge und $x \notin x\}$. Beide bedienen sich des letztlich auf Cantor zurückgehenden Diagonalverfahrens (Nachweis der Überabzählbarkeit der Menge der reellen Zahlen). Ähnlich, wie bei der Russellschen Konstruktion der Bereich der Mengen verlassen wird, führt die Konstruktion von $\mathfrak{M}_{\text{Dia}}$ aus dem Bereich der T.-a. Mengen hinaus. Eine eingehendere Schilderung dieser Analogie findet sich in Rogers [14], S. 185.

Als Korollar zu 3.10 erhalten wir für $n=1$:

3.11 Satz: $\Omega^2(A) - \mathfrak{W}$ *ist nicht T.-a.*
Wäre nämlich $\Omega^2(A) - \mathfrak{W}$ T.-a., so nach 3.8(c) auch $\{w:(w,w) \in \Omega^2(A) - \mathfrak{W}\}$, d. h. $\mathfrak{M}_{\text{Dia}}$.
(3.10 und 3.11 lassen sich auf $n>1$ übertragen. Man definiert hierzu $\mathfrak{M}_{\text{Dia}} := \{(w, w_2, \ldots, w_n) : (w, w, w_2, \ldots, w_n) \notin \mathfrak{W}\}$ und berücksichtigt, daß auf Grund von 3.8(a) und 3.8(c) das Analogon von 3.8(c) auch für die vordere „Diagonalisierung" gilt.)

3.10 und 3.11 gestatten einen *exemplarischen* Einblick in den sog. *Gödelschen Unvollständigkeitssatz* (vgl. Gödel [8]), der zu den wesentlichsten Sätzen der *Metamathematik* gehört. Der Unvollständigkeitssatz sagt aus, daß unter gewissen Bedingungen für eine Sprache, von der wir annehmen, daß sie über die Negation verfügt, und für ein logisches System, das gewisse Ausdrücke der Sprache formal zu beweisen gestattet, gilt: Es gibt einen Ausdruck der Sprache, so daß weder dieser Ausdruck noch sein Negat formal bewiesen werden können.

Wir wählen als Sprache die Menge der Zeichenreihen („Ausdrücke") $(w_1, w_2) \in \mathfrak{W}$ und $(w_1, w_2) \notin \mathfrak{W}$ mit $(w_1, w_2) \in \Omega^2(A)$. $(w_1, w_2) \notin \mathfrak{W}$ heiße das *Negat* von $(w_1, w_2) \in \mathfrak{W}$ und umgekehrt. Wir motivieren diese Bezeichnung durch die folgende Festsetzung: $(w_1, w_2) \in \mathfrak{W}$ sei wahr, wenn $(w_1, w_2) \in \mathfrak{W}$, sonst falsch. $(w_1, w_2) \notin \mathfrak{W}$ sei wahr, wenn $(w_1, w_2) \notin \mathfrak{W}$, sonst falsch.

Vorgegeben sei ein logisches System im Rahmen dieser Sprache, das gewisse, und zwar *wahre* Ausdrücke formal zu beweisen gestattet. Wir fassen ein logisches System als einen *Kalkül* auf (vgl. dazu §4). Aus den Betrachtungen in den beiden folgenden Paragraphen ergibt sich, daß die in einem Kalkül ableitbaren Objekte eine T.-a. Menge bilden. Daher ist in unserem Fall, wie man intuitiv leicht einsieht,
$\mathfrak{W}^+ := \{(w_1, w_2) : (w_1, w_2) \in \mathfrak{W} \text{ ist formal beweisbar}\}$
eine T.-a. Teilmenge von $\mathfrak{W}$ und
$\mathfrak{W}^- := \{(w_1, w_2) : (w_1, w_2) \notin \mathfrak{W} \text{ ist formal beweisbar}\}$
eine T.-a. Teilmenge von $\Omega^2(A) - \mathfrak{W}$. Nach 3.11 ist $\mathfrak{W}^-$ eine *echte* Teilmenge von $\Omega^2(A) - \mathfrak{W}$, also ist $\mathfrak{W}^+ \cup \mathfrak{W}^-$ eine *echte* Teilmenge von $\Omega^2(A)$. Es gibt daher ein Element (w_1, w_2) von $\Omega^2(A)$, das weder zu $\mathfrak{W}^+$ noch zu $\mathfrak{W}^-$ gehört, für das also in dem vorgelegten logischen System weder $(w_1, w_2) \in \mathfrak{W}$ noch $(w_1, w_2) \notin \mathfrak{W}$ formal bewiesen werden kann. Ein solches Element ist z. B. (w_0, w_0), wenn w_0 ein Index von $\{w : (w, w) \in \mathfrak{W}^-\}$ ist; denn dann gilt: $(w_0, w_0) \in \mathfrak{W}^-$ genau dann, wenn $(w_0, w_0) \in \mathfrak{W}$. Da $\mathfrak{W}^- \cap \mathfrak{W}$ leer ist, kann diese Äquivalenz nur gelten, wenn $(w_0, w_0) \notin \mathfrak{W}^- \cup \mathfrak{W}$, also insbesondere $(w_0, w_0) \notin \mathfrak{W}^- \cup \mathfrak{W}^+$.

Wir beschließen die Ausführungen über T.-a. Mengen mit einer Folgerung aus den vorangehenden Überlegungen, die wir in §5 benötigen, um uns dann, wie schon in der Einleitung angekündigt, einer anderen Präzisierung, der sog. *Smullyan-Aufzählbarkeit*, zuzuwenden.

Gemäß der Schlußbemerkung zum Beweis von 3.9 kann man effektiv eine T.-M. T mit einem A umfassenden Arbeitsalphabet angeben, die ein F normiert berechnet, für die daher insbesondere $\mathfrak{W} = \text{Def } F = \mathfrak{M}(T, A, n+1)$ 3.9 erfüllt. – Es sei wieder $n=1$. K sei die Kopiermaschine über A und T' die durch das Diagramm KT gegebene T.-M. Da $\Omega(A) - \mathfrak{M}_{\text{Dia}} = \{w : (w, w) \in \mathfrak{W}\}$, ist, wie wir im Beweis von 3.8(c) u.a. gezeigt haben, $\Omega(A) - \mathfrak{M}_{\text{Dia}} = \mathfrak{M}(T', A, 1)$. $\mathfrak{M}_{\text{Dia}}$ ist nach 3.10 nicht T.-a. Wir erhalten:

3.12 Satz: *Man kann effektiv eine T.-M. T' mit einem A umfassenden Arbeitsalphabet angeben, für die gilt: $\Omega(A) - \mathfrak{M}(T', A, 1)$ ist nicht T.-a. und T' berechnet die durch sie bestimmte Funktion von $\Omega(A)$ in $\Omega(A)$ normiert.*

(Nach 2.3 ist, intuitiv gesprochen, bei einer solchen Maschine unentscheidbar, ob sie, angesetzt hinter ein Wort über A, nach endlich vielen Schritten stoppt. (Vgl. hierzu TMbF II, § 5, Nr. 2).)

§ 4. Smullyan-Aufzählbarkeit

1. Erzeugung von Mengen durch Kalküle

Bei der Motivierung des Begriffes der Turing-Aufzählbarkeit haben wir wesentlich benutzt, daß zu jeder aufzählbaren Menge ein Aufzählungsverfahren existiert, das *in eindeutiger Weise* operiert. Wir versuchen nun, die Gestalt einer Vorschrift abzugrenzen, die ein Aufzählungsverfahren beschreibt, ohne daß wir dabei die Eindeutigkeitsforderung erheben. (Der Einfachheit halber beschränken wir uns dabei auf Wortmengen.)

Eine solche Vorschrift muß gestatten, bestimmte (im Grenzfall keine) Wörter hinzuschreiben, zu *erzeugen*, und enthält eventuell noch Teilvorschriften, die festlegen, wie und wann man, von schon erzeugten Wörtern ausgehend, neue Wörter erzeugen kann. Darüberhinaus braucht nicht jedes erzeugte Wort zur aufzuzählenden Menge zu gehören, sondern die Vorschrift kann eine sog. *Selektivbestimmung* enthalten, mit deren Hilfe entschieden werden kann, ob ein erzeugtes Wort zur Menge gehört oder nicht.

Eine endliche Menge von Teilvorschriften der obigen Art (ohne Selektivbestimmung) nennen wir einen *Kalkül*, die Teilvorschriften selbst *Regeln* des Kalküls. Regeln, die es gestatten, Wörter ohne Rückgriff auf schon erzeugte Wörter zu erzeugen, können als Regeln aufgefaßt werden, die festlegen, wie man, von der leeren

Menge erzeugter Wörter ausgehend, neue Wörter erzeugen kann. Ein Wort heißt *erzeugbar* oder *ableitbar in einem Kalkül*, wenn es mit den Regeln des Kalküls erzeugt werden kann. Unter einer *Ableitung bez. eines Kalküls* verstehen wir eine endliche, nicht leere Folge von Wörtern mit der Eigenschaft, daß jedes Glied der Folge, ausgehend von einem Teil der vorangehenden Glieder der Folge, mit einer Regel des Kalküls erzeugt werden kann. Ein Wort ist offensichtlich genau dann erzeugbar in einem Kalkül, wenn es eine Ableitung bez. dieses Kalküls gibt, die mit ihm endet.

In dieser neuen, bislang nur intuitiv eingeführten Terminologie läßt sich 1.1 für Wortmengen jetzt so formulieren:

4.1: Eine Menge $\mathfrak{M}$ von Wörtern ist genau dann aufzählbar, wenn es einen Kalkül und eine Selektivbestimmung gibt, so daß genau die in diesem Kalkül erzeugbaren Wörter, die der Selektivbestimmung genügen, zu $\mathfrak{M}$ gehören.

Wir wollen von einer genaueren Analyse des intuitiven Kalkülbegriffs absehen, die in einem ähnlich zufriedenstellenden Maße möglich erscheint wie die Analyse des intuitiven Algorithmenbegriffs. (Wir möchten jedoch nicht versäumen, auf die ausführlichen Darstellungen in Lorenzen [11] hinzuweisen.) Stattdessen werden wir die bislang sehr vage Beschreibung von Kalkülen an einem Beispiel erläutern und im folgenden Abschnitt präzise eine Klasse von Kalkülen definieren, die sog. *Smullyanschen formalen Systeme*, die dann die Grundlage unserer weiteren Betrachtungen bilden werden.

Ein Kalkülbeispiel: Wir gehen aus von dem Alphabet $A = \{a_1, a_2, a_3\}$. In suggestiverer Weise schreiben wir $|$, $\times$ bzw. $=$ für a_1, a_2 bzw. a_3.

1. Regel: Man darf das Wort $\times =$ hinschreiben.
2. Regel: Hat man ein Wort $w \times w' = w''$ hingeschrieben, darf man das Wort $w \times w'| = w''w$ hinschreiben.
3. Regel: Hat man ein Wort $w \times w' = w''$ hingeschrieben, darf man das Wort $w| \times w' = w''w'$ hinschreiben.
4. Regel: Hat man ein Wort $w \times w = w'$ hingeschrieben, darf man das Wort w' hinschreiben.

Mit Hilfe der drei ersten Regeln kann man genau die Wörter der Gestalt $w \times w' = w''$ hinschreiben, für die $w, w', w'' \in \mathbb{N}$ und $w \cdot w' = w''$ („$\cdot$" bezeichne die Multiplikation über $\mathbb{N}$). Daß man alle Wörter dieser Gestalt gewinnen kann, ist durch Induktion leicht zu zeigen. (Man beachte, daß wir 0 mit $\square$ identifiziert haben.) Die umgekehrte Richtung beweisen wir durch Induktion über die Länge einer Ableitung $\mathfrak{A}$ für $w \times w' = w''$. Hat $\mathfrak{A}$ die Länge 1, ist $w \times w' = w''$ notwendig mit Hilfe der ersten Regel gewonnen worden, also $w = w' = w'' = \square$, also $w, w', w'' \in \mathbb{N}$ und $w \cdot w' = w''$. $\mathfrak{A}$ habe – im Induktionsschritt – eine Länge >1. Ist $w \times w' = w''$ mit Hilfe der ersten Regel gewonnen worden, schließen wir wie im Induktionsanfang. Ist als letzte Regel in $\mathfrak{A}$ z.B. die zweite Regel angewandt worden (für die dritte Regel schließt man ähnlich), gibt es in $\mathfrak{A}$ ein Glied der Gestalt $\bar{w} \times \bar{w}' = \bar{w}''$, so daß $w \times w' = w'' = \bar{w} \times \bar{w}'| = \bar{w}''w$. Die Induktionsvoraussetzung liefert, angewendet auf $\bar{w} \times \bar{w}' = \bar{w}''$, das ja eine kürzere Ableitung besitzt, als $\mathfrak{A}$ sie ist: $\bar{w},\bar{w}',\bar{w}'' \in \mathbb{N}$ und $\bar{w} \cdot \bar{w}' = \bar{w}''$. Hieraus folgt: $\bar{w} = w$, $\bar{w}'| = w'$ und $\bar{w}''w = w''$, also $w, w', w'' \in \mathbb{N}$ und $w \cdot w' = w''$.

Ähnlich zeigt man nun, daß diejenigen Wörter über A, die bei einer Anwendung der vierten Regel hingeschrieben werden können, genau die Quadratzahlen sind. Wir geben hierzu ein Beispiel für eine Ableitung von |||| an, die wir in naheliegender Weise kommentieren:

× =	(1. Regel),
×| =	(2. Regel auf × =),
×|| =	(2. Regel auf ×| =),
| ×|| = ||	(3. Regel auf ×|| =),
|| ×|| = ||||	(3. Regel auf | ×|| = ||),
||||	(4. Regel auf || ×|| = ||||).

Unter Hinzunahme der Selektivbestimmung, daß ein erzeugtes Wort × (oder =) nicht enthalten soll, erweist sich damit die Menge der Quadratzahlen als aufzählbar.

2. Smullyansche formale Systeme

Neben den bisher betrachteten Alphabeten, denen die Symbolfolge $a_1, a_2, \ldots$ zugrundeliegt, führen wir zwei neue Typen von Alphabeten ein: Wir gehen aus von zwei neuen Folgen untereinander und von den a_i verschiedener Symbole, $v_1, v_2, \ldots$ und $p_1, p_2, \ldots$. Die v_i nennen wir *Variablen*, die p_i *Prädikate*. Als Mitteilungszeichen für Variablen benutzen wir $v, \ldots$, als Mitteilungszeichen für Prädikate $p, \ldots$ Die aus den Gliedern der nicht leeren, endlichen Anfangsabschnitte der Folge der Variablen gebildeten Alphabete nennen wir *Variablenalphabete*. Entsprechend sind die *Prädikatenalphabete* definiert. Schließlich seien → und ; zwei weitere neue Zeichen.

Zur Definition der Smullyanschen formalen Systeme benötigen wir einige Vorbereitungen:

4.2 Definition: Ein *formales Fundament* Φ ist ein Quadrupel (A, V, P, S), bestehend aus einem Alphabet A, einem Variablenalphabet V, einem Prädikatenalphabet P und einer Folge S von *positiven* natürlichen Zahlen, deren Länge gleich der Anzahl der Elemente von P ist. Ist $p_i \in P$, so heißt das i-te Glied von S (das wir fortan mit S_i bezeichnen) die *Φ-Stellenzahl* von p_i. Die Elemente von $\Omega(A)$ heißen *Φ-Worte*, die von $\Omega(A \cup V)$ *Φ-Terme*.

Als Mitteilungszeichen für Φ-Worte bzw. Φ-Terme benutzen wir $w,\ldots$ bzw. $t,\ldots$ Φ-Worte sind – für jedes Φ – z.B. $\Box$ und $a_1 a_1$, Φ-Terme z.B. $\Box$, $a_1 a_1$, v_1 und $a_1 v_1 v_1$.

Wir erklären nun induktiv, was (atomare) *Φ-Formeln* sind:

4.3 Definition: $\Phi = (A, V, P, S)$ sei ein formales Fundament:
(a) *Atomare Φ-Formeln* sind genau die Zeichenreihen $p_i t_1; \ldots; t_{S_i}$ mit Φ-Termen $t_1, \ldots, t_{S_i}$ und $p_i \in P$.
(b) *Φ-Formeln* sind genau die *atomaren* Φ-Formeln und die Zeichenreihen der Gestalt $\alpha \to \beta$, wobei α und β Φ-Formeln sind. Hat p_1 die Φ-Stellenzahl 2, so ist z.B. $p_1 \Box; a_1 v_1$ eine atomare Φ-Formel; $p_1 \Box; a_1 v_1$ und $p_1 \Box; \Box \to p_1 v_1; a_1 \to p_1 a_1; \Box$ sind Φ-Formeln.

Anstatt die Φ-Formeln *induktiv* zu definieren, wie das in 4.3(b) geschehen ist, kann man sie auch durch einen Kalkül erzeugen. Wir überlassen die Aufstellung eines geeigneten Regelsystems dem Leser. Als Mitteilungszeichen für Φ-Formeln benutzen wir $\alpha, \beta, \ldots$
Den Begriff des *Substituts* einer Φ-Formel führen wir ein in

4.4 Definition: Φ sei ein formales Fundament und α eine Φ-Formel. Ein *Φ-Substitut* von α ist eine Zeichenreihe, die aus α hervorgeht, indem man in α *alle Variablen durch Φ-Worte ersetzt*, wobei *gleiche* Variablen durch *gleiche* Φ-Worte ersetzt werden.

Ein Φ-Substitut einer Φ-Formel ist eine *variablenfreie* Φ-Formel. Z.B. ist, falls $\Phi = (\{a_1, a_2\}, \{v_1, v_2\}, \{p_1, p_2\}, S)$ mit $S = 1, 1$,

$$p_1 a_1 \to p_2 a_1 a_2 a_1 a_1 \to p_1 a_1 a_2 a_2 a_1$$

ein Φ-Substitut der Φ-Formel $p_1 v_1 \to p_2 v_2 v_2 a_1 \to p_1 v_1 a_2 v_2$. (Man ersetze v_1 durch a_1 und v_2 durch $a_2 a_1$.)

Enthält eine Φ-Formel keine Variable, ist sie einziges Φ-Substitut von sich.

Man kann die Ersetzung unschwer durch einen Ersetzungskalkül exakt einführen. Wir glauben aber, daß wir wegen der Anschaulichkeit der Ersetzung darauf verzichten können.

Sei nun Φ ein formales Fundament und Π eine *endliche* Menge von Φ-Formeln. Unter geringfügiger Abweichung von der originalen Definition in Smullyan [15] ordnen wir dem Paar (Φ, Π) einen Kalkül $\Sigma(\Phi, \Pi)$ zu, der aus den beiden folgenden Regeln besteht:
1. Regel *(Substitutionsregel)*:
Man darf ein Φ-Substitut einer Φ-Formel aus Π hinschreiben.

2. Regel *(Modus Ponens)*:
Hat man eine *atomare* Φ-Formel α und eine Φ-Formel $\alpha \to \beta$ hingeschrieben, darf man die Φ-Formel β hinschreiben. α und $\alpha \to \beta$ heißen in diesem Fall die *Prämissen* der Regelanwendung.

Die zweite Regel erinnert an die *logische* Regel des Modus Ponens, derzufolge man von zwei Aussagen a und *Wenn* a, *so* b zur Aussage b übergehen darf.

Die Elemente von Π heißen die *Produktionen* von $\Sigma(\Phi,\Pi)$; die *atomaren* Produktionen von $\Sigma(\Phi,\Pi)$ heißen die *Axiome* von $\Sigma(\Phi,\Pi)$.

4.5 Definition: Σ ist ein *Smullyansches formales System* (oder kürzer: S.-S.) genau dann, wenn es ein formales Fundament Φ und eine *endliche* Menge Π von Φ-Formeln gibt derart, daß $\Sigma = \Sigma(\Phi,\Pi)$.

Ist $\Sigma = \Sigma(\Phi,\Pi)$ ein S.-S., so schreiben wir $\Sigma \vdash \alpha$, um anzudeuten, daß α eine in Σ ableitbare Φ-Formel ist. Die erste Komponente A von Φ nennen wir das *Arbeitsalphabet* von Σ.

Bevor wir an einigen Beispielen eine anschauliche Vorstellung von S.-S. vermitteln, möchten wir zunächst definieren, was wir unter *Smullyan-aufzählbaren* Mengen verstehen wollen:

4.6 Definition: Es sei $n \geq 1$ und $\mathfrak{M} \subset \Omega^n(A)$. $\mathfrak{M}$ heißt *Smullyan-aufzählbar* (oder kürzer: S.-a.) genau dann, wenn es ein S.-S. $\Sigma = \Sigma(\Phi,\Pi)$ mit den folgenden Eigenschaften gibt:
(1) Das Arbeitsalphabet von Σ umfaßt A.
(2) p_1 hat die Φ-Stellenzahl n.
(3) Für alle Φ-Worte $w_1,\ldots,w_n$ gilt:
$(w_1,\ldots,w_n) \in \mathfrak{M}$ genau dann, wenn $\Sigma \vdash p_1 w_1;\ldots;w_n$.

Der Existenzquantor ist hier, wie bei allen vorangehenden Definitionen dieser Art, im *klassischen* Sinn zu verstehen.

Man kann anschaulich sagen, daß ein S.-S., das $\mathfrak{M}$ im Sinne von 4.6 erzeugt, mit Wort-S_i-tupeln über dem Arbeitsalphabet operiert und daß diese Wort-S_i-tupel beim Operieren gemäß dem Prädikat, hinter dem sie stehen, als verschiedenen, nicht notwendig disjunkten Gattungen zugehörig betrachtet werden. Die Zugehörigkeit zu der durch p_1 gekennzeichneten Gattung entspricht dabei der Selektivbestimmung. Offensichtlich spielt es keine Rolle, daß wir gerade p_1 ausgezeichnet haben.

Nun zu einigen Beispielen:

4.7(1): Es sei $\Phi := (A, \{v_1\}, \{p_1\}, 1)$,
$\Pi := \{p_1\} \cup \{p_1 v_1 \to p_1 v_1 a : a \in A\}$
(es ist $p_1 = p_1 \square$),
$\Sigma := \Sigma(\Phi,\Pi)$.

Wir zeigen zunächst an Hand einer Ableitung, daß z. B. $p_1 a_1 a_1$ in Σ erzeugbar ist:

p_1 (Φ-Substitut von p_1),
$p_1 \to p_1 a_1$ (Φ-Substitut von $p_1 v_1 \to p_1 v_1 a_1$),
$p_1 a_1 \to p_1 a_1 a_1$ (Φ-Substitut von $p_1 v_1 \to p_1 v_1 a_1$),
$p_1 a_1$ (Modus Ponens auf p_1 und $p_1 \to p_1 a_1$),
$p_1 a_1 a_1$ (Modus Ponens auf $p_1 a_1$ und $p_1 a_1 \to p_1 a_1 a_1$).

Durch Induktion über die Länge von w zeigen wir weiter: $\Sigma \vdash p_1 w$ für alle Φ-Worte w. ($\Omega(A)$ ist also S.-a.)

Induktionsbeginn: p_1 ist eine Ableitung bez. Σ, also ist $\Sigma \vdash p_1 w$ für $w = \square$.

Induktionsschritt: w habe die Gestalt $w'a$ ($a \in A$), und für w' sei die Behauptung bewiesen. Dann gibt es eine Ableitung bez. Σ, die mit $p_1 w'$ endet. Diese Ableitung können wir folgendermaßen verlängern:

$p_1 w' \to p_1 w' a$ (Φ-Substitut von $p_1 v_1 \to p_1 v_1 a$),
$p_1 w' a$ (Modus Ponens auf die beiden letzten Glieder).

Das zeigt: $\Sigma \vdash p_1 w$. (Man vergleiche 4.7(1) mit 1.4(2)!)

4.7(2): (Vgl. hierzu das Kalkülbeispiel auf S. 81.) Es sei $\Phi := (\{|\}, \{v_1, v_2, v_3\}, \{p_1, p_2\}, S)$ mit $S = 1, 3$.

(Wir schreiben suggestiver *Quadr* für p_1 und *Mult* für p_2.) Π bestehe aus den folgenden Φ-Formeln:

Mult $\square$; $\square$; $\square$ ($\square$ stehe hier der Deutlichkeit halber),
Mult v_1; v_2; $v_3 \to $ *Mult* v_1; $v_2|$; $v_3 v_1$,
Mult v_1; v_2; $v_3 \to $ *Mult* $v_1|$; v_2; $v_3 v_2$,
Mult v_1; v_1; $v_2 \to $ *Quadr* v_2.
$\Sigma := \Sigma(\Phi, \Pi)$.

Ähnlich wie in dem Kalkülbeispiel auf S. 81 zeigt man: $\Sigma \vdash $ *Quadr* w genau dann, wenn w eine Quadratzahl ist. Hieraus folgt: Die Menge der Quadratzahlen ist S.-a.

3. Reduktion auf Wortmengen

Wir haben nicht motiviert, daß der Begriff der Smullyan-Aufzählbarkeit mit dem gleichen Recht wie der Begriff der Turing-Aufzählbarkeit beanspruchen kann, eine adäquate Präzisierung des Begriffes der Aufzählbarkeit zu sein. Bevor wir uns dieser Fragestellung in § 5 zuwenden, möchten wir darlegen, daß wir uns dabei auf *Wortmengen* beschränken können.

Es sei $n \geq 1$, $\mathfrak{M} \subset \Omega^n(A)$ und φ die in 3.4 benutzte Abbildung von $\Omega^n(A)$ in $\Omega(A \cup \{\S\})$. Als Analogon zu 3.4(a) zeigen wir:

4.8 Satz: $\mathfrak{M}$ *ist S.-a. genau dann, wenn $\varphi(\mathfrak{M})$ S.-a. ist.*

Beweis: Sei zunächst $\varphi(\mathfrak{M})$ S.-a. und $\tilde{\Sigma} = \Sigma(\tilde{\Phi}, \tilde{\Pi})$ ein S.-S., das $\varphi(\mathfrak{M})$ erzeugt. Es sei hierbei $\tilde{\Phi} = (\tilde{A}, \{v_1, \ldots, v_k\}, \{p_1, \ldots, p_l\}, \tilde{S})$. Wir setzen

$$\Phi := (\tilde{A}, \{v_1, \ldots, v_{\max(n,k)}\}, \{p_1, \ldots, p_{l+1}\}, S)$$

mit $S_1 := n$, $S_i := \tilde{S}_{i-1}$ ($2 \leq i \leq l+1$).

Π bestehe aus den Φ-Formeln, die aus den Elementen von $\tilde{\Pi}$ durch Erhöhung der Indizes der Prädikate um 1 entstehen, und aus der Φ-Formel $p_2 v_1 \S \ldots \S v_n \to p_1 v_1; \ldots; v_n$.

$$\Sigma := \Sigma(\Phi, \Pi).$$

Σ erzeugt $\mathfrak{M}$; denn für Worte $w_1, \ldots, w_n$ über $\tilde{A}(\supset A)$ sind die folgenden Aussagen äquivalent:

(1) $\Sigma \vdash p_1 w_1; \ldots; w_n$.
(2) $\Sigma \vdash p_2 w_1 \S \ldots \S w_n$.
(3) $\tilde{\Sigma} \vdash p_1 w_1 \S \ldots \S w_n$.
(4) $w_1 \S \ldots \S w_n \in \varphi(\mathfrak{M})$.
(5) $(w_1, \ldots, w_n) \in \mathfrak{M}$.

$\mathfrak{M}$ ist also S.-a.

Wir möchten einflechten, daß es der Vertrautheit im Umgang mit S.-S. dienlich ist, die hier und im folgenden aufgeführten Behauptungen, obwohl sie anschaulich klar sind, ausführlich zu beweisen. Die Beweise werden durchweg induktiv über Längen von Ableitungen geführt und verursachen keine Schwierigkeiten.

Sei nun umgekehrt $\mathfrak{M}$ S.-a. und $\Sigma = \Sigma(\Phi, \Pi)$ ein S.-S., das $\mathfrak{M}$ erzeugt. Hierbei sei $\Phi = (A', \{v_1, \ldots, v_k\}, \{p_1, \ldots, p_l\}, S)$. Wir setzen zunächst voraus, daß A echt in A' enthalten ist, daß also insbesondere $\S \in A'$. Mit Hilfe von Σ definieren wir ein S.-S. $\tilde{\Sigma}$ genau so, wie wir im ersten Teil des Beweises mit Hilfe von $\tilde{\Sigma}$ das S.-S. Σ definiert haben, nur, daß wir als zusätzliche Produktion zu $\tilde{\Pi}$ die $\tilde{\Phi}$-Formel

$$p_2 v_1; \ldots; v_n \to p_1 v_1 \S \ldots \S v_n$$

hinzunehmen. Dann sind für $\tilde{w} \in \Omega(A')$ die folgenden Aussagen äquivalent:

(1) $\tilde{\Sigma} \vdash p_1 \tilde{w}$.
(2) Es gibt $\tilde{w}_1, \ldots, \tilde{w}_n \in \Omega(A')$ mit $\tilde{w}_1 \S \ldots \S \tilde{w}_n = \tilde{w}$ und $\tilde{\Sigma} \vdash p_2 \tilde{w}_1; \ldots; \tilde{w}_n$.
(3) Es gibt $\tilde{w}_1, \ldots, \tilde{w}_n \in \Omega(A')$ mit $\tilde{w}_1 \S \ldots \S \tilde{w}_n = \tilde{w}$ und $\Sigma \vdash p_1 \tilde{w}_1; \ldots; \tilde{w}_n$.
(4) Es gibt $\tilde{w}_1, \ldots, \tilde{w}_n \in \Omega(A')$ mit $\tilde{w}_1 \S \ldots \S \tilde{w}_n = \tilde{w}$ und $(\tilde{w}_1, \ldots, \tilde{w}_n) \in \mathfrak{M}$.
(5) $\tilde{w} \in \varphi(\mathfrak{M})$.

Daher erzeugt $\tilde{\Sigma} \varphi(\mathfrak{M})$. $\varphi(\mathfrak{M})$ ist also S.-a.

Wir müssen jetzt noch den Fall behandeln, daß A das Arbeitsalphabet von Σ ist. Wir setzen dann $\bar{A} := A \cup \{\S\}$ und konstruieren ein S.-S. $\bar{\Sigma}$ mit dem Arbeitsalphabet $\bar{A}$, das $\mathfrak{M}$ erzeugt (s. 4.10). Dann können wir den vorangehenden Beweis mit $\bar{\Sigma}$ anstelle von Σ übertragen.

Wir setzen
$$\bar{\Phi} := (\bar{A}, \{v_1, \ldots, v_k\}, \{p_1, \ldots, p_{l+1}\}, \bar{S})$$
mit $\bar{S}_i := S_i (1 \leq i \leq l)$ und $\bar{S}_{l+1} := 1$,
$\bar{\Pi} := \{p_{l+1}\} \cup \{p_{l+1} v_1 \to p_{l+1} v_1 a : a \in A\} \cup \{p_{l+1} v_1 \to \cdots \to p_{l+1} v_k \to \alpha : \alpha \in \Pi\}$,

$\bar{\Sigma} := \Sigma(\bar{\Phi}, \bar{\Pi})$.
Dann ist zunächst für $w \in \Omega(\bar{A})$:

4.9: $\bar{\Sigma} \vdash p_{l+1} w$ genau dann, wenn $w \in \Omega(A)$.
Zur Richtung von rechts nach links vergleiche man Beispiel 4.7(1); die andere Richtung läßt sich durch Induktion über die Länge einer Ableitung von $p_{l+1} w$ bez. $\bar{\Sigma}$ zeigen.
Weiter gilt für $(w_1, \ldots, w_n) \in \Omega^n(\bar{A})$:

4.10: $\bar{\Sigma} \vdash p_1 w_1; \ldots; w_n$ genau dann, wenn $(w_1, \ldots, w_n) \in \Omega^n(A)$ und $\Sigma \vdash p_1 w_1; \ldots; w_n$.
Ist nämlich $(w_1, \ldots, w_n) \in \Omega^n(\bar{A})$ und $\bar{\mathfrak{A}}$ eine Ableitung von $p_1 w_1; \ldots; w_n$ bez. $\bar{\Sigma}$, so geht $\bar{\mathfrak{A}}$ durch Fortlassen derjenigen Glieder, die p_{l+1} enthalten, in eine Ableitung bez. Σ über, die mit $p_1 w_1; \ldots; w_n$ endet. Das liefert: $\Sigma \vdash p_1 w_1; \ldots; w_n$ und $(w_1, \ldots, w_n) \in \Omega^n(A)$.
Ist umgekehrt $(w_1, \ldots, w_n) \in \Omega^n(A)$ und $\Sigma \vdash p_1 w_1; \ldots; w_n$, läßt sich jede Ableitung von $p_1 w_1; \ldots; w_n$ bez. Σ zu einer Ableitung von $p_1 w_1; \ldots; w_n$ bez. $\bar{\Sigma}$ ergänzen. Die notwendigen Beweise können für beide Richtungen induktiv über Ableitungslängen geführt werden und machen wesentlich von 4.9 Gebrauch.

Bevor wir uns nun mit dem Zusammenhang zwischen Smullyan- und Turing-Aufzählbarkeit beschäftigen, möchten wir es nicht versäumen, einige andere wesentliche Präzisierungen des Kalkülbegriffs wenigstens zu erwähnen.

4. Spezielle Smullyan-Systeme

4.11 Definition: Es sei $\Phi = (A, V, P, S)$ ein formales Fundament und Π eine endliche Menge von Φ-Formeln: $\Sigma := \Sigma(\Phi, \Pi)$ heißt ein *Postsches kanonisches System* genau dann, wenn

(1) $P = \{p_1\}$ und $S_1 = 1$;

(2) Σ besitzt mindestens ein Axiom, und die Axiome von Σ enthalten *keine* Variablen;

(3) wenn α eine der restlichen Produktionen von Σ ist, so kommt in jeder atomaren Teilformel von α eine Variable vor, jedoch *keine* Variable *ausschließlich* in der am weitesten rechts stehenden atomaren Teilformel von α.

Die Postschen kanonischen Systeme, bei denen üblicherweise auf das Mitführen von p_1 verzichtet wird, sind in nur unwesentlich anderer Form in Post [12] eingeführt worden und gehören zu den wichtigsten Präzisierungen des Kalkülbegriffs.

4.12 Definition: Es sei $\mathfrak{M} \subset \Omega(A)$: $\mathfrak{M}$ heißt *Post-aufzählbar* genau dann, wenn $\mathfrak{M}$ leer ist oder wenn es ein Postsches kanonisches System $\Sigma = \Sigma(\Phi, \Pi)$ mit einem A umfassenden Arbeitsalphabet A' gibt, so daß für alle $w \in \Omega(A')$ gilt: $w \in \mathfrak{M}$ genau dann, wenn $w \in \Omega(A)$ und $\Sigma \vdash p_1 w$.

Post-Aufzählbarkeit und Smullyan-Aufzählbarkeit (für Wortmengen) sind äquivalent. Dies ergibt sich z.B. aus der Äquivalenz beider zur Turing-Aufzählbarkeit. Die Äquivalenz der Turing-Aufzählbarkeit mit der Smullyan-Aufzählbarkeit zeigen wir in § 5; die mit der Post-Aufzählbarkeit folgt z.B. daraus, daß schon die Aufzählbarkeit durch *Semi-Thue-Systeme* (vgl. 4.14) zur Turing-Aufzählbarkeit äquivalent ist. (Zur letztgenannten Äquivalenz vgl. etwa Brauer und Indermark [1], S. 101 ff., oder Davis [5], S. 81 ff.)

Die Klasse der Post-aufzählbaren Mengen wird *nicht* verkleinert, wenn man den Existenzquantor in 4.12 auf folgende Klassen spezieller Postscher kanonischer Systeme *beschränkt* (wir verzichten dabei auf das Mitführen von p_1, um den Anschluß an die übliche Schreibweise zu gewinnen):

4.13: auf *Postsche normale Systeme*, das sind Postsche kanonische Systeme, die *genau ein* Axiom enthalten und deren restliche Produktionen von der Gestalt $wv_1 \to v_1 w'$ sind (die also anschaulich den Übergang von einem Wort, das mit w beginnt, zu einem anderen gestatten durch Streichen des Anfangs w und Anfügen von w'; vgl. hierzu Post [12]);

4.14: auf *Semi-Thue-Systeme*, das sind Postsche kanonische Systeme, die *genau ein* Axiom enthalten und deren restliche Produktionen von der Gestalt $v_1 w v_2 \to v_1 w' v_2$ sind (die also anschaulich den Übergang von einem Wort, das w als Teilwort enthält, zu einem anderen gestatten, indem ein Teilwort w durch w' ersetzt wird).

Semi-Thue-Systeme, die mit einer Produktion $\alpha \to \beta$ auch die Produktion $\beta \to \alpha$ enthalten, heißen *Thue-Systeme*. Thue-Systeme spielen eine Rolle in der *Gruppentheorie* bei der Darstellung von Gruppen durch *Erzeugende* und *definierende Relationen* (vgl. etwa Hermes [9], S. 147ff.). Die Bezeichnung „Thue-System" geht auf Post zurück. Sie honoriert eine Thuesche Arbeit aus dem Jahre 1914, die sich mit solchen Systemen beschäftigt.

§ 5. Smullyan- und Turing-Aufzählbarkeit

Um zu zeigen, daß jede S.-a. Menge T.-a. ist und umgekehrt, können wir uns nach 3.4(a) und 4.8 auf Wortmengen beschränken.

1. Die Smullyan-Aufzählbarkeit der Turing-aufzählbaren Mengen

Es sei $\mathfrak{M} \subset \Omega(A)$ und $\mathfrak{M}$ T.-a. Dann gibt es nach 3.3 eine T.-b. Funktion f aus $\Omega(A)$ mit $\mathrm{Def}\, f = \mathfrak{M}$. f werde durch die T.-M. T' über dem Arbeitsalphabet $A' = \{a_1, \ldots, a_n\}$ (das A umfaßt) *normiert* berechnet. Wir gehen über zu einer T.-M. T über dem Arbeitsalphabet A', deren Tafel aus einer solchen für

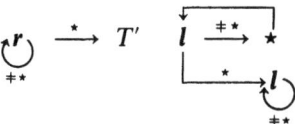

durch Erhöhung der Indizes aller Zustände um 1 und Einfügen der Zeilen $q_0 a_i a_i q_1$ für $0 \leq i \leq n$ oberhalb der ersten Zeile entsteht. Dann gilt:

5.1: (a) Ist $w \in \mathfrak{M}$, bleibt T, angesetzt *vor* w, vor w auf der Bandinschrift $*w*\ldots$ stehen (d.h. die mit $*^{q_0}w*\ldots$ beginnende Konfigurationsfolge bricht mit einer Konfiguration der Gestalt $*^q w*\ldots$ ab).

(b) Ist $w \in \Omega(A) - \mathfrak{M}$, bleibt T, angesetzt *vor* w, *nicht* stehen.

(c) T ist *nur zu Beginn* einer Rechnung im Zustand q_0 (d.h. in jeder mit einer Anfangskonfiguration beginnenden Konfigurationsfolge tritt nur in der nullten Konfiguration der Zustand q_0 auf).

Wir geben nun ein S.-S. an, von dem wir nachweisen wollen, daß es $\mathfrak{M}$ erzeugt. T besitze die Zustände $q_0,\ldots,q_m$. Wir definieren:
(1) $\Phi:=(\{a_1,\ldots,a_{n+m+2}\}, \{v_1,v_2\}, \{p_1,p_2\},S)$ mit $S:=1,1$. Wir schreiben fortan häufig $\bar{a}_i$ für a_i ($1\le i\le n$), $\bar{q}_i$ für a_{n+1+i} ($0\le i\le m$) und $\bar{a}_0$ für a_{n+m+2}.
(2) Π bestehe aus den folgenden Φ-Formeln (zur Motivierung vgl. die anschließenden Bemerkungen):

R 1.1 $p_2\bar{q}_0\bar{a}_0$;
R 1.2 $p_2\bar{q}_0\bar{a}_0v_2\to p_2\bar{q}_0\bar{a}_0\bar{a}v_2$ für $a\in A$;

ferner für $a,b\in A'\cup\{a_0\}$ und $q\in\{q_0,\ldots,q_m\}$:

R 2.1 $p_2v_1\bar{q}\bar{a}v_2\to p_2v_1\bar{q}'\bar{a}'v_2$,
      falls $qaa'q'$ eine Zeile der Tafel von T ist;
R 2.2.1 $p_2v_1\bar{q}\bar{a}\to p_2v_1\bar{a}\bar{q}'\bar{a}_0$ und
R 2.2.2 $p_2v_1\bar{q}\bar{a}\bar{b}v_2\to p_2v_1\bar{a}\bar{q}'\bar{b}v_2$,
      falls $qarq'$ eine Zeile der Tafel von T ist;
R 2.3.1 $p_2v_1\bar{a}\bar{q}\bar{a}_0\to p_2v_1\bar{q}'\bar{a}$ und
R 2.3.2 $p_2v_1\bar{b}\bar{q}\bar{a}_0\bar{a}v_2\to p_2v_1\bar{q}'\bar{b}\bar{a}_0\bar{a}v_2$,
      falls qa_0lq' eine Zeile der Tafel von T ist;
R 2.3.3 $p_2v_1\bar{b}\bar{q}\bar{a}v_2\to p_2v_1\bar{q}'\bar{b}\bar{a}v_2$,
      falls $a\ne a_0$ und $qalq'$ eine Zeile der Tafel von T ist;
R 3 $p_2v_1\bar{q}\bar{a}_0v_2\to p_1v_1v_2$,
      falls s das Verhalten der mit qa_0 beginnenden Zeile der Tafel von T ist.

(3) $\Sigma:=\Sigma(\Phi,\Pi)$.

Der anschauliche Hintergrund, der zur Aufstellung der obigen Produktionen führt und der uns auch bei dem folgenden Beweis leiten wird, ist der folgende: Wir ordnen jeder Konfiguration

$$a_0\ldots a_j^q\ldots a_i\ldots,$$

wobei i die kleinste Zahl $l\ge j$ ist, für die $a_k=a_0$ für $k>l$ (wobei also $a_0\ldots a_i$ den kleinsten Abschnitt des Bandes wiedergibt, der das Arbeitsfeld und alle mit eigentlichen Buchstaben beschrifteten Felder enthält),

$$\bar{a}_0\ldots\bar{a}_{j-1}\bar{q}\bar{a}_j\ldots\bar{a}_i$$

als sog. *Konfigurationswort* zu. Dann gestattet Σ die Ableitung derjenigen Φ-Formeln p_2w unter den mit p_2 beginnenden atomaren Φ-Formeln, bei denen w das Konfigurationswort einer Konfiguration ist, die T durchläuft, wenn T vor einem Wort aus $\Omega(A)$ angesetzt wird. Die Produktionen R 1 leisten das für die Anfangskonfigurationen, die Produktionen R 2 vermitteln den Übergang zu einer Folgekonfiguration. – Wir formulieren diesen Sachverhalt genauer (w stehe fortan für Worte über $\{a_1,\ldots,a_{n+m+2}\}$):

5.2: $\Sigma \vdash p_2 w$ genau dann, wenn w das Konfigurationswort einer Konfiguration ist, die T, angesetzt *vor* einem Wort über A, durchläuft.

Wir nehmen zunächst an, 5.2 sei bewiesen. Dann sind die folgenden Aussagen äquivalent:
(1) $\Sigma \vdash p_1 w$.
(2) Es gibt ein w_1, ein w_2 und ein q derart, daß $\Sigma \vdash p_2 w_1 \bar{q} \bar{a}_0 w_2$, daß s das Verhalten der mit $q a_0$ beginnenden Zeile der Tafel von T ist und daß $w = w_1 w_2$.
(Falls $\Sigma \vdash p_1 w$, ist $p_1 w$ notwendig mit R 3 gewonnen worden!)
(3) Es gibt ein w_1, ein w_2 und ein q derart, daß $w = w_1 w_2$ und daß $w_1 \bar{q} \bar{a}_0 w_2$ das Konfigurationswort einer Konfiguration ist, die T, angesetzt *vor* einem Wort über A, durchläuft und die keine Folgekonfiguration besitzt, weil T einen Maschinenstop macht (für die also nach 5.1(a),(b) $w_1 = \square, w_2 = w$ und $w_2 \in \Omega(A)$).
(Die Äquivalenz von (2) und (3) folgt mit 5.2!)
(4) Es gibt ein Wort w' über A, so daß T, angesetzt *vor* w', vor w stoppt.
(5) $w \in \mathfrak{M}$.
(Man schließe zum Nachweis der Äquivalenz von (4) und (5) mit 5.1(a),(b)!)
Damit haben wir dann gezeigt, daß Σ $\mathfrak{M}$ erzeugt. Es folgt:

5.3 Satz: *Wenn* $\mathfrak{M} \subset \Omega(A)$ *und* $\mathfrak{M}$ *T.-a. ist, so ist* $\mathfrak{M}$ *S.-a.*

Nun zum *Beweis* von 5.2:

Wir beweisen zunächst die Richtung von links nach rechts durch Induktion über die Länge $l(w)$ einer Ableitung minimaler Länge von $p_2 w$:

Es sei, *im Induktionsbeginn*, $l(w) = 1$. Dann ist $p_2 w$ notwendig ein Φ-Substitut von R 1.1, also $w = \bar{q}_0 \bar{a}_0$. $\bar{q}_0 \bar{a}_0$ ist das Konfigurationswort der Anfangskonfiguration, wenn T *vor* das leere Wort angesetzt wird.

Der Induktionsschritt: Es sei $l(w) > 1$. Dann muß $p_2 w$ durch Anwendung des Modus Ponens auf ein Φ-Substitut $\alpha \to \beta$ einer Produktion unter R 1.2 oder R 2 und α entstanden sein. Wir behandeln zwei typische Fälle: (a) $\alpha \to \beta$ sei Φ-Substitut einer Produktion unter R 1.2. Dann gibt es ein w_2 und ein $a \in A$, so daß $\alpha = p_2 \bar{q}_0 \bar{a}_0 w_2$, $\beta = p_2 w = p_2 \bar{q}_0 \bar{a}_0 \bar{a} w_2$, $\Sigma \vdash p_2 \bar{q}_0 \bar{a}_0 w_2$ und $l(\bar{q}_0 \bar{a}_0 w_2) < l(w)$. Die Induktionsvoraussetzung liefert: $\bar{q}_0 \bar{a}_0 w_2$ ist Konfigurationswort einer Konfiguration, die T durchläuft, falls T *vor* einem geeigneten Wort über A angesetzt wird. Nach 5.1(c) ist diese Konfiguration die nullte Konfiguration in einer solchen Konfigurationsfolge. Daher ist $w_2 \in \Omega(A)$, also auch $\bar{a} w_2$ ($= a w_2$), und w ist das Konfigurationswort der Anfangskonfiguration bei Ansetzen *vor* $\bar{a} w_2$. (b) $\alpha \to \beta$ sei Φ-Substitut einer Produktion unter R 2.1. Dann gibt es Worte w_1, w_2 und eine Zeile $q a a' q'$ der Tafel von T, so daß $\alpha = p_2 w_1 \bar{q} \bar{a} w_2$ und $\beta = p_2 w = p_2 w_1 \bar{q}' \bar{a}' w_2$. Da $l(w_1 \bar{q} \bar{a} w_2) < l(w)$, folgt mit der Induktionsvoraussetzung sogleich die Behauptung, da dem Übergang von $w_1 \bar{q} \bar{a} w_2$ zu $w_1 \bar{q}' \bar{a}' w_2$ der Übergang von der durch $w_1 \bar{q} \bar{a} w_2$ beschriebenen Konfiguration zur Folgekonfiguration unter Ausführung einer Druckanweisung entspricht.

Nun zur Richtung von rechts nach links von 5.2. Wir beweisen sie durch Induktion über die Nummer der w entsprechenden Konfiguration in einer Konfigurationsfolge, die T, angesetzt *vor* einem Wort über A, durchläuft. Beschreibt w eine *Anfangskonfiguration* in diesem Sinne, kann $p_2 w$ offensichtlich mit Hilfe der Produktionen unter R 1 abgeleitet werden. Ist – *im Induktionsschritt* – w Konfigurationswort einer Folgekonfiguration in einer Konfigurationsfolge der in Rede stehenden Art, so ist auf die Vorgängerkonfiguration in dieser Folge, deren Konfigurationswort w' sei, die Induktionsvoraussetzung anwendbar. Es ist also $\Sigma \vdash p_2 w'$. Besteht der Übergang zur w entsprechenden Konfiguration in der Ausführung einer *Druckanweisung*, ist $p_2 w' \to p_2 w$ ein Φ-Substitut einer Produktion unter R 2.1; ist r das geforderte Verhalten, ist $p_2 w' \to p_2 w$ ein Φ-Substitut einer Produktion unter R 2.2.1, falls hinter dem zur Vorgängerkonfiguration gehörenden Arbeitsfeld kein eigentlicher Buchstabe mehr auf dem Band steht, und ein Φ-Substitut einer Produktion unter R 2.2.2 im anderen Fall. Entsprechend kommt beim Verhalten l ein Φ-Substitut einer Produktion unter R 2.3 in Frage. Anwendung des Modus Ponens auf $p_2 w' \to p_2 w$ und $p_2 w'$ liefert in jedem der diskutierten Fälle: $\Sigma \vdash p_2 w$.

Damit ist 5.2 bewiesen.

2. Die Turing-Aufzählbarkeit der Smullyan-aufzählbaren Mengen

Wir skizzieren in diesem Abschnitt einen Beweis zu

5.4. Satz: *Wenn* $\mathfrak{M} \subset \Omega(A)$ *und* $\mathfrak{M}$ *S.-a. ist, so ist* $\mathfrak{M}$ *T.-a.*

Hierzu gehen wir aus von einer S.-a. Teilmenge $\mathfrak{M}$ von $\Omega(A)$. $\Sigma = \Sigma(\Phi, \Pi)$ sei ein S.-S. mit dem A umfassenden Arbeitsalphabet A', das $\mathfrak{M}$ erzeugt. $\{v_1, \ldots, v_k\}$ sei das Variablenalphabet von Φ. Nach TMbF II, § 3. Nr. 9. gibt es T.-b. Funktionen $f_1, \ldots, f_k$ von $\mathbb{N}$ in $\Omega(A')$, so daß $\Omega^k(A') = \{(f_1(n), \ldots, f_k(n)) : n \in \mathbb{N}\}$. $\alpha_1, \ldots, \alpha_m$ seien die Produktionen von Σ. Für $i \in \{1, \ldots, m\}$ und $n \in \mathbb{N}$ entstehe α_i^n aus α_i, indem man in α_i der Reihe nach alle vorkommenden v_j durch $f_j(n)$ ersetzt. Man sieht leicht ein, daß die Funktionen $g_1, \ldots, g_m$ mit $Def\, g_i = \mathbb{N}$ und $g_i(n) = \alpha_i^n$ für $n \in \mathbb{N}$ T.-b. sind und daß jedes Φ-Substitut einer Produktion von Σ unter den $g_i(j)$ vorkommt. (Wir sehen bei dieser Skizze von der trivial durch Umbenennung zu behebenden Unstimmigkeit ab, daß ;, die Variablen und die Prädikate nicht Elemente der von uns zugelassenen Alphabete sein können.)

Wir beschreiben nun in Form eines Flußdiagramms ein Verfahren zur Berechnung einer Funktion aus $\Omega(A)$, deren Definitionsbereich aus den Φ-Worten w mit $\Sigma \vdash p_1 w$, d.h. mit $w \in \mathfrak{M}$ besteht. Es fällt nicht schwer, ist jedoch einigermaßen aufwendig, eine T.-M. anzugeben, die dieses Verfahren simuliert, und damit $\mathfrak{M}$ unter Benutzung von 3.3 als T.-a. zu charakterisieren.

Es sei $w \in \Omega(A)$ vorgegeben. Man verfahre wie folgt:
1) Man stelle die Zahl $n=0$ her.
2) Man stelle die Φ-Substitute $g_i(j)$ für $1 \leq i \leq m$ und $0 \leq j \leq n$ her.
3) Man bestimme alle aus diesen Φ-Substituten mit dem Modus Ponens gewinnbaren *atomaren* Φ-Formeln (indem man z. B., solange dies möglich ist, jeweils von links beginnend, echte atomare Teilformeln streicht, die man vorher schon erhalten hat).
4) Man vergleiche die in 3) erhaltenen atomaren Φ-Formeln der Reihe nach mit $p_1 w$. Tritt hierbei einmal Gleichheit ein, verfahre man nach 5), sonst nach 6).
5) Man breche das Verfahren mit w als Resultat ab.
6) Man vergrößere die Zahl n um 1 und verfahre weiter nach 2).

Bricht das durch 1) bis 6) gegebene Verfahren ab, ist sicherlich $\Sigma \vdash p_1 w$. Sei umgekehrt $\Sigma \vdash p_1 w$ und $\mathfrak{A}$ eine Ableitung von $p_1 w$ bez. Σ. Die Ableitungseigenschaft von $\mathfrak{A}$ bleibt erhalten, wenn wir alle Glieder, die mit der Substitutionsregel gewonnen sind, an den Anfang bringen. Es gibt ein n, so daß diese Glieder unter den $g_i(j)$ mit $1 \leq i \leq m$ und $0 \leq j \leq n$ vorkommen, und $p_1 w$ ist aus diesen Gliedern nur mit Hilfe des Modus Ponens ableitbar. Dann bricht das obige Verfahren, angewendet auf w, spätestens nach der $(n+1)$ten Anwendung von 4) ab.

Mit dieser Skizze beschließen wir den Beweis von 5.4.

3. Ein unentscheidbares Smullyan-System

Wir möchten eine Konsequenz aus dem bisher Bewiesenen ziehen, von der wir in §6 wesentlich Gebrauch machen: Nach 3.12 können wir effektiv eine T.-M. T' mit einem A umfassenden Arbeitsalphabet A' angeben, für die gilt:
$\mathfrak{M}(T', A, 1)$ ist T.-a. (vgl. 3.5),
$\Omega(A) - \mathfrak{M}(T', A, 1)$ ist nicht T.-a.,
T' berechnet die durch sie bestimmte Funktion f aus $\Omega(A)$ in $\Omega(A)$ normiert, also $\text{Def} f = \mathfrak{M}(T', A, 1)$.

Mit $\mathfrak{M} := \mathfrak{M}(T', A, 1)$, T' bzw. f können wir nun genau so vorgehen wie zum Beweis von 5.3 mit $\mathfrak{M}$, T' bzw. f (vgl. S. 89ff.): Unter Übernahme der Bezeichnungen von S. 89 heißt das: Aus T' können wir zunächst *effektiv* die T.-M. T und anschließend das S.-S. Σ gewinnen, das $\mathfrak{M}(T', A, 1)$ erzeugt. Σ_0 entstehe aus Σ, indem in den Produktionen R1 bis R3 von Σ p_2 durch p_1 ersetzt wird. Dann gilt, ebenfalls unter Übernahme der entsprechenden Bezeichnungen (w bezeichne Φ-Wörter):

5.5: $\Sigma \vdash p_1 w$ genau dann, wenn $\Sigma_0 \vdash p_1 w$ und w kein $\bar{q}$ enthält.
Die Richtung von links nach rechts in 5.5 ist trivial, da Σ $\mathfrak{M}(T', A, 1)$ erzeugt. Zum Beweis der anderen Richtung brauchen wir uns nur zu überlegen, daß eine Ableitung bez. Σ_0, bei der in allen atomaren Teilformeln, die ein $\bar{q}$ enthalten, p_1 durch p_2 ersetzt wird, in eine Ableitung bez. Σ übergeht.
Wir behaupten weiter:

5.6: $\{w: \text{nicht } \Sigma_0 \vdash p_1 w\}$ ist *nicht* S.–a.
Beweis indirekt: Wäre $\{w: \text{nicht } \Sigma_0 \vdash p_1 w\}$ S.–a., so nach 5.4 auch T.–a. Da $\Omega(A)$ T.–a. ist, wäre nach 3.7 dann auch $\{w: \text{nicht } \Sigma_0 \vdash p_1 w\} \cap \Omega(A)$ T.–a. Da nach 5.5 für $w \in \Omega(A)$ $\Sigma_0 \vdash p_1 w$ genau dann gilt, wenn $\Sigma \vdash p_1 w$, ergäbe sich weiter die Turing-Aufzählbarkeit von $\{w: w \in \Omega(A) \text{ und nicht } \Sigma \vdash p_1 w\}$. Da $\mathfrak{M}(T', A, 1)$ von Σ erzeugt wird, wäre deshalb $\Omega(A) - \mathfrak{M}(T', A, 1)$ T.–a. Das aber wäre ein Widerspruch.
Ein S.–S., für das das Analogon von 5.6 gilt, heißt *unentscheidbar*.
Wir haben damit bewiesen:

5.7 Satz: *Man kann effektiv ein unentscheidbares S.–S. angeben*[3].
(Das sog. *Wortproblem der Gruppentheorie* (vgl. Hermes [9]) hängt eng zusammen mit der Frage nach der Existenz spezieller unentscheidbarer *Thue-Systeme*. Solche Systeme sind zum erstenmal angegeben worden von Novikov (1955) und Boone (1957).)
In den Produktionen des oben betrachteten S.–S. Σ_0 tritt nur p_1 als Prädikat auf. Indem wir auf das Mitführen von p_1 verzichten und alle syntaktischen Begriffe wie *Formel, Regel, Produktion, Ableitung* usf. entsprechend übertragen, erhalten wir, falls Σ das resultierende System für den Fall $A = \{|\}$ und A das Arbeitsalphabet von Σ ist:

5.8: (a) Man kann Σ (d.h. die Produktionen von Σ) effektiv angeben.

---
[3] durch effektive Angabe von Φ und Π.

(b) Σ enthält genau ein Axiom. Die nicht-atomaren Produktionen von Σ haben die Gestalt $v_1 w v_2 \to v_1 w' v_2$ oder $v_1 w \to v_1 w'$ oder $w v_2 \to w' v_2$ mit Worten w, w' über A.

(c) $\{w: w \in \Omega(A)$ und nicht $\Sigma \vdash w\}$ ist nicht S.-a.

4. Abschließende Bemerkungen

Wir haben bislang mehrere präzise Aufzählbarkeitsbegriffe angegeben und sind mehr oder weniger ausführlich darauf eingegangen, daß diese Begriffe untereinander äquivalent sind. Anstatt nun von *Aufzählbarkeit im Sinne einer dieser untereinander äquivalenten Präzisierungen* zu sprechen, zieht man es vor, von *rekursiver Aufzählbarkeit* oder *allgemein-rekursiver Aufzählbarkeit* zu sprechen. Alle Sätze in den Paragraphen 3, 4 und 5 bleiben daher richtig, wenn man „T.-a." oder „S.-a." durch „rekursiv aufzählbar" ersetzt.

§ 6. Die Nichtaufzählbarkeit der wahren arithmetischen Aussagen und die Unentscheidbarkeit der Arithmetik

Wir wollen zum Abschluß unserer Betrachtungen von einer mathematisch interessanten Menge, der Menge der *wahren arithmetischen Aussagen*, zeigen, daß sie *nicht* aufzählbar ist. Bevor wir den Gedankengang beschreiben, der dem Beweis zugrundeliegt, wollen wir genauer auf arithmetische Ausdrücke und Aussagen eingehen.

1. Arithmetische Ausdrücke und Aussagen

Wir führen die Ausdrucksbestimmung mit einem S.-S. Σ durch. Es sei $\Phi := (A, V, P, S)$; hierbei sei — in suggestiver Schreibweise

$$A = \{|, O, +, \times, \neg, \wedge, \bigwedge, =, (,)\},$$

(+ bzw. × sollen an die Addition bzw. die Multiplikation erinnern, $\neg$, $\wedge$, bzw. $\bigwedge$ an die in der Logik gebräuchlichen Bezeichnungen für *nicht*, *und* bzw. *für alle* und $=$ an das Gleichheitszeichen.)

$$V = \{\xi, s, t, \alpha, \beta\},$$
$$P = \{Variable, Term, Ausdruck\}.$$

Mit der unten angegebenen Menge Π von Φ-Formeln sei $\sum := \Sigma(\Phi, \Pi)$.

Die Produktionen von $\sum$ (d.h. die Elemente von Π) gliedern sich in *drei* Gruppen. Die Produktionen der ersten Gruppe dienen der Erzeugung der sog. *Zahlvariablen*, die der zweiten der Erzeugung der sog. *Zahlterme* und die der dritten der Erzeugung der sog. *arithmetischen Ausdrücke*.

6.1: (1) *Variable O*,
   Variable ξ → *Variable ξ |*,
(2) *Variable ξ* → *Term ξ*,
   Term s → *Term t* → *Term (s+t)*,
   Term s → *Term t* → *Term (s×t)*,
(3) *Term s* → *Term t* → *Ausdruck s=t*,
   Ausdruck α → *Ausdruck $\neg\,\alpha$*,
   Ausdruck α → *Ausdruck β* → *Ausdruck ($\alpha \wedge \beta$)*,
   Ausdruck α → *Variable ξ* → *Ausdruck $\wedge \xi \alpha$*.

Als Mitteilungszeichen für *Zahlvariablen*, d.h. Elemente von $\{w: \sum \vdash \textit{Variable } w\}$, verwenden wir $\xi, \eta, \ldots$ Beispiele für Zahlvariablen sind $O, O|||$.

Als Mitteilungszeichen für *Zahlterme*, d.h. Elemente von $\{w: \sum \vdash \textit{Term } w\}$, verwenden wir $s, t, \ldots$, Beispiele für Zahlterme $O, (O+O|), (O \times (O+O))$.

Als Mitteilungszeichen für *arithmetische Ausdrücke*, d.h. Elemente von $\{w: \sum \vdash \textit{Ausdruck } w\}$, benutzen wir $\alpha, \beta, \ldots$ Beispiele für arithmetische Ausdrücke sind $O=O|$, $(O=O| \wedge \wedge O(O=(O \times O|) \wedge \neg O=(O+O)))$.

Wir wollen nun präzisieren, was es heißt, daß eine Zahlvariable ξ *in einem Ausdruck α frei vorkommt*. Anschaulich soll dies besagen, daß ξ in α an einer Stelle vorkommt, an der es nicht im *Wirkungsbereich* eines $\wedge \xi$ steht. Z.B. kommt O in $(\wedge O O = O| \wedge (O+O)=O)$ frei vor, in $\wedge O O = O|$ jedoch nicht.

Wir definieren induktiv über die durch die Produktionengruppe (3) von 6.1 mögliche Herstellung der arithmetischen Ausdrücke:

6.2: *ξ kommt in $s=t$ frei vor* genau dann, wenn ξ in s oder in t vorkommt.[4]

ξ kommt in $\neg\,\alpha$ frei vor genau dann, wenn ξ in α frei vorkommt.

ξ kommt in $(\alpha \wedge \beta)$ frei vor genau dann, wenn ξ in α frei vorkommt oder wenn ξ in β frei vorkommt.

ξ kommt in $\wedge \eta \alpha$ frei vor genau dann, wenn ξ in α frei vorkommt und von η verschieden ist.

---

[4] d.h. wenn ξ in s oder in t an einer Stelle als Teilwort auftritt, wobei unmittelbar rechts kein Strich folgt. Es sei dem Leser empfohlen, auch den Begriff des Vorkommens einer Zahlvariablen in einem Zahlterm, etwa durch eine induktive Definition, zu präzisieren.

Es ist nicht schwer, anstelle von 6.2 eine kalkülmäßige und daher effektivere Definition des freien Vorkommens zu geben. Man kann z.B. das S.-S. $\sum$ durch Hinzunahme eines weiteren, zweistelligen Prädikats *Frei* und geeigneter Produktionen so ergänzen, daß *Frei* $w_1;w_2$ in dem neuen System genau dann ableitbar ist, wenn w_1 eine Zahlvariable und w_2 ein arithmetischer Ausdruck ist und wenn w_1 frei in w_2 vorkommt.

6.3: α sei ein arithmetischer Ausdruck: α heißt eine *arithmetische Aussage* genau dann, wenn in α keine Zahlvariable frei vorkommt.

2. Deutungen. Arithmetische Prädikate

Jedem *arithmetischen Ausdruck* können wir eine *Aussage über natürliche Zahlen* zuordnen, in der den frei vorkommenden Zahlvariablen Zahlparameter entsprechen. Die Aussage kann für gewisse Parameterwerte *wahr*, für andere *falsch* sein. *Arithmetischen Aussagen* entsprechen *parameterfreie* Aussagen über natürliche Zahlen. Diese sind entweder wahr oder falsch *schlechthin*.

Wir wollen diese Zuordnung präzisieren: Für einen arithmetischen Ausdruck α sei *Frei* (α) die Menge der in α frei vorkommenden Zahlvariablen. $\mathfrak{D}$ sei die Menge der Abbildungen *aus* der Menge der Zahlvariablen in $\mathbb{N}$. Wir nennen die Elemente von $\mathfrak{D}$ *Deutungen*. Als Mitteilungszeichen für Deutungen benutzen wir $\delta, \ldots$ Als Mitteilungszeichen für natürliche Zahlen benutzen wir weiterhin $m, n, \ldots$ δ_ξ^n sei diejenige Deutung, die sich von δ höchstens dadurch unterscheidet, daß sie die Zahlvariable ξ auf die natürliche Zahl n abbildet, für die also gilt:

$$Def\ \delta_\xi^n = Def\ \delta \cup \{\xi\}, \quad \delta_\xi^n | (Def\ \delta - \{\xi\}) = \delta | (Def\ \delta - \{\xi\}) \quad \text{und}$$
$$\delta_\xi^n(\xi) = n.$$

Jedem Zahlterm t und jeder Deutung δ mit $Frei\,(t=t) \subset Def\ \delta$ entspricht gemäß der durch δ vollzogenen Deutung der in t vorkommenden Zahlvariablen eine Zahl $n(\delta, t)$, die wir induktiv über die durch die Produktionengruppe (2) von 6.1 mögliche Herstellung der Zahlterme definieren[5]:

6.4: Falls $\xi \in Def\ \delta$, sei $n(\delta, \xi) := \delta(\xi)$.
Falls $Frei(s=t) \subset Def\ \delta$, sei $n(\delta, (s+t)) := n(\delta, s) + n(\delta, t)$ und $n(\delta, (s \times t)) := n(\delta, s) \cdot n(\delta, t)$.

---

[5] Man unterscheide streng zwischen dem Zeichen = der formalen Sprache der Arithmetik und dem metasprachlichen Gleichheitszeichen =, ebenso zwischen + und + usf.

Es folgt:

6.5: Wenn $Frei(t=t) \subset Def\, \delta_1 \cap Def\, \delta_2$ und $\delta_1|Frei(t=t) = \delta_2|Frei(t=t)$, ist $n(\delta_1,t) = n(\delta_2,t)$.

(Der „Wert" eines Zahlterms bei einer Deutung hängt also nur davon ab, wie diese Deutung die *in t frei vorkommenden Zahlvariablen* abbildet.)

Der *Beweis* erfolgt induktiv gemäß der induktiven Definition 6.4: Sei zunächst $t=\xi$ und $\xi \in Def\, \delta_1 \cap Def\, \delta_2$, $\delta_1(\xi) = \delta_2(\xi)$. Dann ist $n(\delta_1,\xi) = \delta_1(\xi) = \delta_2(\xi) = n(\delta_2,\xi)$. Sei dann — im Induktionsschritt — mit $t' := (s+t)$ $Frei(t'=t') \subset Def\, \delta_1 \cap Def\, \delta_2$ und $\delta_1|Frei(t'=t') = \delta_2|Frei(t'=t')$. Dann ist, da $Frei(s=s) \cup Frei(t=t) = Frei(t'=t')$, die Induktionsvoraussetzung auf s, δ_1, δ_2 und t, δ_1, δ_2 anwendbar, und wir erhalten: $n(\delta_1,(s+t)) = n(\delta_1,s) + n(\delta_1,t) = n(\delta_2,s) + n(\delta_2,t) = n(\delta_2,(s+t))$. Genauso verfahren wir im Falle der Multiplikation.

Für arithmetische Ausdrücke α und Deutungen δ mit $Frei(\alpha) \subset Def\, \delta$ erklären wir nun induktiv (wie in 6.2) die Relation *α gilt bei δ*:

6.6: (1) Es sei $Frei(s=t) \subset Def\, \delta$:
$s=t$ gilt bei δ genau dann, wenn $n(\delta,s) = n(\delta,t)$.

(2) Es sei $Frei(\neg\alpha) \subset Def\, \delta$:
$\neg\alpha$ gilt bei δ genau dann, wenn nicht *α gilt bei δ*.

(3) Es sei $Frei((\alpha \wedge \beta)) \subset Def\, \delta$:
$(\alpha \wedge \beta)$ gilt bei δ genau dann, wenn *α gilt bei δ* und *β gilt bei δ*.

(4) Es sei $Frei(\bigwedge \xi \alpha) \subset Def\, \delta$:
$\bigwedge \xi \alpha$ gilt bei δ genau dann, wenn für jedes n *α gilt bei δ_ξ^n*.

Wir bemerken hierzu, daß $Frei(\neg\alpha) = Frei(\alpha)$, $Frei((\alpha \wedge \beta)) = Frei(\alpha) \cup Frei(\beta)$ und $Frei(\bigwedge \xi \alpha) = Frei(\alpha) - \{\xi\}$.

Ähnlich wie 6.5 und gleich einfach läßt sich jetzt beweisen:

6.7: *(Koinzidenzsatz:)* Wenn $Frei(\alpha) \subset Def\, \delta_1 \cap Def\, \delta_2$ und $\delta_1|Frei(\alpha) = \delta_2|Frei(\alpha)$, so *$\alpha$ gilt bei δ_1* genau dann, wenn *α gilt bei δ_2*.

Ob ein arithmetischer Ausdruck α bei einer Deutung δ gilt, hängt also, ähnlich wie bei 6.5, nur davon ab, welche Zahlen δ den *in α frei vorkommenden Zahlvariablen* zuordnet. Bezeichnen wir daher die Deutung mit dem leeren Definitionsbereich mit $\boldsymbol{\delta}$, besagt 6.7 insbesondere:

6.8: α sei eine arithmetische Aussage (d.h. es sei $Frei(\alpha)$ leer). Dann gilt für beliebiges δ:
α gilt bei δ genau dann, wenn *α gilt bei $\boldsymbol{\delta}$*.

Arithmetische Aussagen gelten also bei *allen* Deutungen oder bei *keiner* Deutung. Arithmetische Aussagen der ersten Art nennen wir *wahr*, solche der zweiten Art *falsch*.

Wir teilen im folgenden arithmetische Ausdrücke häufig in der Form $\alpha(\xi_1,\ldots,\xi_m)$ mit, um anzudeuten, daß $\xi_1,\ldots,\xi_m$ *verschiedene Zahlvariablen sind und daß in α genau die Zahlvariablen $\xi_1,\ldots,\xi_m$, und zwar an bestimmten Stellen, frei vorkommen*. Da wir diese Schreibweise nur für solche Ausdrücke verwenden, für die wir vorher eine *explizite Definition* oder eine *effektive Konstruktionsvorschrift* angegeben haben, können wir in diesem Zusammenhang auf eine Präzisierung des *Vorkommens einer Zahlvariablen an einer Stelle* verzichten.

$\alpha(\xi_1,\ldots,\xi_m)$ bestimmt eine *m-stellige Relation* $\mathfrak{R}_{\alpha(\xi_1,\ldots,\xi_m)}$ über $\mathbb{N}$ gemäß

6.9: $\mathfrak{R}_{\alpha(\xi_1,\ldots,\xi_m)}$ trifft zu auf $(n_1,\ldots,n_m)$ genau dann, wenn $\alpha(\xi_1,\ldots,\xi_m)$ *gilt bei* $(\ldots(\delta^{n_i}_{\xi_i})\ldots)^m_{\xi_m}$.

Anstelle von „$\mathfrak{R}_{\alpha(\xi_1,\ldots,\xi_m)}$ trifft zu auf $(n_1,\ldots,n_m)$" werden wir häufig „$\alpha(n_1,\ldots,n_m)$" schreiben.

Einige Beispiele:

6.10: (1) $\alpha(\xi) := \xi = (\xi+\xi)$ bestimmt die einstellige Relation, mit der Null identisch zu sein.
(2) $\alpha(\xi) := \neg\wedge\eta\neg\xi = (\eta+\eta)$ (mit $\xi \not\equiv \eta$) bestimmt die einstellige Relation, eine gerade Zahl zu sein.
(3) $\alpha(\xi_1,\xi_2) := \neg\wedge\eta\neg(\eta+\xi_1) = \xi_2$ (mit $\xi_1 \not\equiv \eta$, $\xi_2 \not\equiv \eta$) bestimmt die $\leq$-Relation.

Zum *Beweis* von 6.10(3) etwa betrachte man das erste und das letzte Glied der folgenden Kette äquivalenter Aussagen (deren Äquivalenz wesentlich auf 6.6 beruht):

(a) $\alpha(\xi_1,\xi_2)$ *gilt bei* $(\delta^{n_1}_{\xi_1})^{n_2}_{\xi_2}$.
(b) Nicht $\wedge\eta\neg(\eta+\xi_1) = \xi_2$ *gilt bei* $(\delta^{n_1}_{\xi_1})^{n_2}_{\xi_2}$.
(c) Nicht für alle m: $\neg(\eta+\xi_1) = \xi_2$ *gilt bei* $((\delta^{n_1}_{\xi_1})^{n_2}_{\xi_2})^m_\eta$.
(d) Nicht für alle m: nicht $(\eta+\xi_1) = \xi_2$ *gilt bei* $((\delta^{n_1}_{\xi_1})^{n_2}_{\xi_2})^m_\eta$.
(e) Es gibt ein m: $(\eta+\xi_1) = \xi_2$ *gilt bei* $((\delta^{n_1}_{\xi_1})^{n_2}_{\xi_2})^m_\eta$.
(f) Es gibt ein m mit $m + n_1 = n_2$.
(g) $n_1 \leq n_2$.

Abschließend treffen wir noch einige Konventionen:

6.11: (a) $(\alpha \vee \beta)$ stehe für $\neg(\neg\alpha \wedge \neg\beta)$.
(b) $(\alpha \rightarrow \beta)$ stehe für $(\neg\alpha \vee \beta)$.
(c) $\vee\xi\alpha$ stehe für $\neg\wedge\xi\neg\alpha$.

Es folgt:

6.12: (a) Es sei $\mathit{Frei}(\alpha) \cup \mathit{Frei}(\beta) \subset \mathit{Def}\,\delta$:
$(\alpha \vee \beta)$ *gilt bei* δ genau dann, wenn α *gilt bei* δ oder β *gilt bei* δ.
$(\alpha \rightarrow \beta)$ *gilt bei* δ genau dann, wenn (wenn α *gilt bei* δ, so β *gilt bei* δ).

(b) Es sei $Frei(\alpha) - \{\xi\} \subset Def\,\delta$:
$\bigvee \xi \alpha$ gilt bei δ genau dann, wenn es ein n gibt, so daß α gilt bei δ^n_ξ.

(Zu 6.12(a) bemerken wir, daß wir *oder* im *nicht-ausschließenden* Sinn gebrauchen und *wenn-so* im Sinne der *Philonischen Implikation*: Eine wenn-so-Aussage ist genau dann falsch, wenn die erste Teilaussage wahr und die zweite falsch ist.)

Bei der Mitteilung von Ausdrücken machen wir fortan von den folgenden Konventionen zur *Klammerersparnis* Gebrauch:

(a) Wir lassen *Außenklammern* von Ausdrücken häufig fort.
(b) Bei *iterierten Konjunktionen* $\alpha_1 \wedge \cdots \wedge \alpha_n$ und bei *iterierten Alternationen* $\alpha_1 \vee \cdots \vee \alpha_n$ vereinbaren wir *Linksklammerung*.
(c) Bei *Zahltermen* schließen wir uns den üblichen Klammerersparnisregeln für die Addition und die Multiplikation an.

3. Eine Übersicht

Das Ziel unserer Untersuchungen ist

6.13 Satz: *Die Menge der wahren arithmetischen Aussagen ist nicht aufzählbar.*

Mit 2.3 folgt als Korollar:

6.14 Satz von der Unentscheidbarkeit der Arithmetik: *Die Menge der wahren arithmetischen Aussagen ist nicht entscheidbar.*

Anstelle der *wahren* Aussagen der Arithmetik kann man auch diejenigen Aussagen betrachten, die aus einem naheliegenden Axiomensystem für die natürlichen Zahlen im Rahmen der sog. *Prädikatenlogik der ersten Stufe folgen*. Besteht das Axiomensystem z. B. aus dem *Peanoschen Axiomensystem*, bei dem das *Induktionsaxiom*, das sich in dieser Sprache nicht formulieren läßt, aufgelöst ist in ein *Schema* von Ausdrücken der Gestalt

$$\wedge \eta_1 \ldots \wedge \eta_n ((\alpha(0,\eta_1,\ldots,\eta_n) \wedge \wedge \xi(\alpha(\xi,\eta_1,\ldots,\eta_n) \to \alpha(\xi+1,\eta_1,\ldots,\eta_n)))$$
$$\to \wedge \xi \alpha(\xi,\eta_1,\ldots,\eta_n)),$$

und den üblichen rekursiven Definitionsgleichungen für die Addition und die Multiplikation, gilt ein 6.14 entsprechendes Ergebnis, das auf Church [4] zurückgeht. Man spricht in diesem Fall von der sog. *Peano-Arithmetik*. Das Analogon von 6.13 für die Peano-Arithmetik gilt *nicht*. Eine Übersicht über weitere Ergebnisse in diesem Zusammenhang läßt sich Tarski, Mostowski und Robinson [17] entnehmen. 6.14 ist zuerst in Tarski [16] bewiesen worden.

Wir werden zum Nachweis von 6.13 den folgenden Weg einschlagen: Wir gehen aus von dem System Σ in 5.8. Jedem Wort w

über dem Arbeitsalphabet A von Σ ordnen wir effektiv gewisse natürliche Zahlen, sog. *Verschlüsselungen* oder *Schlüsselzahlen* von w, zu. Aus einer Schlüsselzahl von w können wir w effektiv zurückgewinnen. Wir konstruieren dann weiter einen arithmetischen Ausdruck $Nichtabl(\xi)$ mit der folgenden Eigenschaft: $Nichtabl(n)$ genau dann, wenn n Schlüsselzahl eines *nicht* bez. Σ ableitbaren Wortes über A ist. Hieraus gewinnen wir (vgl. 6.49) effektiv arithmetische Aussagen α^n für $n \in \mathbb{N}$, so daß die folgende Äquivalenz gilt:

α^n ist wahr genau dann, wenn n Schlüsselzahl eines *nicht* bzgl. Σ ableitbaren Wortes über A ist.

Die Effektivität aller Konstruktionen läßt dann den folgenden Schluß zu: Wäre die Menge der wahren arithmetischen Aussagen aufzählbar, so auch die Menge der wahren Aussagen unter den α^n und damit die Menge der nicht bzgl. Σ ableitbaren Worte über A. Das aber stünde im Gegensatz zur Unentscheidbarkeit von Σ.

Wir gebrauchen hier und im folgenden die Begriffe der Aufzählbarkeit und der Entscheidbarkeit naiv. Wir möchten jedoch betonen, daß alle Beweise grundsätzlich – wenn auch mit nicht unerheblichem technischen Aufwand – für die präzisierten Begriffe erbracht werden können. Obwohl wir naiv vorgehen, machen wir wesentlich Gebrauch von der Adäquatheit der Präzisierung des Aufzählbarkeitsbegriffs z.B. durch Smullyan-Systeme: Bei der Verwendung von 5.8 benutzen wir, daß die Menge der nicht bzgl. Σ ableitbaren Worte über A nicht aufzählbar ist; wir nutzen also aus, daß eine im *intuitiven* Sinn aufzählbare Menge *Smullyan*-aufzählbar ist.

Die Durchführung des Beweises von 6.13 erfordert eine Reihe technischer Details, insbesondere ein auf Gödel [8] zurückgehendes Verfahren, das vom sog. *Chinesischen Restsatz* Gebrauch macht. Man nennt unser Vorgehen eine *Arithmetisierung* von Σ. Sie läßt sich völlig analog für jedes Smullyan-System durchführen. Derartige Arithmetisierungen – auch in anderen Bereichen – sind ein oft benutztes Hilfsmittel bei berechenbarkeitstheoretischen Fragestellungen.

4. Einfache arithmetische Relationen und Paarfunktionen

Wir definieren zunächst *Zahlausdrücke* $Z^n(\xi)$ für $n \geq 0$:

6.15: (a) $Z^0(\xi) := \xi + \xi = \xi$;
(b) $Z^1(\xi) := \xi \times \xi = \xi \wedge \neg Z^0(\xi)$;
(c) $Z^{n+1}(\xi) := \vee \eta_1 \vee \eta_2 (Z^n(\eta_1) \wedge Z^1(\eta_2) \wedge \xi = \eta_1 + \eta_2)$ $\quad (n \geq 1)$.

Hierbei seien η_1 und η_2 die auf ξ folgenden Zahlvariablen. („Folgend" sei im Sinne der durch die Länge der Zahlvariablen induzierten Ordnung gemeint.)

Wir erhalten:

6.16: $Z^n(m)$ genau dann, wenn $m=n$.
Der Beweis ist trivial für $n=0$ und wird für $n\geq 1$ durch Induktion über n bewiesen. Man geht dabei unter Benutzung von 6.6 ähnlich vor wie beim Beweis von 6.10(3).
Weiter gilt:

6.17: Der arithmetische Ausdruck $Z^n(\xi)$ enthält mindestens n Buchstaben.
In 6.15(a)–(c) handelt es sich jeweils um *Definitionsschemata*, da die $Z^n(\xi)$ für *jede* Zahlvariable ξ definiert werden. Wir wollen vereinbaren, daß in allen folgenden Definitionsschemata dieser Art mit dem *Definiendum* $\alpha(\xi_1,...,\xi_m)$ die im *Definiens* zusätzlich auftretenden (metasprachlichen) Variablen für Zahlvariablen, soweit sie *typographisch verschieden* sind, wie auch die $\xi_1,...,\xi_m$ für *verschiedene* Zahlvariablen stehen, und zwar – in der Reihenfolge ihres Auftretens – für die auf die längste Zahlvariable unter den $\xi_1,...,\xi_m$ folgenden Zahlvariablen.
Es sei

6.18: $Kl(\xi_1,\xi_2) := \vee \eta (\neg Z^0(\eta) \wedge \xi_1 + \eta = \xi_2)$.
Wir erhalten:

6.19: $Kl(n_1,n_2)$ genau dann, wenn $n_1 < n_2$.
Der *Beweis* ergibt sich mit der folgenden Kette äquivalenter Aussagen:
(1) $Kl(\xi_1,\xi_2)$ gilt bei $(\delta_{\xi_1}^{n_1})_{\xi_2}^{n_2}$.
(2) Es gibt ein m: $\neg Z^0(\eta) \wedge \xi_1 + \eta = \xi_2$ gilt bei $((\delta_{\xi_1}^{n_1})_{\xi_2}^{n_2})_\eta^m$.
(3) Es gibt ein m mit $m \neq 0$ und $n_1 + m = n_2$.
(4) $n_1 < n_2$.

Wir machen fortan wesentlich Gebrauch von *Paarfunktionen* σ_2, σ_{21} und σ_{22}: σ_2 bildet $\mathbb{N} \times \mathbb{N}$ eineindeutig auf $\mathbb{N}$ ab, und σ_{21} und σ_{22} sind die Umkehrfunktionen von σ_2; es gilt also:

$$\sigma_2(\sigma_{21}(n), \sigma_{22}(n)) = n;$$
$$\sigma_{2i}(\sigma(n_1,n_2)) = n_i \quad (i=1,2).$$

Anders, als dies in TMbF II, § 3. Nr. 9. geschehen ist, setzen wir

6.20: (a) $\sigma_2(n_1,n_2) := n_1 + \frac{1}{2}(n_1+n_2)(n_1+n_2+1)$;
(b) $\sigma_{21}(n) := n - \frac{1}{2}[\sqrt{2n+\frac{1}{4}} - \frac{1}{2}]([\sqrt{2n+\frac{1}{4}} - \frac{1}{2}] + 1)$;
(c) $\sigma_{22}(n) := [\sqrt{2n+\frac{1}{4}} - \frac{1}{2}] - \sigma_{21}(n)$.
Hierbei sei für reelles ρ $[\rho]$ die größte ganze Zahl $\leq \rho$.

Wenn man berücksichtigt, daß $\sigma_2(n_1,n_2) = n_1 + \sum_{i=1}^{n_1+n_2} i$ und daß mit $\sigma_2(n_1,n_2) = n$ gilt:

$$n_1 + n_2 = \lfloor\sqrt{2n - 2n_1 + \tfrac{1}{4}} - \tfrac{1}{2}\rfloor = [\lfloor\sqrt{2n + \tfrac{1}{4}} - \tfrac{1}{2}\rfloor],$$

lassen sich die Paarfunktionseigenschaften elementar bestätigen. Wir stellen weiter fest, daß $[\lfloor\sqrt{2n + \tfrac{1}{4}} - \tfrac{1}{2}\rfloor]$ die größte natürliche Zahl p ist, für die $p^2 + p \leq 2n$. Das führt mit

6.21: $Wu(\xi_1, \xi_2) := \vee \eta_1 \vee \eta_2 (\eta_1 = \xi_1 + \xi_1 \wedge \eta_2 = \xi_2 \times \xi_2 + \xi_2 \wedge$
$\wedge \neg Kl(\eta_1, \eta_2) \wedge \wedge \eta_3 \wedge \eta_4((Kl(\xi_2, \eta_3) \wedge \eta_4 = \eta_3 \times \eta_3 + \eta_3) \rightarrow Kl(\eta_1, \eta_4)))$

zu

6.22: $Wu(n_1, n_2)$ genau dann, wenn $[\lfloor\sqrt{2n_1 + \tfrac{1}{4}} - \tfrac{1}{2}\rfloor] = n_2$.

Der exakte Beweis kann hier – wie auch in folgenden, ähnlichen Behauptungen – analog zum Beweis von 6.19 geführt werden. Wir glauben, daß durch die bislang angeführten Beispiele die Beweismethode so klar geworden ist, daß wir auf eine Durchführung fortan verzichten können. Als ein heuristisches Hilfsmittel empfiehlt es sich, die formalen Definitionen „inhaltlich" zu lesen, also für $+$ *plus*, für $\neg$ *nicht*, für *Kl kleiner als*, für $Z^n(\xi)$ $\xi = n$ usf. zu sagen.

Wir definieren nun Ausdrucksschemata, die die durch die Gleichungen $\sigma_2(n_1, n_2) = n_3$, $\sigma_{21}(n_1) = n_2$ und $\sigma_{22}(n_1) = n_2$ induzierten Relationen bestimmen:

6.23: (a) $Sigma_2(\xi_1, \xi_2, \xi_3) :=$
$\vee \eta_1 \vee \eta_2 (Z^1(\eta_1) \wedge \eta_2 + \eta_2 = (\xi_1 + \xi_2) \times (\xi_1 + \xi_2 + \eta_1) \wedge \xi_3 = \xi_1 + \eta_2).$
  (b) $Sigma_{21}(\xi_1, \xi_2) :=$
$\vee \eta_1 \vee \eta_2 (Z^1(\eta_1) \wedge Wu(\xi_1, \eta_2) \wedge \xi_2 + \xi_2 + \eta_2 \times (\eta_2 + \eta_1) = \xi_1 + \xi_1).$
  (c) $Sigma_{22}(\xi_1, \xi_2) :=$
$\vee \eta_1 \vee \eta_2 (Wu(\xi_1, \eta_1) \wedge Sigma_{21}(\xi_1, \eta_2) \wedge \xi_2 + \eta_2 = \eta_1).$

Mit 6.20 und 6.22 läßt sich nun bestätigen, daß

6.24: (a) $Sigma_2(n_1, n_2, n_3)$ genau dann, wenn $\sigma_2(n_1, n_2) = n_3$,
  (b) $Sigma_{21}(n_1, n_2)$ genau dann, wenn $\sigma_{21}(n_1) = n_2$,
  (c) $Sigma_{22}(n_1, n_2)$ genau dann, wenn $\sigma_{22}(n_1) = n_2$.

5. Verschlüsselung von endlichen Folgen natürlicher Zahlen

Als letztes arithmetisches Hilfsmittel benötigen wir Verschlüsselungen endlicher Folgen natürlicher Zahlen. Jeder solchen Folge $n_0, \ldots, n_{m-1}$ werden wir eine unendliche aufzählbare Menge natürlicher Zahlen zuordnen, die die für uns wesentliche Eigenschaft besitzen, daß wir aus jeder von ihnen *auf effektive Weise* die Folge $n_0,...,n_{m-1}$ zurückgewinnen können. Wir nennen diese Zahlen *Schlüsselzahlen* von $n_0,...,n_{m-1}$.

Wir definieren:

6.25: p ist eine *Schlüsselzahl* der Folge $n_0,...,n_{m-1}$ genau dann, wenn es ein k gibt mit

$$p = \sigma_2(\sigma_2(...\sigma_2(\sigma_2(k,n_{m-1}),n_{m-2})...,n_0),m).$$

Aus einer ihrer Schlüsselzahlen p können wir die Folge $n_0,...,n_{m-1}$ folgendermaßen zurückgewinnen: Zunächst liefert $\sigma_{22}(p)$ die Folgenlänge m, und die Zahlen $\sigma_{22}(\sigma_{21}^{i+1}(p))$ mit $i=0,..., m-1$ liefern dann der Reihe nach die Folgenglieder $n_0,...,n_{m-1}$.[6] Da die Werte von Paarfunktionen *effektiv* ausgerechnet werden können, ist auch die Zurückgewinnung *effektiv* möglich. Zugleich ergibt sich, daß eine Zahl Schlüsselzahl *genau einer* endlichen Folge natürlicher Zahlen ist. Insbesondere sind die Zahlen der Gestalt $\sigma_2(k,0)$ die Schlüsselzahlen der leeren Folge.

Definieren wir nun zweistellige Funktionen f^* und f von $\mathbb{N} \times \mathbb{N}$ in $\mathbb{N}$ gemäß

6.26: (a) $f^*(n_1,0) := \sigma_{21}(n_1)$;
$f^*(n_1,n_2+1) := \sigma_{21}(f^*(n_1,n_2))$;
(b) $f(n_1,n_2) := \sigma_{22}(f^*(n_1,n_2))$,

so wird $f(n,i) = \sigma_{22}(\sigma_{21}^{i+1}(n))$ für $i \geq 0$. Ist demnach p eine Schlüsselzahl der Folge $n_0,...,n_{m-1}$, so liefert $\sigma_{22}(p)$ deren Länge und $f(p,i)$ für $i = 0,..., \sigma_{22}(p) - 1$ deren Glieder in wachsender Reihenfolge.

Im Anhang zu diesem Paragraphen werden wir effektiv ein Ausdrucksschema $F^*(\xi_1,\xi_2,\xi_3)$ angeben, für das

6.27: $F^*(n_1,n_2,n_3)$ genau dann, wenn $f^*(n_1,n_2) = n_3$.

Setzen wir schließlich

6.28 $F(\xi_1,\xi_2,\xi_3) := \vee \eta (F^*(\xi_1,\xi_2,\eta) \wedge Sigma_{22}(\eta,\xi_3))$,

so erhalten wir:

6.29: $F(n_1,n_2,n_3)$ genau dann, wenn $f(n_1,n_2) = n_3$.

Bis auf die Konstruktion von $F^*(\xi_1,\xi_2,\xi_3)$ haben wir jetzt die Hilfsmittel bereitgestellt, die zur Arithmetisierung von Σ ausreichen. Wir verlagern die etwas aufwendige Definition von $F^*(\xi_1,\xi_2,\xi_3)$ in den Anhang, um den Gang des Beweises nicht zu lange zu unterbrechen.

---

[6] f sei eine Funktion. Die n-te Iterierte von f sei definiert durch $f^0 :=$ Identität auf $Def f, f^{n+1} := f \circ f^n$ für $n \geq 0$.

6. Die Arithmetisierung von Σ

Das System Σ operiert über dem Alphabet A. Es sei $A = \{a_1, ..., a_{n_0}\}$. Wir ordnen jedem Wort über $A \cup \{\rightarrow\}$ (solche Worte wollen wir fortan *Pseudoworte* nennen) umkehrbar eindeutig eine Folge natürlicher Zahlen zu, nämlich die Folge der Indizes seiner Buchstaben. Hierbei definieren wir $n_0 + 1$ als den Index von $\rightarrow$. Dem leeren Wort z. B. entspricht die leere Folge, dem Wort $a_1 a_2 a_2$ die Folge 1,2,2. Die *Schlüsselzahlen* eines Pseudowortes seien die Schlüsselzahlen der diesem Pseudowort zugeordneten Zahlenfolge. Wir vermerken, daß jedes Pseudowort unendlich viele Schlüsselzahlen besitzt und

6.30: daß man aus einer Schlüsselzahl eines Pseudowortes das Pseudowort effektiv zurückgewinnen kann.
(Man berücksichtige hierbei, daß sich aus der Schlüsselzahl einer (Zahlen-)Folge die Folge effektiv zurückgewinnen läßt.)
Die Relation, *Schlüsselzahl eines Pseudowortes zu sein*, läßt sich arithmetisieren: Mit

6.31: $Pseudowort(\xi) := \vee \eta_1 \big(Sigma_{22}(\xi, \eta_1) \wedge$
$\wedge \wedge \eta_2 \big(Kl(\eta_2, \eta_1) \rightarrow \vee \eta_3 \big(F(\xi, \eta_2, \eta_3) \wedge (Z^1(\eta_3) \vee \cdots \vee Z^{n_0+1}(\eta_3)) \big) \big) \big)$
erhalten wir:

6.32: *Pseudowort*(n) genau dann, wenn n Schlüsselzahl eines Pseudowortes ist.
Man berücksichtige zum *Beweis*, daß n Schlüsselzahl eines Pseudowortes ist, wenn n Schlüsselzahl einer Folge der Länge $\sigma_{22}(n)$ ist, deren Glieder Elemente von $\{1, ..., n_0 + 1\}$ sind.
Worte über A bezeichnen wir im folgenden einfach als *Worte*. Analog zu 6.31 setzen wir

6.33: $Wort(\xi) := \vee \eta_1 \big(Sigma_{22}(\xi, \eta_1) \wedge$
$\wedge \wedge \eta_2 \big(Kl(\eta_2, \eta_1) \rightarrow \vee \eta_3 \big(F(\xi, \eta_2, \eta_3) \wedge (Z^1(\eta_3) \vee \cdots \vee Z^{n_0}(\eta_3)) \big) \big) \big)$
und erhalten entsprechend:

6.34: *Wort*(n) genau dann, wenn n Schlüsselzahl eines Wortes ist.
Sei weiter $\pi = a_0 \ldots a_{n-1}$ ein Pseudowort; für $j = 0, ..., n-1$ sei m_j der Index von a_j. Wir definieren:

6.35: $Schl_\pi(\xi) := \vee \eta \vee \eta_0 \vee \eta'_0 \ldots \vee \eta_{n-1} \vee \eta'_{n-1} \big(Z^n(\eta) \wedge$
$\wedge Z^0(\eta_0) \wedge Z^{m_0}(\eta'_0) \wedge \ldots \wedge Z^{n-1}(\eta_{n-1}) \wedge Z^{m_{n-1}}(\eta'_{n-1}) \wedge$
$\wedge Sigma_{22}(\xi, \eta) \wedge F(\xi, \eta_0, \eta'_0) \wedge \ldots \wedge F(\xi, \eta_{n-1}, \eta'_{n-1}) \big).$

Leicht ergibt sich:

6.36: $Schl_\pi(n)$ genau dann, wenn n Schlüsselzahl von π ist.
Der Deutlichkeit halber vermerken wir:

$$Schl_\Box(\xi) = \vee \eta \big(Z^0(\eta) \wedge Sigma_{22}(\xi, \eta)\big).$$

Unser nächstes Ziel ist – für $m \geq 2$ – die Konstruktion von Ausdrucksschemata $Verkn_m(\xi_1, ..., \xi_{m+1})$, für die folgendes gilt:

6.37: $Verkn_m(n_1, ..., n_{m+1})$ genau dann, wenn es Pseudoworte $\pi_1, ..., \pi_{m+1}$ gibt, so daß $\pi_{m+1} = \pi_1 ... \pi_m$ und so daß n_i Schlüsselzahl von π_i ist für $i = 1, ..., m+1$.

Wir wenden uns zunächst dem Fall $m=2$ zu: Für Pseudoworte π_1 und π_2 gilt:

6.38: p ist Schlüsselzahl von $\pi_1 \pi_2$ genau dann, wenn es Schlüsselzahlen p_1 von π_1 und p_2 von π_2 gibt mit

(a) $\sigma_{22}(p) = \sigma_{22}(p_1) + \sigma_{22}(p_2)$,
(b) $f(p, i) = f(p_1, i)$ $(0 \leq i \leq \sigma_{22}(p_1) - 1)$,
(c) $f(p, \sigma_{22}(p_1) + i) = f(p_2, i)$ $(0 \leq i \leq \sigma_{22}(p_2) - 1)$.

Daher erhalten wir das Gewünschte mit

6.39: $Verkn_2(\xi_1, \xi_2, \xi_3) :=$
$Pseudowort(\xi_1) \wedge Pseudowort(\xi_2) \wedge Pseudowort(\xi_3) \wedge$
$\wedge \vee \eta_1 \vee \eta_2 \vee \eta_3 (Sigma_{22}(\xi_1, \eta_1) \wedge Sigma_{22}(\xi_2, \eta_2) \wedge Sigma_{22}(\xi_3, \eta_3) \wedge$
$\wedge \eta_1 + \eta_2 = \eta_3 \wedge \wedge \eta_4 (Kl(\eta_4, \eta_1) \rightarrow \vee \eta_5 (F(\xi_1, \eta_4, \eta_5) \wedge F(\xi_3, \eta_4, \eta_5))) \wedge$
$\wedge \wedge \eta_4 (Kl(\eta_4, \eta_2) \rightarrow \vee \eta_5 \vee \eta_6 (\eta_1 + \eta_4 = \eta_6 \wedge F(\xi_2, \eta_4, \eta_5) =$
$= F(\xi_3, \eta_6, \eta_5))))$.

$Verkn_{m+1}(\xi_1, ..., \xi_{m+2})$ führen wir (für $m \geq 2$) auf $Verkn_m(\xi_1, ..., \xi_{m+1})$ zurück gemäß

6.40: $Verkn_{m+1}(\xi_1, ..., \xi_{m+2}) := \vee \eta \big(Verkn_m(\xi_1, ..., \xi_m, \eta) \wedge$
$\wedge Verkn_2(\eta, \xi_{m+1}, \xi_{m+2})\big)$.

Wir gehen jetzt daran, das in der Beweisübersicht erwähnte Ausdrucksschema $Nichtabl(\xi)$ zu konstruieren, das die Relation bestimmt, Schlüsselzahl eines *nicht* in Σ ableitbaren Wortes (über A) zu sein. Hierzu bedarf es zunächst der Charakterisierung der Schlüsselzahlen des Axioms w von Σ und der Schlüsselzahlen von Substituten und von Anwendungsergebnissen des Modus Ponens. Mit

6.41: $Axiom(\xi) := Schl_w(\xi)$
wird gemäß 6.36

6.42: $Axiom(n)$ genau dann, wenn n Schlüsselzahl des Axioms w von Σ ist.

$\pi_1, \ldots, \pi_r$ seien die nicht-atomaren Produktionen von Σ; es sei $i \in \{1, \ldots, r\}$ und (vgl. 5.8(b)) $\pi_i = v_1 w_i v_2 \to v_1 w_i' v_2$. (Die Fälle, in denen v_1 oder v_2 fehlt, werden vollständig analog behandelt.) π_1, π_2, π_3 seien Pseudoworte. π_3 ist Substitut von π_i mit der linken Teilformel π_1 und der rechten Teilformel π_2 genau dann, wenn $\pi_3 = \pi_1 \to \pi_2$ und wenn es Worte w_1, w_2 (über A) gibt, so daß $\pi_1 = w_1 w_i w_2$ und $\pi_2 = w_1 w_i' w_2$. Setzen wir daher

6.43: $Subst_i(\xi_1, \xi_2, \xi_3) :=$
$\vee \eta_1 \vee \eta_2 \vee \eta_3 \vee \eta_4 \vee \eta_5 (Schl_{w_i}(\eta_1) \wedge Schl_\to(\eta_2) \wedge Schl_{w_i'}(\eta_3) \wedge$
$\wedge Wort(\eta_4) \wedge Wort(\eta_5) \wedge Verkn_3(\eta_4, \eta_1, \eta_5, \xi_1) \wedge$
$\wedge Verkn_3(\eta_4, \eta_3, \eta_5, \xi_2) \wedge Verkn_3(\xi_1, \eta_2, \xi_2, \xi_3))$,

erhalten wir:

6.44: $Subst_i(n_1, n_2, n_3)$ genau dann, wenn es Pseudoworte π_1, π_2, π_3 gibt, so daß n_1, n_2 bzw. n_3 Schlüsselzahlen von π_1, π_2 bzw. π_3 sind und so daß $\pi_3 = \pi_1 \to \pi_2$ und π_3 ein Substitut von π_i ist.

Ableitungen bez. Σ sind gewisse nicht leere, endliche Folgen von Pseudoworten. Wir ordnen allgemein endlichen Folgen von Pseudoworten *Schlüsselzahlen* zu: p sei eine Schlüsselzahl der Folge $\pi_0, \ldots, \pi_{m-1}$ von Pseudoworten genau dann, wenn es Schlüsselzahlen $p_0, \ldots p_{m-2}$ bzw. p_{m-1} von $\pi_0, \ldots, \pi_{m-2}$ bzw. π_{m-1} gibt, so daß p Schlüsselzahl der Folge $p_0, \ldots, p_{m-1}$ ist. (Eine Folge von Pseudoworten besitzt unendlich viele Schlüsselzahlen, und aus jeder ihrer Schlüsselzahlen läßt sich die Folge effektiv zurückgewinnen.)

Offensichtlich ist p Schlüsselzahl einer Ableitung bez. Σ genau dann, wenn folgendes gilt:

p ist nicht Schlüsselzahl der leeren Folge (d.h. $\sigma_{22}(p) \neq 0$); jedes Glied p_i der durch p verschlüsselten Zahlenfolge ist Schlüsselzahl eines Pseudowortes π_i;
π_i ist identisch mit dem Axiom w von Σ oder ein Substitut eines der π_j oder Anwendungsergebnis des Modus Ponens auf Pseudoworte π_k, π_l, die p_i *vorangehenden* Gliedern p_k, p_l entsprechen. Im letzten Fall ist (o.B.d.A.) π_k ein Substitut $\alpha \to \beta$ eines der $\pi_j, \pi_l = \alpha$ und $\pi_i = \beta$.

Setzen wir daher

6.45: $Ableitung(\xi) := \vee \eta_1 (Sigma_{22}(\xi, \eta_1) \wedge \neg Z^0(\eta_1) \wedge$
$\wedge \wedge \eta_2 \wedge \eta_3 ((Kl(\eta_2, \eta_1) \wedge F(\xi, \eta_2, \eta_3)) \rightarrow$
$\rightarrow (Axiom(\eta_3) \vee \vee \eta_4 \vee \eta_5 (Subst_1(\eta_4, \eta_5, \eta_3) \vee \cdots \vee Subst_r(\eta_4, \eta_5, \eta_3)) \vee$
$\vee \vee \eta_4 \vee \eta_5 \vee \eta_6 \vee \eta_7 (Kl(\eta_4, \eta_2) \wedge Kl(\eta_5, \eta_2) \wedge F(\xi, \eta_4, \eta_6) \wedge F(\xi, \eta_5, \eta_7) \wedge$
$\wedge (Subst_1(\eta_7, \eta_3, \eta_6) \vee \cdots \vee Subst_r(\eta_7, \eta_3, \eta_6)))))),$
erhalten wir:

6.46: *Ableitung(n)* genau dann, wenn n Schlüsselzahl einer Ableitung bez. Σ ist.

Ein Wort ist genau dann nicht in Σ ableitbar, wenn es nicht letztes Glied einer Ableitung bez. Σ ist. p ist demnach Schlüsselzahl eines nicht bez. Σ ableitbaren Wortes genau dann, wenn p Schlüsselzahl eines Wortes ist und wenn für jedes q, das Schlüsselzahl einer Ableitung bez. Σ ist, gilt: $f(q, \sigma_{22}(q)-1) \neq p$.

Wir setzen nun

6.47: $Nichtabl(\xi) := Wort(\xi) \wedge$
$\wedge \wedge \eta_1 \wedge \eta_2 \wedge \eta_3 \wedge \eta_4 ((Ableitung(\eta_1) \wedge Z^1(\eta_2) \wedge$
$\wedge Sigma_{22}(\eta_1, \eta_3) \wedge \eta_4 + \eta_2 = \eta_3) \rightarrow \neg F(\eta_1, \eta_4, \xi)).$

Mit der vorangehenden Überlegung ergibt sich:

6.48: *Nichtabl(n)* genau dann, wenn n Schlüsselzahl eines nicht in Σ ableitbaren Wortes ist.

Wir können jetzt, wie wir in Nr. 3 angedeutet haben, die arithmetischen Aussagen α^n angeben:

6.49: $\alpha^n := \vee O(Nichtabl(O) \wedge Z^n(O))$ $(n \in \mathbb{N})$.
Es gilt:

6.50: (a) α^n ist wahr genau dann, wenn n Schlüsselzahl eines *nicht* in Σ ableitbaren Wortes ist.
(b) α^n besteht aus mindestens n Buchstaben.
(Zu (b) vgl. man 6.17!)
Wir beweisen darüber hinaus:

6.51: (a) α^n ist bei vorgegebenem n effektiv herstellbar.
(b) $\{\alpha^n : n \in \mathbb{N}\}$ ist entscheidbar bez. der Menge der arithmetischen Aussagen.
(c) Ist $\alpha \in \{\alpha^n : n \in \mathbb{N}\}$, so gibt es genau ein n mit $\alpha = \alpha^n$, und n kann effektiv ermittelt werden.

Beweis: (a) ergibt sich aus der Tatsache, daß wir alle Bestandteile der Aussagen α^n bis auf das Ausdrucksschema $F^*(\xi_1,\xi_2,\xi_3)$ effektiv angegeben haben. Eine effektive Angabe des Schemas $F^*(\xi_1,\xi_2,\xi_3)$ erfolgt im Anhang.

(b) Wir skizzieren ein Entscheidungsverfahren: Vorgegeben sei eine arithmetische Aussage α. Man stelle zunächst die Anzahl m der Buchstaben von α fest. Dann stelle man α^0 effektiv her (das geht nach (a)) und vergleiche α^0 mit α. Ist $\alpha^0=\alpha$, breche man das Verfahren ab, und zwar mit *positivem* Ergebnis. Ist $\alpha^0 \neq \alpha$, stelle man α^1 effektiv her (das geht nach (a)) und verfahre mit α^1 wie mit α^0, usf. Ist schließlich $\alpha^m \neq \alpha$, breche man das Verfahren ab, und zwar mit *negativem* Ergebnis. (Wegen 6.50(b) ist $\alpha^k \neq \alpha$ für $k \geq m+1$!)

(c) Man kann leicht zeigen, daß in einer Konjunktion $(\alpha \wedge \beta)$ arithmetischer Ausdrücke α und β eindeutig bestimmt sind. Ferner gilt nach 6.16: Wenn $Z^n(\xi)=Z^m(\xi)$, so $n=m$. Ist daher $\alpha^n=\alpha^m$, so $(Nichtabl(O) \wedge Z^n(O))=(Nichtabl(O) \wedge Z^m(O))$, also $n=m$. Schließlich liefert das unter (b) skizzierte Verfahren, falls $\alpha \in \{\alpha^n : n \in \mathbb{N}\}$, diejenige Zahl p mit $\alpha=\alpha^p$.

Jetzt können wir 6.13, das Ziel dieses Paragraphen, beweisen. Wir nehmen an, die Menge der wahren arithmetischen Aussagen sei aufzählbar. Nach 6.51(b) können wir bei einer systematischen Aufzählung dieser Menge diejenigen Aussagen, die nicht zu $\{\alpha^n : n \in \mathbb{N}\}$ gehören, eliminieren. Daher ist auch die Menge der wahren Aussagen unter den α^n aufzählbar. Nach 6.51(c) können wir mittels eines Aufzählungsverfahrens für diese Menge ein Aufzählungsverfahren für die Menge $\{n : \alpha^n \text{ ist wahr}\}$ gewinnen. Nach 6.50(a) ist daher die Menge der Schlüsselzahlen der nicht in Σ ableitbaren Worte aufzählbar. Da wir nach 6.30 aus der Schlüsselzahl eines Wortes das Wort effektiv zurückgewinnen können, ist auf Grund der gleichen Schlußweise die Menge der nicht in Σ ableitbaren Worte aufzählbar. Das aber widerspricht 5.8.

Damit ist 6.13 bewiesen bis auf die Angabe des Schemas $F^*(\xi_1,\xi_2,\xi_3)$.

7. Anhang. Das Gödel-Prädikat. Das Schema $F^*(\xi_1,\xi_2,\xi_3)$

Zur Konstruktion des Schemas $F^*(\xi_1,\xi_2,\xi_3)$ verwenden wir ein auf Gödel [8] zurückgehendes Verfahren, das sich des sog. *Chinesischen Restsatzes* bedient: Die Funktion f^* (vgl. 6.26) ist mit Hilfe der Funktion σ_{21}, die wir in 6.23 schon arithmetisch beschrieben haben, *induktiv definiert*: Die Berechnung von $f^*(n,m)$ wird letzten Endes zurückgeführt auf die Berechnung von $f^*(n,0),\ldots,$ $f^*(n,m-1)$. Unsere wesentliche Aufgabe besteht darin, solche

Folgen auf eine geeignete Weise arithmetisch zu charakterisieren. Hierzu definieren wir das folgende Ausdrucksschema, das das sog. *Gödel-Prädikat* bestimmt:

6.52: $G(\xi_1,\xi_2,\xi_3,\xi_4) := \vee \eta_1 \vee \eta_2 \vee \eta_3 (Z^1(\eta_1) \wedge \eta_2 = \eta_1 +$
$+ (\xi_3+\eta_1) \times \xi_2 \wedge Kl(\xi_4,\eta_2) \wedge \xi_1 = (\eta_1+(\xi_3+\eta_1)\times\xi_2)\times\eta_3+\xi_4)$.

Offensichtlich gilt $G(n_1,n_2,n_3,n_4)$ genau dann, wenn $n_4 < 1+(n_3+1)n_2$ und wenn es ein m gibt mit $n_1 = (1+(n_3+1)n_2)m+n_4$, d.h.

6.53: $G(n_1,n_2,n_3,n_4)$ genau dann, wenn n_4 der Rest ist, der bei Division von n_1 durch $1+(n_3+1)n_2$ entsteht.

Das Gödel-Prädikat hat die folgenden wichtigen Eigenschaften:

6.54: (a) Zu n_1,n_2,n_3 gibt es *genau ein* n_4 mit $G(n_1,n_2,n_3,n_4)$.
(b) Ist $k_0,\ldots,k_m$ eine beliebige (nicht leere) endliche Folge natürlicher Zahlen, so gibt es ein n_1 und ein n_2, so daß $G(n_1,n_2,i,k_i)$ für $0 \le i \le m$.

Beweis: (a) ist trivial, da $1+(n_3+1)n_2$ stets größer als Null ist.
(b) $k_0,\ldots,k_m$ sei eine Folge natürlicher Zahlen der Länge $m+1$. Wir setzen

$n_2 := (\text{Max}\{m,k_0,\ldots,k_m\})!$;
$q_i := 1+(i+1)n_2 \quad (0 \le i \le m)$;
$q := \prod_{i=0}^{m} q_i$;

$k_i(n) :=$ Rest von n bei Division durch q_i $(0 \le n < q, 0 \le i \le m)$.

Dann gilt:

6.55: (a) Für $0 \le i,j \le m$ und $i \ne j$ sind q_i und q_j teilerfremd.
(b) Für $n', n'' < q$ und $n' \ne n''$ sind die Restsysteme $k_0(n'),\ldots,k_m(n')$ und $k_0(n''),\ldots,k_m(n'')$ verschieden.

Wir nehmen zunächst an, 6.55 sei bewiesen. Dann gibt es nach 6.55(b) q verschiedene Restsysteme $k_0(n),\ldots,k_m(n)$. Da es genau q Folgen der Länge $m+1$ gibt, deren i-tes Glied kleiner ist als q_i für $0 \le i \le m$, tritt jede solche Folge als Restsystem auf. Da ferner für die Glieder k_i der vorgegebenen Folge $k_0,\ldots,k_m$ stets $k_i \le n_2 < q_i$, ist auch die vorgelegte Folge ein Restsystem. Es gibt daher ein n_1 mit $0 \le n_1 < q$, so daß die k_i die Reste von n_1 bei Division durch q_i sind. Nach 6.53 ist also $G(n_1,n_2,i,k_i)$ für $0 \le i \le m$.

Es bleibt der Beweis von 6.55:

(a) Sei $0 \le i,j \le m$ und p eine Primzahl, die q_i und q_j teilt. p teilt q_i-q_j, also $(i-j)n_2$. Da $q_i \equiv 1$ modulo n_2, kann p nicht n_2 teilen, also teilt p die Zahl $i-j$. Wäre $i \neq j$, also $0 < |i-j|$, so würde p, da $|i-j| \leq m$ ist und da n_2 durch $m!$ teilbar ist, doch n_2 teilen. Das liefert: $i = j$ und damit die Behauptung.

(b) Es sei $0 \leq n'$, $n'' < q$, und die Restsysteme $k_0(n'), \ldots, k_m(n')$ und $k_0(n''), \ldots, k_m(n'')$ seien gleich. Dann teilt jedes q_i die Differenz $n'-n''$. Wegen der Teilerfremdheit der q_i (nach 6.55(a)) teilt auch q die Differenz $n'-n''$. Da $|n'-n''| < q$, ist dann $n'-n'' = 0$, also $n' = n''$, und das war zu zeigen.

Wir setzen nun

6.56: $F^*(\xi_1, \xi_2, \xi_3) := \vee \eta_1 \vee \eta_2 (\vee \eta_3 \vee \eta_4 (Z^0(\eta_3) \wedge$
$\wedge Sigma_{21}(\xi_1, \eta_4) \wedge G(\eta_1, \eta_2, \eta_3, \eta_4)) \wedge G(\eta_1, \eta_2, \xi_2, \xi_3) \wedge$
$\wedge \wedge \eta_3 \wedge \eta_4 \wedge \eta_5 \wedge \eta_6 ((Kl(\eta_3, \xi_2) \wedge \vee \eta_7 (Z^1(\eta_7) \wedge \eta_4 = \eta_3 + \eta_7) \wedge$
$\wedge G(\eta_1, \eta_2, \eta_3, \eta_5) \wedge G(\eta_1, \eta_2, \eta_4, \eta_6)) \to Sigma_{21}(\eta_5, \eta_6)))$.

Dann sind für beliebige n_1, n_2, n_3 die folgenden Aussagen äquivalent:
(1) $F^*(n_1, n_2, n_3)$.
(2) Es gibt m_1 und m_2 mit folgender Eigenschaft: $G(m_1, m_2, 0, \sigma_{21}(n_1))$ und $G(m_1, m_2, n_2, n_3)$ und für alle m_3, m_4, m_5, m_6: Wenn $m_3 < n_2$ und $m_4 = m_3 + 1$ und $G(m_1, m_2, m_3, m_5)$ und $G(m_1, m_2, m_4, m_6)$, so $m_6 = \sigma_{21}(m_5)$.
(3) Es gibt m_1 und m_2 mit folgender Eigenschaft: $G(m_1, m_2, 0, \sigma_{21}(n_1))$ und $G(m_1, m_2, n_2, n_3)$ und für alle m_3, m_4, m_5: Wenn $m_3 < n_2$ und $G(m_1, m_2, m_3, m_4)$ und $G(m_1, m_2, m_3 + 1, m_5)$, so $m_5 = \sigma_{21}(m_4)$.

Auf Grund von 6.54(a) können wir in der Äquivalenzkette fortfahren:
(4) Es gibt m_1 und m_2 mit folgender Eigenschaft: $G(m_1, m_2, 0, \sigma_{21}(n_1))$ und $G(m_1, m_2, n_2, n_3)$ und für alle m_3, m_4: Wenn $m_3 < n_2$ und $G(m_1, m_2, m_3, m_4)$, so $G(m_1, m_2, m_3 + 1, \sigma_{21}(m_4))$.

6.27 folgt jetzt mit dieser Äquivalenzkette aus

6.57: (4) genau dann, wenn $f^*(n_1, n_2) = n_3$.

Zum *Beweis* von 6.57: Es gelte zunächst (4). Mit geeigneten Zahlen m_1 und m_2 haben wir dann:
(a) $G(m_1, m_2, 0, \sigma_{21}(n_1))$;
(b) $G(m_1, m_2, n_2, n_3)$;
(c) für alle m_3, m_4: Wenn $m_3 < n_2$ und $G(m_1, m_2, m_3, m_4)$, so $G(m_1, m_2, m_3 + 1, \sigma_{21}(m_4))$.

(a) und (c) liefern mit Induktion über m_3:
(d) $G(m_1, m_2, m_3, \sigma_{21}^{m_3+1}(n_1))$ für alle $m_3 \leq n_2$;
insbesondere folgt:
(e) $G(m_1, m_2, n_2, \sigma_{21}^{n_2+1}(n_1))$.

Mit (b) und 6.54(a) erhalten wir weiter:
(f) $n_3 = \sigma_{21}^{n_2+1}(n_1)$

Mit der Definition von f^* (vgl. 6.26(a)) und (f) bekommen wir schließlich das gewünschte Resultat
(g) $f^*(n_1, n_2) = n_3$.

Sei nun umgekehrt $f^*(n_1, n_2) = n_3$. Wir betrachten die Folge $f^*(n_1, 0), f^*(n_1, 1), \ldots, f^*(n_1, n_2)$. Nach 6.54(b) gibt es Zahlen m_1 und m_2, so daß

$$G(m_1, m_2, i, f^*(n_1, i)) \quad \text{für} \quad 0 \le i \le n_2.$$

Da $f^*(n_1, i+1) = \sigma_{21}(f^*(n_1, i))$ für $i \ge 0$, gibt es Zahlen m_1 und m_2 mit folgender Eigenschaft:

$G(m_1, m_2, 0, f^*(n_1, 0))$,

$G(m_1, m_2, n_2, f^*(n_1, n_2))$, und

für alle m_3, m_4: Wenn $m_3 < n_2$ und $G(m_1, m_2, m_3, m_4)$, so $G(m_1, m_2, m_3 + 1, \sigma_{21}(m_4))$.

Berücksichtigen wir, daß $f^*(n_1, 0) = \sigma_{21}(n_1)$ und daß $f^*(n_1, n_2) = n_3$, so haben wir damit gerade (4).

Literatur

1. Brauer, W., Indermark K.: Algorithmen, rekursive Funktionen und formale Sprachen. Mannheim-Zürich: Bibliographisches Institut 1969.
2. Chomsky, N.: Formal Properties of Grammars. In: R.D. Luce, R.R. Bush und E. Galanter (Ed.), Handbook of Mathematical Psychology, Vo. II. pp. 323—418. New York-London: Wiley 1963.
3. — Miller, G.A.: Introduction to the Formal Analysis of Natural Languages. Ibid., pp. 269—321.
4. Church, A.: A Note on the Entscheidungsproblem. J. Symb. Logic 1, 40—41 und 101—102 (1936).
5. Davis, M.: Computability and Unsolvability. New York-Toronto-London: McGraw-Hill 1958.
6. Gerhardt, C.I.: Die philosophischen Schriften von Gottfried Wilhelm Leibnitz. Vol. I. Berlin 1875.
7. Gödel, K.: Die Vollständigkeit der Axiome des logischen Funktionenkalküls. Monatsh. Math. Phys. **37**, 349—360 (1930).
8. — Über formal unentscheidbare Sätze der Principia Mathematica und verwandter Systeme I. Ibid. **38**, 173—198 (1931).
9. Hermes, H.: Aufzählbarkeit, Entscheidbarkeit, Berechenbarkeit. Berlin-Göttingen-Heidelberg: Springer 1961.
10. Kleene, S.C.: Recursive Predicates and Quantifiers. Transact. Amer. Math. Soc. **53**, 41—73 (1943).
11. Lorenzen, P.: Einführung in die operative Logik und Mathematik. Berlin-Göttingen-Heidelberg: Springer 1955.

12. Post, E. L.: Formal Reductions of the General Combinatorial Decision Problem. Amer. J. Math. **65**, 197—215 (1943).
13. — Recursively Enumerable Sets of Positive Integers and Their Decision Problems. Bull. Amer. Math. Soc. **50**, 284—316 (1944).
14. Rogers, H.: Theory of Recursive Functions and Effective Computability. New York-St. Louis: McGraw-Hill 1967.
15. Smullyan, R. M.: Theory of Formal Systems. Princeton 1961. 2. rev. Auflage: Princeton: Princeton University Press 1968.
16. Tarski, A.: Der Wahrheitsbegriff in den formalisierten Sprachen. Studia Philosophica **1**, 261—405 (1936).
17. — Mostowski, A., Robinson, R. M.: Undecidable Theories. Amsterdam: North-Holland Publishing Co. 1953.

Entscheidungsproblem und Dominospiele

H. HERMES

Das Entscheidungsproblem der Prädikatenlogik fragt danach, ob für Klassen von Ausdrücken (Formeln), die durch das Präfix ihrer pränexen Normalform gegeben sind, ein Verfahren existiert, mit dessen Hilfe für jeden Ausdruck einer solchen Klasse entschieden werden kann, ob er erfüllbar ist, oder nicht. Dabei blieb diese Frage für die durch das Präfix $\wedge\vee\wedge$ bestimmte Klasse lange offen. Die (negative) Antwort wurde erst 1962 gegeben. Dabei wurde eine Verbindung zu den Turing-Maschinen hergestellt auf dem Weg über sog. Dominospiele. In diesem Artikel wollen wir (1) eine Übersicht geben über einige Ergebnisse zum Entscheidungsproblem der Prädikatenlogik, (2) verschiedene von Wang herrührende Dominospiele einführen und (3) für eine Vorstufe des $\wedge\vee\wedge$-Falles den Unentscheidbarkeitsbeweis mit Hilfe eines dieser Dominospiele durchführen. Dieses Ergebnis stammt von Büchi; endgültig wurde der $\wedge\vee\wedge$-Fall von Kahr, Moore und Wang erledigt.

§ 1. Zum Entscheidungsproblem der Prädikatenlogik. Teil 1

Im Laufe der letzten hundert Jahre hat man verschiedene formale Sprachen geschaffen. Dazu gehört die *Prädikatenlogik der ersten Stufe*. Diese Sprache besitzt verschiedene Varianten, welche sich durch den Reichtum an Ausdrucksmöglichkeiten unterscheiden. Wenn weder Funktionssymbole noch die Identität zugelassen sind, spricht man von der *engeren Prädikatenlogik der ersten Stufe*. Neben der engeren Prädikatenlogik wird hier noch eine Sprache eine Rolle spielen, in der Funktionssymbole vorkommen, nicht jedoch die Identität. Zum Aufbau dieser Sprachen vgl. § 2.

Ausdrücke sind Zeichenreihen, welche nach den Regeln der Sprache der Prädikatenlogik zusammengesetzt sind (siehe § 2). Für die Logik besonders wichtig ist die Eigenschaft der *Erfüllbarkeit* für Ausdrücke (vgl. § 3). Man kann sich fragen, ob diese Eigenschaft entscheidbar ist (zu den Begriffen Entscheidbarkeit, Aufzählbarkeit, Turing-Maschine usf. vgl. die voranstehenden Artikel über Turing-Maschinen und Aufzählbarkeit).

Es gibt einen Logikkalkül. Dieser besteht aus einem System von Regeln zur Herstellung von Ausdrücken. Ausdrücke, welche mit diesen Regeln herstellbar sind, heißen *ableitbar*. Für jeden Ausdruck α gilt: α ist nicht erfüllbar genau dann, wenn $\neg\alpha$ (d. h. das Negat oder die Verneinung von α) ableitbar ist. Dies zeigt, daß die Menge der nicht erfüllbaren Ausdrücke aufzählbar ist.

Die Frage, ob die Erfüllbarkeit sogar eine entscheidbare Eigenschaft ist, blieb lange offen. Um zu Ergebnissen zu gelangen, hat man sich auf die Betrachtung von Ausdrücken beschränkt, die zu vorgegebenen Ausdrucksklassen gehören. Man hat zeigen können, daß für einige dieser Klassen die Erfüllbarkeit entscheidbar ist. (Hierzu vgl. die zusammenfassende Darstellung von Ackermann: Solvable Cases of the Decision Problem, Amsterdam 1954.)

Für andere Ausdrucksklassen $\mathfrak{A}$ hat man gezeigt, daß sie sog. *Reduktionsklassen* sind. Dies bedeutet, daß man die Entscheidung über die Erfüllbarkeit für *beliebige* Ausdrücke der engeren Prädikatenlogik der ersten Stufe auf die Entscheidung über die Erfüllbarkeit für Ausdrücke aus $\mathfrak{A}$ reduzieren kann in folgendem Sinne: Jedem Ausdruck β der engeren Prädikatenlogik läßt sich effektiv ein Ausdruck α aus $\mathfrak{A}$ zuordnen, der genau dann erfüllbar ist, wenn β erfüllbar ist. Könnte man also die Erfüllbarkeit in $\mathfrak{A}$ entscheiden, so auch die Erfüllbarkeit für beliebige Ausdrücke der engeren Prädikatenlogik.

Church hat 1936 gezeigt, daß die Erfüllbarkeit für Ausdrücke der engeren Prädikatenlogik eine unentscheidbare Eigenschaft ist *(„Unlösbarkeit des Entscheidungsproblems für die engere Prädikatenlogik")*. Daraus folgt, daß die Erfüllbarkeit auch für jede Reduktionsklasse unentscheidbar ist.

Mit Hilfe der Theorie der Turing-Maschinen läßt sich ein Beweis für die Unlösbarkeit des Entscheidungsproblems der engeren Prädikatenlogik wie folgt skizzieren: Man kann jeder Turing-Tafel T einen Ausdruck φ_T der engeren Prädikatenlogik effektiv so zuordnen, daß die folgende Äquivalenz gilt:

(1.1) $\begin{cases} M(T) \text{ bleibt, angesetzt auf das leere Band, nach endlich} \\ \text{vielen Schritten stehen} \\ \quad \text{genau dann, wenn} \\ \varphi_T \text{ ist nicht erfüllbar.} \end{cases}$

Könnte man nun die Erfüllbarkeit für Ausdrücke entscheiden, so auch, ob $M(T)$, angesetzt auf das leere Band, nach endlich vielen Schritten stehen bleibt *(Halteproblem)*. Dazu gibt es aber kein Entscheidungsverfahren (vgl. den Artikel über Turing-Maschinen, § 5).

Es könnte sein, daß für jedes T der Ausdruck φ_T in einer vorgegebenen Ausdrucksklasse $\mathfrak{A}$ liegt. Dann ist offenbar das Entscheidungsproblem auch für $\mathfrak{A}$ unlösbar. *Darüber hinaus ist $\mathfrak{A}$ sogar eine Reduktionsklasse.* Dies erkennt man folgendermaßen: Wir haben bereits bemerkt, daß α nicht erfüllbar ist genau dann, wenn $\neg \alpha$ ableitbar ist. Daher kann man eine Turing-Tafel T_0 konstruieren derart, daß $M(T_0)$, angesetzt auf das Negat $\neg \alpha$ eines beliebigen Ausdrucks α, nach endlich vielen Schritten stehen bleibt genau dann, wenn α nicht erfüllbar ist (vgl. Satz 3.6 des vorangehenden Artikels über Aufzählbarkeit). Nun sei T_0^α eine Turing-Tafel, derart daß $M(T_0^\alpha)$, angesetzt auf das leere Band, darauf zunächst $\neg \alpha$ schreibt und sich danach verhält wie T_0, angesetzt auf $\neg \alpha$. Es gilt demnach:

(1.2) $\begin{cases} M(T_0^\alpha) \text{ bleibt, angesetzt auf das leere Band, nach endlich} \\ \text{vielen Schritten stehen} \\ \quad \text{genau dann, wenn} \\ \alpha \text{ ist nicht erfüllbar.} \end{cases}$

Aus (1.1) und (1.2) ergibt sich unmittelbar:

(1.3) $\quad \alpha$ ist erfüllbar genau dann, wenn $\varphi_{T_0^\alpha}$ erfüllbar ist.

$\varphi_{T_0^\alpha}$ gehört nach unserer Annahme zur Ausdrucksklasse $\mathfrak{A}$. Ausgehend von α kann man zunächst T_0^α und dann $\varphi_{T_0^\alpha}$ effektiv finden. Damit ist gezeigt, daß $\mathfrak{A}$ eine Reduktionsklasse ist.

Einen zusammenfassenden Bericht über Reduktionsklassen findet man in Surányi: Reduktionstheorie des Entscheidungsproblems im Prädikatenkalkül der ersten Stufe, Budapest 1959.

In bezug auf das Entscheidungsproblem hat sich das Interesse vor allem auf solche Ausdrucksklassen gerichtet, die sich durch ihren „Präfixtyp" (vgl. § 2) charakterisieren lassen. Darüber berichten wir in § 4, nachdem wir zunächst in § 2 und § 3 einige Definitionen zusammengestellt haben.

§ 2. Ausdrücke, Präfixe, Präfixtypen. Durch solche Typen bestimmte Ausdrucksklassen

Es sollen hier und in § 3 in aller Kürze und gelegentlich nur an Hand von Beispielen einige Grundbegriffe der Prädikatenlogik eingeführt werden. Für vollständigere Darstellungen sei auf Lehrbücher verwiesen, z. B. Hermes [6]; vgl. auch § 6 des vorangehenden Artikels über Aufzählbarkeit. Obwohl uns hier letzten Endes nur die engere Prädikatenlogik interessiert, werden auch Funktionssymbole zugelassen, weil Ausdrücke mit einem Funktionssymbol als Zwischenstufe in einem Beweis auftreten werden (§ 9).

Wir gehen aus von abzählbar vielen *Individuensymbolen*, abzählbar vielen *Prädikatensymbolen* jeder Stellenzahl $k \geq 1$ und abzählbar vielen *Funktionssymbolen* jeder Stellenzahl $k \geq 1$. Als Variablen für Individuensymbole verwenden wir $x, y, x_1, x_2, ...$, als Variablen für Prädikatensymbole $P, Q, A, B, ...$, als Variablen für Funktionssymbole $f, g, ...$ Aus Individuensymbolen und Funktionssymbolen lassen sich unter Berücksichtigung der Stellenzahlen *Terme* aufbauen. $x, fx, gfxy$ sind Beispiele für Terme (mit einstelligem f und zweistelligem g; im letzten Beispiel steht also fx an der ersten Stelle von g). Als Variablen für Terme verwenden wir $t, t_1, t_2, ...$
Ist P k-stellig, so ist $Pt_1 ... t_k$ ein *atomarer Ausdruck*. Aus atomaren Ausdrücken lassen sich kompliziertere *Ausdrücke* aufbauen unter Verwendung von Klammern und der Junktoren $\neg$ (nicht), $\wedge$ (und), $\vee$ (oder), $\rightarrow$ (wenn – so), sowie der Quantoren $\wedge$ (für alle) und $\vee$ (es gibt). Beispiele für Ausdrücke sind (mit einstelligem P und zweistelligem Q): Px, Pfx, Qxy, $\neg Px$, $\wedge x(Px \rightarrow (\neg Pfx \vee Qxy))$, $\neg(\vee xPx \wedge \neg Pfx)$, $\neg \vee x(Px \wedge \neg Pfx)$, $\wedge y \wedge zQzy$. Als Variablen für Ausdrücke verwenden wir $\alpha, \beta, ...$

Ein in einem Ausdruck an einer bestimmten Stelle vorkommendes Individuensymbol ist dort entweder frei oder gebunden. So ist z.B. das Symbol x im Ausdruck $(Px \wedge \wedge xPfx)$ an der ersten Stelle, an der es auftritt, frei, an den beiden folgenden Stellen (durch $\wedge$) gebunden. Ein Ausdruck, in der kein Individuensymbol an irgend einer Stelle frei vorkommt, heißt *abgeschlossen*. Beispiele: $\wedge xPx$, $\vee y \wedge xQxy$.

Die in einem Ausdruck α vorkommenden *freien* Individuensymbole, Prädikatensymbole und Funktionssymbole heißen *die Variablen von* α. $V(\alpha)$ ist die Menge der Variablen von α. Es ist $V((\wedge xQy \vee \vee zQxfz)) = \{x, y, Q, f\}$ (falls x und y verschiedene Symbole sind). α ist genau dann abgeschlossen, wenn kein Individuensymbol Element von $V(\alpha)$ ist. α heißt *ein Ausdruck der engeren Prädikatenlogik*, wenn kein Funktionssymbol Element von $V(\alpha)$ ist.

Zeichenreihen der Gestalt $Q_1 x_1 ... Q_r x_r$, wobei jedes Q_i einer der beiden Quantoren $\wedge, \vee$ ist, heißen *Präfixe*. Auch die leere Zeichenreihe soll ein Präfix heißen. Beispiele für Präfixe sind $\wedge x \vee y \wedge z$, $\vee x \vee x$. Läßt man in einem Präfix die vorkommenden Individuensymbole fort, so erhält man den *Typ* des Präfixes. Die als Beispiele angegebenen Präfixe haben die Typen $\wedge \vee \wedge, \vee \vee$. Zur Abkürzung schreiben wir z.B. $\wedge^2 \vee^2 \wedge^3$ an Stelle von $\wedge \wedge \vee \vee \wedge \wedge \wedge$. Als Variablen für Präfixe verwenden wir $\Pi, \Pi_1, \Pi_2 ...$, als Variabl- für Präfixtypen $\pi, \pi_1, \pi_2, ...$

Zwischen Präfixtypen führen wir eine *Halbordnung* ein durch die Festsetzung, daß $\pi_1 \leq \pi_2$ genau dann, wenn man π_2 aus π_1 erhalten kann, dadurch daß man an geeigneten Stellen in π_1 Quantoren hinzufügt. So ist z.B. $\wedge \vee \wedge \leq \vee^2 \wedge \vee^2 \wedge^3 \vee$, aber nicht $\wedge \vee \wedge \leq \vee \wedge \vee$.

Man verifiziert leicht das

Lemma 2.1: Für jeden Präfixtyp π gilt wenigstens einer der folgenden Fälle:
(1) $\wedge \vee \wedge \leq \pi$,
(2) $\wedge^3 \vee \leq \pi$,
(3) $\pi \leq \vee^r \wedge^s$ (für wenigstens ein $r \geq 0, s \geq 0$),
(4) $\pi \leq \vee^r \wedge^2 \vee^s$ (für wenigstens in $r \geq 0, s \geq 0$).

Ein Ausdruck α heißt eine *pränexe Normalform*, wenn er die Gestalt $\Pi \beta$ hat, wobei β ein Ausdruck ohne Quantoren ist. Beispiele für pränexe Normalformen sind $\wedge x Q x y$, $\vee y \wedge x Q x y$, $\wedge z \vee x (Px \to Qxy)$, Qxy. $\wedge z (\vee x Px \to Qxy)$ ist keine pränexe Normalform (wegen der Klammer an der dritten Stelle).

Einem Präfixtyp π kann man eindeutig zuordnen *die Klasse* $\mathfrak{A}(\pi)$ *aller abgeschlossenen pränexen Ausdrücke der engeren Prädikatenlogik, deren Präfix vom Typ π ist*. Statt „$\mathfrak{A}(\pi)$" schreiben wir auch kurz „π", wenn wegen des Kontextes Verwechslungen nicht möglich sind. Zur Ausdrucksklasse $\wedge \vee$ gehören z.B. die Ausdrücke $\wedge x \vee x Px$, $\wedge x \vee y (Qxy \to Px)$.

§ 3. Erfüllbarkeit von Ausdrücken

Unter einer Interpretation $\mathfrak{J}$ verstehen wir ein geordnetes Paar $\langle B, I \rangle$ mit den folgenden Eigenschaften:
(1) B ist eine nichtleere Menge (welche in diesem Zusammenhang *Individuenbereich* genannt wird),
(2) I ist eine Abbildung, welche für gewisse Individuensymbole, Prädikatensymbole und Funktionssymbole erklärt ist. Dabei wird gefordert:
(2.1) Wenn $I(x)$ erklärt ist, so $I(x) \in B$,
(2.2) Wenn $I(P)$ erklärt ist, so ist $I(P)$ eine Relation zwischen Elementen von B, deren Stellenzahl mit der von P übereinstimmt.
(2.3) Wenn $I(f)$ erklärt und f k-stellig ist, so ist $I(f)$ eine Abbildung von B^k in B.

$\mathfrak{J} = \langle B, I \rangle$ heißt eine *Interpretation von* α, wenn I für jedes Element von $V(\alpha)$ erklärt ist. Durch eine solche Interpretation $\mathfrak{J}$ wird den Variablen von α eine Bedeutung gegeben. Damit hat es einen Sinn zu sagen, daß α *bei* $\mathfrak{J}$ *gilt*. Diese grundlegende Relation läßt sich rekursiv über den Aufbau der Ausdrücke definieren. Wir verzichten hier auf die Definition und begnügen uns mit Beispielen. (Eine exakte Definition für die „arithmetische Sprache" findet man in § 6., Nr. 2 des vorangehenden Artikels über Aufzählbarkeit.) Es sei B gleich der Menge der natürlichen Zahlen. I sei definiert für

x, y, P, Q und f. Es sei $I(x)=0$, $I(y)=2$, $I(P)$ die Eigenschaft, eine Primzahl zu sein, $I(Q)$ die Kleiner-als-Beziehung und $I(f)$ die Quadratfunktion. Wir setzen $\Im = \langle B, I \rangle$. Dann haben wir *bei* $\Im$ (wobei wir voraussetzen, daß x, y, z verschiedene Subjektssymbole sind):

(a) Py gilt (weil 2 eine Primzahl ist),
(b) Px gilt nicht (weil 0 keine Primzahl ist),
(c) $\neg Px$ gilt (weil Px nicht gilt),
(d) $(Py \wedge \neg Px)$ gilt (wegen (a) und (c)),
(e) $\wedge z(Pz \rightarrow Qxz)$ gilt (weil jede Primzahl größer als 0 ist),
(f) $\wedge y(Py \rightarrow Qxy)$ gilt (dies besagt dasselbe wie (e); y ist hier durch $\wedge$ gebunden, sodaß $I(y)$ irrelevant ist),
(g) $\vee x Pfx$ gilt nicht (weil ein Quadrat keine Primzahl ist),
(h) $\wedge x \vee y Qxy$ gilt (weil es zu jeder natürlichen Zahl eine größere gibt).

Ein Ausdruck α heißt *erfüllbar*, wenn es eine Interpretation von α gibt, bei der α gilt. Beispiele gewinnt man aus der vorangehenden Liste. $\vee x Pfx$ gilt bei der oben angegebenen Interpretation nicht. Dennoch ist $\vee x Pfx$ erfüllbar (man suche dazu eine geeignete Interpretation!). $(Px \wedge \neg Px)$ ist nicht erfüllbar.

Die Erfüllbarkeit ist ein grundlegender logischer Begriff, mit dem eine Reihe weiterer wesentlicher logischer Begriffe zusammenhängen. So z. B. *folgt der Ausdruck β aus dem Ausdruck α*, wenn der Ausdruck $(\alpha \wedge \neg \beta)$ nicht erfüllbar ist.

Zwei Ausdrücke α und β heißen *äquivalent*, wenn bei jeder Interpretation $\Im$ von α und β entweder beide Ausdrücke gleichzeitig gelten oder beide Ausdrücke gleichzeitig nicht gelten. Äquivalente Ausdrücke α, β sind *erfüllbarkeitsgleich*, d. h. α ist genau dann erfüllbar, wenn β erfüllbar ist.

Man kann zu jedem Ausdruck α effektiv einen erfüllbarkeitsgleichen Ausdruck β *der engeren Prädikatenlogik* finden. Dies leistet die *Skolem*sche Methode der Elimination der Funktionssymbole. Ein charakteristisches Beispiel wird in § 11 behandelt.

Man kann zu jedem Ausdruck α der engeren Prädikatenlogik effektiv einen äquivalenten Ausdruck β der engeren Prädikatenlogik finden, der eine pränexe Normalform ist, So ist z. B. $(\wedge x Px \vee Py)$ äquivalent zu $\wedge x(Px \vee Py)$ und $(\wedge x Px \rightarrow Py)$ äquivalent zu $\vee x(Px \rightarrow Py)$ (x, y seien verschiedene Subjektssymbole).

Man kann zu jedem Ausdruck α einen erfüllbarkeitsgleichen abgeschlossenen Ausdruck β konstruieren, indem man vor α ein Präfix vom Typ $\vee^r$ schreibt, in welchem die in α frei vorkommenden Individuensymbole auftreten. So ist z. B. $(\wedge x Qxy \rightarrow Pz)$ erfüllbarkeitsgleich zu $\vee y \vee z(\wedge x Qxy \rightarrow Pz)$ (x, y, z paarweise verschieden),

Die drei letzten Bemerkungen zeigen, daß man sich für die Diskussion der Frage nach der Entscheidbarkeit auf *abgeschlossene pränexe Ausdrücke der engeren Logik* beschränken kann.

Lemma 3.1: Sei $\pi_1 \leq \pi_2$ (vgl. § 2). Dann kann man jedem Ausdruck $\alpha_1 \in \pi_1$ (zu dieser Bezeichnung vgl. den Schluß von § 2) effektiv einen äquivalenten (also erfüllbarkeitsgleichen) Ausdruck $\alpha_2 \in \pi_2$ zuordnen.

Beweis: Man erhält einen Ausdruck der geforderten Art, indem man in α_1 das Präfix unter Verwendung von Subjektssymbolen, welche in α nicht vorkommen, so vervollständigt, daß ein Präfix vom Typ π_2 entsteht. Die Äquivalenz von α_1 und α_2 beruht auf der Transitivität der Äquivalenz und auf den beiden folgenden elementaren Tatsachen:
(1) Wenn x nicht in α vorkommt, so ist α äquivalent zu $\wedge x\alpha$ und zu $\vee x\alpha$.
(2) Wenn α äquivalent ist zu β, so ist $\wedge x\alpha$ äquivalent zu $\wedge x\beta$ und $\vee x\alpha$ äquivalent zu $\vee x\beta$.

§ 4. Zum Entscheidungsproblem der Prädikatenlogik. Teil 2

Es sollen hier einige Ergebnisse genannt werden, die sich auf die durch ihre Präfixe gekennzeichneten Ausdrucksklassen π beziehen (vgl. das Ende von § 2).

(a) *Lösungen des Entscheidungsproblems.* Bernays und Schönfinkel haben 1928 gezeigt, daß das Entscheidungsproblem für alle Ausdrucksklassen $\vee^r \wedge^s$ ($r \geq 0, s \geq 0$) (siehe (3) in *Lemma* 2.1) lösbar ist, d. h. daß es einen Algorithmus gibt, mit dessen Hilfe man für jeden Ausdruck α jeder dieser Klassen in endlich vielen Schritten entscheiden kann, ob er erfüllbar ist oder nicht. Unabhängig voneinander haben Gödel, Kalmár und Schütte 1932/4 bewiesen, daß das Entscheidungsproblem auch für die Ausdrucksklassen $\vee^r \wedge^2 \vee^s$ ($r \geq 0, s \geq 0$) (siehe (4) in *Lemma* 2.1) lösbar ist.

(b) *Reduktionen des Entscheidungsproblems.* Bereits 1920 hat Skolem nachgewiesen, daß die Vereinigung aller Ausdrucksklassen $\wedge^r \vee^s$ ($r \geq 0, s \geq 0$) eine Reduktionsklasse ist (d. h. daß man zu jedem Ausdruck der engeren Prädikatenlogik effektiv einen erfüllbarkeitsgleichen konstruieren kann, der in einer dieser Klassen $\wedge^r \vee^s$ liegt). Dieses Ergebnis wurde verschärft von Gödel (1933) und später von Surányi (1943). Surányi hat bewiesen, daß sogar $\wedge^3 \vee$ eine Reduktionsklasse ist (siehe (2) in *Lemma* 2.1). Erst nach dem Erscheinen des in § 1 genannten Buches von Surányi wurde ein in gewisser Weise abschließendes Resultat erzielt. Im Jahre 1962 haben Kahr, Moore und Wang bewiesen, daß $\wedge\vee\wedge$ eine Reduktionsklasse ist (siehe (1) in *Lemma 2.1*). Wir gewinnen damit den

Satz 4.1: *Eine Ausdrucksklasse π (d.h. die Klasse der pränexen abgeschlossenen Ausdrücke der engeren Prädikatenlogik, deren Präfix zum Typ π gehört) ist genau dann unentscheidbar (und dann sogar eine Reduktionsklasse), wenn $\wedge\vee\wedge\leq\pi$ oder wenn $\wedge^3\vee\leq\pi$. (Es ist natürlich für jedes π entscheidbar, ob einer dieser Fälle vorliegt.)*

Beweis: (a) Wenn $\wedge\vee\wedge\leq\pi$ oder $\wedge^3\vee\leq\pi$, so kann man nach *Lemma 3.1* zu jedem Ausdruck $\alpha\in\wedge\vee\wedge$ bzw. $\alpha\in\wedge^3\vee$ effektiv einen erfüllbarkeitsgleichen Ausdruck aus π finden. Da $\wedge\vee\wedge$ und $\wedge^3\vee$ Reduktionsklassen sind, muß daher auch π eine Reduktionsklasse sein.

(b) Wenn weder $\wedge\vee\wedge\leq\pi$ noch $\wedge^3\vee\leq\pi$, so ist nach *Lemma 2.1* $\pi\leq\vee^r\wedge^s$ oder $\pi\leq\vee^r\wedge^2\vee^s$ für gewisse r, s. Nach *Lemma 3.1* kann man daher zu jedem Ausdruck $\alpha\in\pi$ effektiv einen erfüllbarkeitsgleichen Ausdruck aus $\vee^r\wedge^s$ bzw. $\vee^r\wedge^2\vee^s$ finden. Für diese Ausdrucksklassen ist aber das Entscheidungsproblem lösbar. Damit kann auch entschieden werden, ob α erfüllbar ist oder nicht. —

Der Beweis des Satzes von Kahr, Moore und Wang verwendet das in § 1 geschilderte Verfahren, jeder Turing-Tafel T eine Formel φ_T effektiv so zuzuordnen, daß (1.1) gilt. Die Konstruktion von φ_T geschieht auf dem Umweg über die Betrachtung eines „Dominoproblems". Es gibt verschiedene Dominoprobleme, das „Eckproblem", das „Diagonalproblem" und das „allgemeine Problem". Die genaue Formulierung findet man in § 5. In [1] (siehe das Literaturverzeichnis) wies Wang nach, daß das Eckproblem unlösbar ist. Durch eine geschickte Anwendung der Skolemschen Methode zur Elimination von Funktionssymbolen zeigte Büchi [2, 3], daß sich aus der Unlösbarkeit des Eckproblems ergibt, daß die Ausdrucksklasse $\vee\wedge\wedge\vee\wedge$ eine Reduktionsklasse ist. ($\vee\wedge\wedge\vee\wedge$ besteht aus den Konjunktionen eines Ausdrucks aus $\vee$ mit einem Ausdruck aus $\wedge\vee\wedge$). Kahr, Moore und Wang bewiesen in [4], daß auch das Diagonalproblem unlösbar ist und folgerten mit dem Verfahren von Büchi hieraus, daß $\wedge\vee\wedge$ eine Reduktionsklasse ist. Die Unlösbarkeit des allgemeinen Dominoproblems wurde von Berger in [5] gezeigt.

Anmerkung: Wir haben an die Spitze unserer Betrachtungen die *Eigenschaft der Erfüllbarkeit* gestellt und sind so auf das *Entscheidungsproblem in bezug auf Erfüllbarkeit* gestoßen. Man könnte auch ausgehen von der *Eigenschaft der Allgemeingültigkeit*. Ein Ausdruck heißt allgemeingültig, wenn er bei jeder Interpretation gilt. Erfüllbarkeit und Allgemeingültigkeit sind verbunden durch den leicht zu verifizierenden

Satz: (1) *α ist erfüllbar genau dann, wenn $\neg \alpha$ nicht allgemeingültig ist.*
(2) *α ist allgemeingültig genau dann, wenn $\neg \alpha$ nicht erfüllbar ist.*

Hieraus folgt sofort, daß auch das Entscheidungsproblem für Allgemeingültigkeit unlösbar ist. Beachtet man ferner, daß $\neg \Pi \alpha$ äquivalent ist zu $\Pi^{-1} \neg \alpha$, wobei das Präfix Π^{-1} aus dem Präfix Π durch Vertauschung von $\wedge$ und $\vee$ entsteht, so kann man aus Satz 4.1 ein Analogon für die Allgemeingültigkeit entnehmen.

In der Literatur über das Entscheidungsproblem wird der Begriff der Erfüllbarkeit vor dem der Allgemeingültigkeit bevorzugt.

Die folgenden Abschnitte enthalten:
(1) Eine Formulierung der verschiedenen Dominoprobleme (§ 5),
(2) einen Beweis für die Unlösbarkeit des Eckproblems (§ 6, 7, 8),
(3) einen Beweis dafür, daß $\vee \wedge \wedge \vee \wedge$ eine Reduktionsklasse ist (§ 9, 10, 12),
(4) Bemerkungen zum Beweis für die Unlösbarkeit des Diagonalproblems und dafür, daß $\wedge \vee \wedge$ eine Reduktionsklasse ist (§ 13).

§ 5. Dominoprobleme

(Dieser Abschnitt setzt keinerlei Vorkenntnisse voraus.) Ein *Domino* ist ein quadratisches Plättchen der Seitenlänge 1 mit folgenden Eigenschaften:
(1) Das Blättchen hat eine *Oberseite* und eine *Unterseite*.
(2) Die Unterseite hat keine besonderen Merkmale.
(3) Die vier Kanten (Seiten) der Oberseite sind (von oben betrachtet im Uhrzeigersinn) gekennzeichnet als *obere, rechte, untere, linke Kante*.
(4) Jede Kante der Oberseite ist mit je einer *Farbe* versehen.
(Maximal treten bei einem Domino vier verschiedene Farben auf; es können aber auch weniger sein.) Die Farbe der oberen Kante heißt *obere Farbe*, usw.

Im folgenden werden Dominos wie in Abb. 1 dargestellt. Dabei hat der dort dargestellte Domino (A) die obere Farbe grün, die rechte Farbe gelb, die untere Farbe rot und die linke Farbe blau.

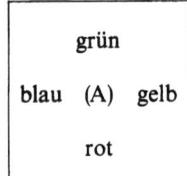 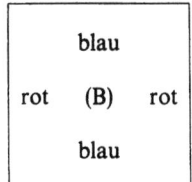 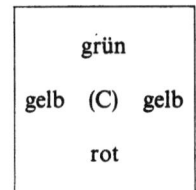

Abb. 1. Beispiele für Dominos

Zwei Dominos heißen *äquivalent*, wenn sie auf entsprechenden Seiten jeweils dieselben Farben tragen. Äquivalente Dominos gehören zum selben *Dominotyp*. Im Folgenden sollen im allgemeinen Dominos und Dominotypen sprachlich nicht unterschieden werden, da sich immer aus dem Zusammenhang ergibt, was gemeint ist.

Dominotypen und Dominos des gleichen Typs kann man mit *Namen* kennzeichnen. Es ist zweckmäßig, sich vorzustellen, daß diese Namen wie in Abb. 1 auf die Mitte der Oberseite des Dominos geschrieben werden.

Ein *allgemeines Dominospiel ist* durch eine nichtleere endliche Menge $\mathfrak{D}$ von Dominotypen gegeben. Auf einer Ebene sei ein Muster gezeichnet, das aus allen Achsenparallelen zu einem Koordinatensystem in ganzzahligen Abständen besteht. Eine *Parkettierung mit* $\mathfrak{D}$ erhält man, wenn man auf jedes Quadrat des Musters einen Domino legt, der zu einem der Typen von $\mathfrak{D}$ gehört. Eine Parkettierung mit $\mathfrak{D}$ heiße *kohärent*, wenn aneinander anstoßende Dominoseiten jeweils in ihren Farben übereinstimmen. Ein Dominospiel $\mathfrak{D}$ heiße *gut*, wenn es eine kohärente Parkettierung mit $\mathfrak{D}$ gibt.

Enthält $\mathfrak{D}$ den Typ (B) (vgl. Abb. 1.), so erhält man eine kohärente Parkettierung, indem man auf jedes Quadrat den Domino (B) legt. $\mathfrak{D}$ ist also gut. Diese Parkettierung ist trivialerweise „periodisch". Es gibt Beispiele für gute Dominospiele $\mathfrak{D}$ derart, daß keine periodischen kohärenten Parkettierungen mit $\mathfrak{D}$ existieren.

Besteht $\mathfrak{D}$ nur aus den Typen (A) und (C) (vgl. Abb. 1.), so gibt es keine kohärente Parkettierung mit $\mathfrak{D}$ (da jeder Domino aus $\mathfrak{D}$ oben grün ist, und es keinen Domino aus $\mathfrak{D}$ gibt, der unten grün ist). $\mathfrak{D}$ ist also nicht gut.

Ein *Eck-Dominospiel* ist gegeben durch eine endliche Menge $\mathfrak{D}$ von Dominotypen und eine nichtleere Teilmenge $\mathfrak{D}^0$ von $\mathfrak{D}$. Eine *Eck-Parkettierung mit* $\mathfrak{D}, \mathfrak{D}^0$ erhält man, wenn man auf jedes Quadrat des *ersten Quadranten* einen Domino legt, der zu einer der Typen von $\mathfrak{D}$ gehört, und insbesondere auf das *Eckquadrat* einen Domino, der zu einem der Typen von $\mathfrak{D}^0$ gehört. Die *Kohärenz* einer Eck-Parkettierung ist wie im allgemeinen Dominospiel erklärt. $\mathfrak{D}, \mathfrak{D}^0$ heiße *gut*, wenn es eine kohärente Eck-Parkettierung mit $\mathfrak{D}, \mathfrak{D}^0$ gibt.

Ein *Diagonal-Dominospiel* ist gegeben durch $\mathfrak{D}, \mathfrak{D}^0$ wie bei einem Eck-Dominospiel. Eine *Diagonal-Parkettierung mit* $\mathfrak{D}, \mathfrak{D}^0$ erhält man, wenn man auf jedes Quadrat des ersten Quadranten einen Domino legt, der zu einem der Typen von $\mathfrak{D}$ gehört, und insbesondere auf jedes Quadrat der *Diagonale* des ersten Quadranten einen Domino, der zu einem der Typen von $\mathfrak{D}^0$ gehört. Die *Kohärenz* einer Diagonal-Parkettierung ist wie im allgemeinen Dominospiel erklärt. $\mathfrak{D}, \mathfrak{D}^0$ heiße *gut*, wenn es eine kohärente Diagonal-Parkettierung mit $\mathfrak{D}, \mathfrak{D}^0$ gibt.

In einzelnen Fällen gelingt die Feststellung, ob ein allgemeines (Eck-, Diagonal-) Dominospiel gut ist. Man kann sich fragen, ob es einen Algorithmus gibt, mit dessen Hilfe für jedes solche Spiel in endlich vielen Schritten entschieden werden kann, ob es gut ist oder nicht. Diese Frage muß verneint werden. Es gilt der

Satz 5.1: *(„Unlösbarkeit der Dominoprobleme"). Die für ein Eck-Dominospiel erklärte Eigenschaft, gut zu sein, ist unentscheidbar* (Wang 1961). *Desgleichen für ein Diagonal-Dominospiel* (Kahr, Moore, Wang 1962). *Desgleichen für ein allgemeines Dominospiel* (Berger 1967).

In jedem Fall führt dieselbe *Beweisidee* zum Ziel. Wir formulieren sie hier für den Fall des Eck-Dominospiels. Es wird jeder Turing-Tafel T effektiv ein Eck-Dominospiel $\mathfrak{D}_T, \mathfrak{D}_T^0$ zugeordnet derart, daß folgende Äquivalenz gilt:

(5.1) $\begin{cases} M(T) \text{ läuft, angesetzt auf das leere Band, unendlich lange} \\ \quad \text{genau dann, wenn} \\ \mathfrak{D}_T, \mathfrak{D}_T^0 \text{ ist gut.} \end{cases}$

Gibt es nun einen Algorithmus, mit dessen Hilfe man für ein beliebiges Eck-Dominospiel entscheiden könnte, ob es gut ist oder nicht, so könnte man vermittels (5.1) auch für eine beliebige Turing-Tafel T entscheiden, ob $M(T)$, angesetzt auf das leere Band, nach endlich vielen Schritten stehen bleibt. Dies ist aber unenscheidbar.

(5.1) werden wir in den §§ 6, 7 und 8 beweisen. $\mathfrak{D}_T, \mathfrak{D}_T^0$ hat die besondere Eigenschaft, daß es höchstens eine kohärente Eck-Parkettierung mit $\mathfrak{D}_T, \mathfrak{D}_T^0$ gibt. Wenn $M(T)$, angesetzt auf das leere Band, unendlich lange läuft, und es deshalb nach (5.1) eine kohärente Eck-Parkettierung mit $\mathfrak{D}_T, \mathfrak{D}_T^0$ gibt, so hängt die k-te Zeile dieser Parkettierung eng mit der k-ten Konfiguration von $M(T)$ zusammen (zum Begriff der Konfiguration vgl. den Artikel über Turing-Maschinen I, § 2).

Betrachtet man an Stelle eines Eck-Dominospiels ein Diagonal-Dominospiel, so gilt das Analogon von (5.1). Der Beweis ist schwerer. In diesem Fall kann man nicht erzwingen, daß es höchstens eine kohärente Diagonal-Parkettierung mit $\mathfrak{D}_T$, $\mathfrak{D}_T^0$ gibt (z. B. erhält man weitere kohärente Diagonal-Parkettierungen, indem man die ersten s Zeilen und s Spalten einer kohärenten Diagonal-Parkettierung wegläßt). Hier besteht ein Zusammenhang zwischen den k-ten Diagonalen (die 0-te Diagonale ist die Hauptdiagonale) und der k-ten Konfiguration. Einiges darüber findet man in § 13.

Am schwersten ist der Beweis des Analogons (5.1) für das allgemeine Dominospiel, da man hier keine geometrisch ausgezeichneten Felder hat, die der Anfangskonfiguration entsprechen.

§ 6. Die Definition des einer Turing-Tafel zugeordneten Eck-Dominospiels $\mathfrak{D}_T$, $\mathfrak{D}_T^0$

Es sei gegeben eine beliebige Turing-Tafel T über dem Alphabet $0, ..., N$ und mit den Zuständen $0, ..., M$. 0 ist der Anfangszustand. $M(T)$ arbeite auf einem einseitig unendlichen Band, dessen Felder durch $0, 1, 2, ...$ gekennzeichnet werden. Eine Zeile von T hat die Gestalt

$$q\,a\,v\,q',$$

wobei q der Ausgangszustand ist, a der Buchstabe auf dem Arbeitsfeld, v das durch q und a vorgeschriebene Verhalten (a' oder r oder l oder s) und q' der Folgezustand. Eine Konfiguration C, bei der auf Feld j der Buchstabe a_j steht ($j=0,1,2,...$), bei der Feld n Arbeitsfeld ist und welcher der Zustand q vorliegt, werde durch

$$C = a_0 ... a_{n-1} a_n^q a_{n+1} ... = a_0 ... a_n^q ...$$

gekennzeichnet. Die Anfangskonfiguration, bei welcher $M(T)$ auf das leere Band angesetzt wird, ist also

(6.0) $$C_0 = 0^0 0 0 0 ...$$

Als *Farben* verwenden wir a, qa, qr, ql, qar, qal (wobei a die Menge $\{0, ..., N\}$ und q die Menge $\{0, ..., M\}$ durchläuft), sowie W („West"), S („Süd"), A („Anfang"), H („horizontal"), Θ („Stop"). Wir führen eine zweistellige von T abhängige *Farbfunktion* Φ ein. Der Definitionsbereich von Φ ist die Menge aller Paare qa. Der Wert Φ_{qa} ist eine Farbe, welche mit Hilfe von T definiert wird durch

125

(6.1) $\Phi_{qa} = \begin{cases} q'a', & \text{wenn} \quad qaa'q' \quad \text{eine Zeile von } T \text{ ist,} \\ q'ar, & \text{wenn} \quad qarq' \quad \text{eine Zeile von } T \text{ ist,} \\ q'al. & \text{wenn} \quad qalq' \quad \text{eine Zeile von } T \text{ ist,} \\ \Theta, & \text{wenn} \quad qasq' \quad \text{eine Zeile von } T \text{ ist.} \end{cases}$

Die Dominotypen, aus welchen $\mathfrak{D}_T$, $\mathfrak{D}_T^0$ bestehen, werden durch Abb. 2 gegeben. Im Zentrum der Quadrate ist jeweils der Name des betr. Dominotyps angegeben. Zu $\mathfrak{D}_T^0$ gehört nur der „Eck-Domino" (E). Berücksichtigt man, daß q die Zahlen $0, ..., M$ und a die Zahlen $0, ..., N$ durchläuft, so sieht man, daß $\mathfrak{D}_T$ $5(N+1)(M+1)+(N+1)+4$ Elemente hat.

Den Beweis für die Aussage (5.1) führen wir in den §§ 7 und 8.

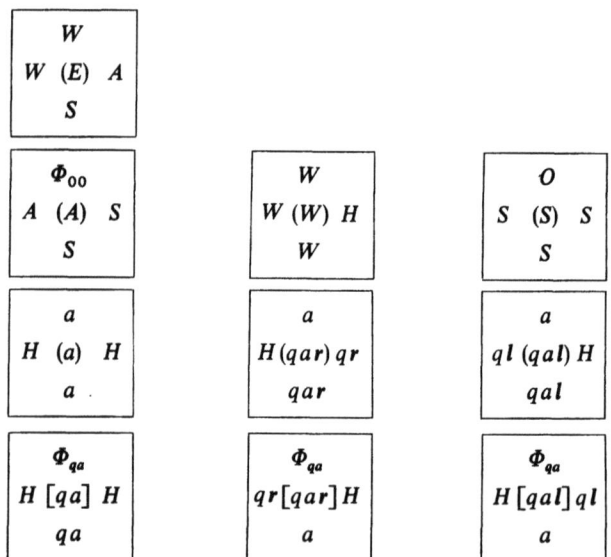

Abb. 2. Der Eck-Domino (E) und die anderen Dominos aus $\mathfrak{D}_T, \mathfrak{D}_T^0$

§ 7. Lemma: Wenn $M(T)$, angesetzt auf das leere Band, unendlich lange läuft, ist das Eck-Dominospiel $\mathfrak{D}_T$, $\mathfrak{D}_T^0$ gut

Beweis: Wir werden eine kohärente (Eck-)Parkettierung streifenweise zusammensetzen. Dazu benennen wir erst einige (horizontale) Streifen. Der Anfangsstreifen S_0 ist gegeben durch

$$S_0 = (E)(A)(S)(S)(S)...$$

Jeder Konfiguration
$$C = a_0 \ldots a_n^q \ldots$$
ordnen wir *drei Streifen* S_{Cd}, S_{Cr}, S_{Cl} zu („*d*" erinnert an „drucken"):

$S_{Cd} = (W)(a_0) \ldots \ldots (a_{n-1})[q a_n](a_{n+1}) \ldots,$
$S_{Cr} = (W)(a_0) \ldots (q a_{n-1} r)[q a_n r](a_{n+1}) \ldots,$
$S_{Cl} = (W)(a_0) \ldots \ldots (a_{n-1})[q a_n l](q a_{n+1} l) \ldots,$

wobei an den nicht angegebenen Stellen Dominos (*a*) mit dem entsprechenden *a* stehen. S_{Cr} ist nur dann definiert, wenn $n \geq 1$ (damit man den Domino $(q a_{n-1} r)$ unterbringen kann).

Betrachten wir S_0. Die rechte Farbe von (*E*) ist *A* und stimmt damit mit der linken Farbe von (*A*) überein. Die rechte Farbe von (*A*) ist gleich der linken Farbe von (*S*), nämlich *S*. Schließlich ist auch die rechte Farbe von (*S*) gleich der linken Farbe von (*S*). S_0 ist also waagerecht kohärent. Man überzeugt sich durch unmittelbare Inspektion davon, daß auch alle Streifen S_{Cd}, S_{Cr} und S_{Cl} waagerecht kohärent sind. Schließlich kann man noch feststellen, daß bei gegebenem *C* die Folgen der *oberen* Farben der Streifen S_{Cd}, S_{Cr} und S_{Cl} untereinander gleich sind, nämlich

(7.1) $\qquad W a_0 \ldots a_{n-1} \Phi_{q a_n} a_{n+1} \ldots$

Nach diesen Vorbereitungen nehmen wir an, daß $M(T)$ unendlich lange läuft. Dann durchläuft diese Maschine eine Folge von Konfigurationen $C_0, C_1, C_2, \ldots$ Für jedes $j \geq 1$ sei $v_j = d$ bzw. *r* bzw. *l*, je nachdem ob für die Zeile $q a v q'$ von *T*, welche für den *Übergang* von C_{j-1} nach C_j verantwortlich ist, gilt: $v = a'$ (für ein $a' \in \{0, \ldots, N\}$) oder $v = r$ oder $v = l$. Wir parkettieren nun den Quadranten streifenweise nach dem folgenden Schema:

$$\begin{array}{|l} \ldots\ldots \\ S_{C_3 v_3} \\ S_{C_2 v_2} \\ S_{C_1 v_1} \\ S_0 \end{array}$$

Wir sind fertig, sobald wir gezeigt haben, daß diese Parkettierung kohärent ist. Es braucht dazu nur noch die vertikale Kohärenz bewiesen zu werden. – Sei

(7.2) $\qquad C_j = a_0 \ldots a_n^q \ldots$

Dann ist die Folge der oberen Farben von $S_{C_j v_j}$ gegeben durch (7.1). Berücksichtigt man, daß die Anfangskonfiguration C_0 durch (6.0) festgelegt ist, so sieht man, daß auch die Folge der oberen Farben des Anfangsstreifens S_0 durch (7.1) gegeben wird (mit $n=0$, $q=0$, $a_j=0$ für jedes j). Man schließt also den Anfangsstreifen in den Beweis für die vertikale Kohärenz mit ein, wenn man zeigt:

(7.3)   *Für jedes* j ($j=0,1,2,...$) *gilt: Die Folge der unteren Farben von* $S_{C_{j+1} v_{j+1}}$ *stimmt mit* (7.1) *überein.*

Um das nachzuweisen, muß man zunächst C_{j+1} bestimmen. Dies hängt von der Zeile $q a_n v q'$ von T ab. Wir behandeln hier nur den Fall $v=l$. Die Fälle $v=r$ und $v=a'$ erledigen sich völlig analog. $v=s$ ist unmöglich, da $M(T)$ nach Voraussetzung unendlich lange läuft.

Wir nehmen also an, daß

$$q a_n l q' \in T.$$

Hieraus gewinnen wir die Aussagen:

(1) $\Phi_{q a_n} = q' a_n l$.
(2) $v_{j+1} = l$.
(3) $n \geq 1$ (sonst bliebe $M(T)$ stehen).
(4) $C_{j+1} = a_0 ... a_{n-1}^{q'} ...$
(5) $S_{C_{j+1} v_{j+1}} = (W)(a_0)...[q' a_{n-1} l](q' a_n l)(a_{n+1})...$
(6)   Die unteren Farben dieses Streifens sind $W a_0 ... a_{n-1}, q' a_n l, a_{n+1}...$.

Berücksichtigt man (1), so sieht man aus (6), daß die unteren Farben von $S_{C_{j+1} v_{j+1}}$ durch (7.1) gegeben werden.

§ 8. Lemma: Wenn das Eck-Dominospiel $\mathfrak{D}_T$, $\mathfrak{D}_T^0$ gut ist, läuft $M(T)$, angesetzt auf das leere Band, unendlich lange

Beweis: Wir nehmen an, daß $\mathfrak{D}_T, \mathfrak{D}_T^0$ gut ist. Dann gibt es eine kohärente Eckparkettierung $\mathfrak{P}$. Es ist für das Folgende bequem, die horizontalen Streifen, aus denen $\mathfrak{P}$ zusammengesetzt ist, durch die Folge $0,1,2,...$ abzuzählen. Der unterste Streifen ist also der 0-te Streifen. Dagegen sollen die Dominos innerhalb jedes Streifens durch die Folge $-1,0,1,2,...$ abgezählt werden. Der am weitesten links liegende Domino jedes Streifens hat also die Nummer -1. Der k-te Domino des j-ten Streifens von $\mathfrak{P}$ sei d_{jk}. $d_{0,-1}$ ist also der Eckdomino von $\mathfrak{P}$.

Wir zeigen nun durch Induktion, daß für jedes $j=0,1,2,...$ gilt:
(1) $M(T)$ macht, angesetzt auf das leere Band, wenigstens j Schritte.
(2) Ist $C_j = a_0 ... a_n^q ...$ die j-te Konfiguration von $M(T)$, so werden die oberen Farben des j-ten Streifens von $\mathfrak{P}$ gegeben durch die Folge $W a_0 ... \Phi_{q a_n} a_{n+1} ...$. $d_{j,-1}$ hat also die obere Farbe W, d_{jn} die obere Farbe $\Phi_{q a_n}$, für $k \neq -1, n$ hat d_{jk} die obere Farbe a_k).

Danach folgt aus (1) unmittelbar, daß $M(T)$ unendlich lange läuft, womit das Lemma bewiesen ist. (2) ist nur eine Hilfsbehauptung. Aus dem Beweis von (2) ergibt sich, daß es außer $\mathfrak{P}$ keine kohärente Parkettierung gibt.

Für $j=0$ ist die Behauptung (1) trivial. (2) folgt so: Da (E) das einzige Element von $\mathfrak{D}_T^0$ ist, hat man $d_{0,-1} = (E)$. (E) hat A als rechte Farbe. Der einzige Domino, der A als linke Farbe hat, ist (A). Also ist $d_{00} = (A)$. Analog erkennt man leicht, daß alle folgenden Dominos des 0-ten Streifens mit (S) übereinstimmen. Der 0-te Streifen ist also $(E)(A)(S)(S)(S)...$; seine oberen Farben sind $W\Phi_{00}000...$ Vergleicht man dies mit der 0-ten Konfiguration $0^0 000...$, so sieht man, daß (2) gilt.

Schluß von j *auf* $j+1$. Die Induktionsvoraussetzung besagt, daß $M(T)$ wenigstens j Schritte macht und daß die oberen Farben des j-ten Streifens von $\mathfrak{P}$ durch die Folge $W a_0 ... \Phi_{q a_n} a_{n+1} ...$ gegeben werden, wobei $C_j = a_0 ... a_n^q ...$ die j-te Konfiguration von $M(T)$ ist.

Für den $(j+1)$-ten Schritt ist die Zeile von T verantwortlich, welche mit $q a_n$ beginnt. Diese sei $q a_n v q'$. Wir behandeln in (a),...,(d) alle Fälle für v und zeigen, daß (1) und (2) für jeden Fall gilt, der mit der Existenz der kohärenten Parkettierung $\mathfrak{P}$ verträglich ist.

(a) $v = s$. Dann ist $\Phi_{q a_n} = \Theta$ nach (6.1). d_{jn} hat also Θ als obere Farbe. $d_{j+1 n}$ müßte Θ als untere Farbe haben. Es gibt aber überhaupt keinen Domino, welcher Θ als untere Farbe hat. *Fall* (a) *kann also nicht vorkommen.*

(b) $v = a'$. Damit ist (1) trivial. Nach dem $(j+1)$-ten Schritt entsteht die Konfiguration $C_{j+1} = a_0 ... a'^{q'} ...$, wobei a' an der Stelle n steht. Zum Nachweis von (2) muß also gezeigt werden, daß die oberen Farben des $(j+1)$-ten Streifens gegeben werden durch die Folge $W a_0 ... \Phi_{q' a'} a_{n+1} ...$

d_{jn} hat nach Induktionsvoraussetzung die obere Farbe $\Phi_{q a_n} = q' a'$. $d_{j+1 n}$ muß also $q' a'$ als untere Farbe haben. Dies bestimmt $d_{j+1 n}$ zu $[q' a']$.

$d_{j+1 n+1}$ hat also die linke Farbe H und als untere Farbe a_{n+1}. Es kommen hierfür nur (a_{n+1}) oder ein Domino der Gestalt $[q^* a_{n+1} l]$

in Frage. Die zweite Möglichkeit wollen wir ausschließen: Wäre nämlich $d_{j+1\,n+1}=[q^*a_{n+1}l]$, so müßte $d_{j+1\,n+2}$ als linke Farbe q^*l und als untere Farbe a_{n+2} haben. Ein solcher Domino existiert aber nicht. Damit ist gezeigt, daß $d_{j+1\,n+1}=(a_{n+1})$. In derselben Weise beweist man sukzessive, daß $d_{j+1\,k}=(a_k)$ für alle $k>n+1$.

Wir gehen nun dazu über, die Dominos $d_{j+1\,k}$ für $k<n$ zu bestimmen. Dazu nehmen wir zunächst an, daß $n>0$, und untersuchen $d_{j+1\,n-1}$. Dieser Domino hat als rechte Farbe die linke Farbe von $d_{j+1\,n}$, also H, und als untere Farbe a_{n-1}. Es kommen (a_{n-1}) oder ein Domino der Gestalt $[q^*ar]$ in Frage. Letzteres ist nicht möglich, da sonst $d_{j+1\,n-2}$ als rechte Farbe q^*r und als untere Farbe a_{n-2} (bzw. W, wenn $n=1$) haben müßte und ein solcher Domino nicht existiert. Also ist $d_{j+1\,n-1}=(a_{n-1})$. $d_{j+1\,n-1}$ hat wie $d_{j+1\,n}$ als linke Farbe H. Man kann daher die Überlegung, die zur Bestimmung von $d_{j+1\,n-1}$ geführt hat, wiederholen, und so sukzessive zeigen, daß $d_{j+1\,k}=(a_k)$ für $k=n-1,...,0$. Schließlich muß $d_{j+1,-1}$ ein Domino sein, der H als rechte und W als untere Farbe hat. Dies leistet nur (W).

Der $(j+1)$-te Streifen ist also $(W)(a_0)...[q'a'](a_{n+1})...$; seine oberen Farben sind $Wa_0...\Phi_{q'a'}a_{n+1}...$, w.z.b.w.

(c) $v=r$. (1) ist trivial. Es entsteht die Konfiguration $C_{j+1}=a_0...a_na^{q'}_{n+1}a_{n+2}...$. Zum Nachweis von (2) muß also gezeigt werden, daß die oberen Farben des $(j+1)$-ten Streifens gegeben werden durch die Folge $Wa_0...a_n\Phi_{q'a_{n+1}}a_{n+2}...$

d_{jn} hat die obere Farbe $\Phi_{qa_n}=q'a_nr$. Dies bestimmt $d_{j+1\,n}$ zu $(q'a_nr)$.

$d_{j+1\,n+1}$ hat also $q'r$ als linke und a_{n+1} als untere Farbe. Es folgt $d_{j+1\,n+1}=[q'a_{n+1}r]$. $d_{j+1\,n+2}$ hat H als linke und a_{n+2} als untere Farbe. Man kann nun schließen wie in (b) und erkennt, daß $d_{j+1\,k}=(a_k)$ für $k\geq n+2$.

$d_{j+1\,n-1}$ hat H als rechte und a_{n-1} bzw. W als untere Farbe. Wie in (b) kann man damit alle $d_{j+1\,k}$ für $k<n$ bestimmen.

Der $(j+1)$-te Streifen ist also $(W)(a_0)...(q'a_{n+1}r](a_{n+2})...$; seine oberen Farben sind $Wa_0...a_n\Phi_{q'a_{n+1}}a_{n+2}...$, w.z.b.w.

(d) $v=l$. d_{jn} hat die obere Farbe $\Phi_{qa_n}=q'a_nl$. Um (1) nachzuweisen, muß man ausschließen, daß $n=0$ (sonst bliebe $M(T)$ stehen wegen „Bandüberschreitung"; (vgl. den Artikel über Turing-Maschinen I, § 2). Für $n=0$ hätte $d_{j+1\,0}$ die untere Farbe $q'a_0l$. Es folgte $d_{j+1\,0}=(q'a_0l)$. Dann hätte $d_{j+1,-1}$ die rechte Farbe $q'l$ und die untere Farbe W. Ein solcher Domino existiert aber nicht. Also ist $n>0$, und es gilt (1). Es entsteht eine neue Konfiguration $C_{j+1}=a_0...a^{q'}_{n-1}a_n...$. Zum Nachweis von (2) muß gezeigt werden, daß die oberen Farben des $(j+1)$-ten Streifens gegeben werden durch die Folge $Wa_0...\Phi_{q'a_{n-1}}a_n...$.

d_{jn} hat, wie bereits bemerkt, die obere Farbe $q'a_n l$. Dies bestimmt $d_{j+1\,n}$ zu $(q'a_n l)$. Dann hat $d_{j+1\,n+1}$ die linke Farbe H und die untere Farbe a_{n+1}. Man schließt nun wie unter (b) und findet, daß $d_{j+1\,k}=(a_k)$ für alle $k \geq n+1$.

Wir wissen, daß $n>1$. $d_{j+1\,n-1}$ hat die rechte Farbe $q'l$ und die untere Farbe a_{n-1}. Es folgt $d_{j+1\,n-1}=[q'a_{n-1}l]$. Dann hat $d_{j+1\,n-2}$ die rechte Farbe H und die untere Farbe a_{n-2} bzw. W. Daraus kann man wie in (b) alle $d_{j+1\,k}$ für $k<n-1$ bestimmen.

Der $(j+1)$-te Streifen ist daher $(W)(a_0)\ldots[q'a_{n-1}l](q'a_n l)a_{n+1}\ldots$; seine oberen Farben sind $Wa_0\ldots \Phi_{q'a_{n-1}a_n}a_{n+1}\ldots$, w.z.b.w.

In Abb. 3 sind die ersten Dominos der kohärenten Parkettierung mittels $\mathfrak{D}_T, \mathfrak{D}_T^0$ für eine Maschine $M(T)$ angedeutet, die nicht stehen bleibt, wenn man sie auf das leere Band ansetzt, und deren Tafel u.a. die Zeilen $00r1, 1012, 21l3, 3014$ enthält. Die den Arbeitsfeldern entsprechenden Dominos sind (A) bzw. Dominos der Gestalt $[qa]$ bzw. $[qar]$ bzw. $[qal]$. Die Dominos der Gestalt (qar) bzw. (qal) dienen zur „Informationsübertragung". Man beachte, daß diese „Informationsübertragung" nur über gemeinsame Dominoseiten hinweg möglich ist.

(W)	[41]	(1)	(0)	(0)
(W)	[30l]	(31l)	(0)	(0)
(W)	(0)	[21]	(0)	(0)
(W)	(10r)	[10r]	(0)	(0)
(E)	(A)	(S)	(S)	(S)

Abb. 3. Beispiel für eine kohärente Parkettierung

§ 9. Die Definition des einem Eck-Dominospiel $\mathfrak{D}, \mathfrak{D}^0$ zugeordneten Ausdrucks $\alpha_{\mathfrak{D},\mathfrak{D}^0}$

Jedem Eck-Dominospiel werden wir effektiv einen Ausdruck $\alpha_{\mathfrak{D},\mathfrak{D}^0}$ so zuordnen, daß gilt:

(9.1.) *Das Eck-Dominospiel $\mathfrak{D}, \mathfrak{D}^0$ ist gut genau dann, wenn $\alpha_{\mathfrak{D},\mathfrak{D}^0}$ erfüllbar ist.*

Diese Äquivalenz wird in §10 und §11 bewiesen. Es folgt, daß man die Erfüllbarkeit der Ausdrücke $\alpha_{\mathfrak{D},\mathfrak{D}^0}$ nicht entscheiden kann, da man sonst entscheiden könnte, ob ein Eck-Dominospiel gut wäre, was unmöglich ist, wie wir bereits bewiesen haben.

Die Ausdrücke $\alpha_{\mathfrak{D},\mathfrak{D}^0}$ gehören nicht zur engeren Prädikatenlogik, da sie eine Funktionsvariable enthalten. In §12 werden wir jedem Ausdruck $\alpha_{\mathfrak{D},\mathfrak{D}^0}$ effektiv einen Ausdruck $\varphi_{\mathfrak{D},\mathfrak{D}^0}$ aus der Ausdrucksklasse $\lor \land \land \lor \land$ zuordnen (vgl. dazu §4). Damit haben wir den von Büchi herrührenden

Satz: *Das Entscheidungsproblem ist für die Ausdrucksklasse $\lor \land \land \lor \land$ unlösbar. Diese Klasse ist eine Reduktionsklasse.*

Zu der Ausdrucksklasse $\land \lor \land$ vgl. §13. —

Es sei $\mathfrak{D} = \{d_1,...,d_s\}$, $\mathfrak{D}_0 = \{d_1,...,d_r\}$ $(r \leq s)$. Die bei den Dominos auftretenden Seitenfarben seien $c_1,...,c_t$. Die obere, rechte, untere, linke Farbe von d_n sei $c_{h_1(n)}, c_{h_2(n)}, c_{h_3(n)}, c_{h_4(n)}$ $(n=1,...,s)$.

$\alpha_{\mathfrak{D},\mathfrak{D}^0}$ ist die Konjunktion der nachfolgend eingeführten Ausdrücke (9.1),...,(9.7). Zum Aufbau dieser Ausdrücke dienen die paarweise verschiedenen zweistelligen Prädikatensymbole $D_1,...,D_s$, $C_1^1,...,C_1^4,...,C_t^1,...,C_t^4$, das einstellige Prädikatensymbol Z und das einstellige Funktionssymbol f. (Zur Bedeutung dieser Symbole und der nachfolgend definierten Ausdrücke vgl. § 10). Zur bequemeren Mitteilung dieser Ausdrücke verwenden wir den metasprachlichen Eindeutigkeitsoperator (Exun p) („es gibt genau ein p"). Sind $\alpha_1,...,\alpha_{p_0}$ gegebene Ausdrücke, so stehe

$$(\text{Exun } p) \; \alpha_p \text{ für } (\alpha_1 \lor ... \lor \alpha_{p_0}) \land \neg(\alpha_1 \land \alpha_2) \land ... \\ ... \land \neg(\alpha_1 \land \alpha_{p_0}) \land ... \land \neg(\alpha_{p_0-1} \land \alpha_{p_0})).$$

(Exun p)α_p bedeutet also, daß genau ein α_p gelten soll. Der Bereich, auf den sich p_0 bezieht, wird jeweils aus dem Zusammenhang klar. x, y seien feste verschiedene Individuensymbole.

Eindeutigkeit der Dominos:
(9.1) $\land x \land y (\text{Exun } n) \, D_n x y$

Eindeutigkeit für Farben:
(9.2) $\wedge x \wedge y(\text{Ex} un\, m)\, C_m^1 x y \wedge \ldots \wedge \wedge x \wedge y(\text{Ex} un\, m)\, C_m^4 x y$

Domino-Farben-Relationen:
(9.3$_n$) $\wedge x \wedge y(D_n x y \to (C_{h_1(n)}^1 x y \wedge \ldots \wedge C_{h_4(n)}^4 x y))$
($n=1,\ldots,s$; also s Ausdrücke!)

Horizontale Kohärenz:
(9.4$_m$) $\wedge x \wedge y(C_m^2 x y \to C_m^4 f x y)$ ($m=1,\ldots,t$; also t Ausdrücke!)

Vertikale Kohärenz:
(9.5$_m$) $\wedge x \wedge y(C_m^1 x y \to C_m^3 x f y)$ ($m=1,\ldots,t$; also t Ausdrücke!)

Eckbedingung:
(9.6) $\wedge x \wedge y((Zx \wedge Zy) \to (D_1 x y \wedge \ldots \vee D_r x y))$

Existenz der Null:
(9.7) $\vee x Z x$

§ 10. Lemma: Wenn das Eck-Dominospiel $\mathfrak{D}, \mathfrak{D}^0$ gut ist, dann ist $\alpha_{\mathfrak{D},\mathfrak{D}^0}$ erfüllbar

Zum *Beweis* gehen wir aus von einer festen kohärenten Eck-Parkettierung $\mathfrak{P}$ mit $\mathfrak{D}, \mathfrak{D}^0$, mit deren Hilfe wir eine Interpretation $\mathfrak{J}$ angeben werden, für die $\alpha_{\mathfrak{D},\mathfrak{D}^0}$ gilt. Als Individuenbereich B wählen wir die Menge der natürlichen Zahlen $0, 1, 2, \ldots$ Die Felder des ersten Quadranten numerieren wir wie in Abb. 4.

02	12	22
01	11	21
00	10	20

Abb. 4. Numerierung der Felder des ersten Quadranten

(Man beachte, daß diese Numerierung in zweifacher Hinsicht anders ist, als diejenige, welche in Nr. 8 gewählt wurde: Beginn der Numerierung jedesmal bei 0 und Vertauschung der beiden Komponenten.) Die Interpretation I wird für $D_1,...,C_1^1,...,Z$ und f wie folgt definiert (dabei sei Rkl Abkürzung dafür, daß die Zahlen k und l in der Relation R stehen):

$I(D_n)kl$ genau dann, wenn in $\mathfrak{P}$ auf Feld kl Domino d_n liegt.

$I(C_m^i)kl$ genau dann, wenn der Domino, der in $\mathfrak{P}$ auf Feld kl liegt, auf der i-ten Seite die Farbe c_m trägt. Dabei gibt $i=1,2,3,4$ der Reihe nach die obere, rechte, untere, linke Seite wieder.

$I(Z)k$ genau dann, wenn $k=0$.

$I(f))(k)$ schließlich sei die Zahl $k+1$.

Es ist nun leicht zu sehen, daß *die Ausdrücke* (9.1),..,(9.7) *(also auch* $\alpha_{\mathfrak{D},\mathfrak{D}^0}$) *bei* $\mathfrak{I} = <B,I>$ *gelten*: Es gilt nämlich

(9.1), weil auf jedem Feld genau ein Domino von $\mathfrak{P}$ liegt;

(9.2), weil für jedes Feld der darauf befindliche Domino auf jeder seiner Seiten genau eine Farbe trägt;

(9.3), weil für jedes Feld und jedes $n=1,...,s$ gilt: Liegt auf dem Feld der Domino d_n, so hat dieser Domino auf seiner i-ten Seite die Farbe $c_{h_i(n)}$ (dies hat man für jeden Domino, gleichgültig wo er liegt);

(9.4$_m$) für jedes m, weil für jedes Feld gilt: Die rechte Farbe des darauf befindlichen Dominos stimmt mit der linken Farbe des rechts davon liegenden Dominos überein;

(9.5$_m$) für jedes m, weil für jedes Feld gilt: Die obere Farbe des darauf befindlichen Dominos stimmt mit der unteren Farbe des darüber liegenden Dominos überein;

(9.6), weil auf Feld 00 einer der Dominos $d_1,...,d_r$ liegt;

(9.7), weil es eine natürliche Zahl gibt, die gleich Null ist.

§ 11. Lemma: Das Eck-Dominospiel $\mathfrak{D}$, $\mathfrak{D}^0$ ist gut, wenn $\alpha_{\mathfrak{D},\mathfrak{D}^0}$ erfüllbar ist

Zum *Beweis* gehen wir von einer Interpretation $\mathfrak{I}=\langle B,I \rangle$ aus, bei der alle Ausdrücke (9.1),...,(9.7) gelten. B ist unendlich oder endlich, jedenfalls aber nicht leer (siehe §3). Durch I werden den Symbolen D_n, C_m^i, Z Relationen über B zugeordnet; diese seien $\underline{D}_n$, $\underline{C}_m^i$, $\underline{Z}$. Entsprechend sei $\underline{f}$ die Funktion, welche dem Symbol f durch I zugeordnet wird.

Da (9.7) bei $\mathfrak{I}$ gilt, gibt es ein Element aus B, auf welches $\underline{Z}$ zutrifft. Wir nehmen ein derartiges Element e und halten es im folgenden fest. Es gilt also $\underline{Z}e$. Sei $\underline{f}^{(0)}(e)=e, \underline{f}^{k+1}(e)=\underline{f}(\underline{f}^k(e))$ $(k=0,1,2,...)$. Jedes $\underline{f}^k(e)$ ist ein Element von B.

Wir geben nun eine Parkettierung $\mathfrak{P}$ des ersten Quadranten mit Dominos $d_1,...,d'_s$ an. $\mathfrak{P}$ hängt ab von der Interpretation $\mathfrak{I}$ und von dem gewählten e aus B. Sei kl ein beliebiges Feld. $\mathfrak{P}$ ist bestimmt durch die Festlegung, welcher Domino auf diesem Feld liegen soll. Da (9.1) bei $\mathfrak{I}$ gilt, gibt es genau ein n, sodaß $D_n f^k(e) f^l(e)$. Es sei etwa $D_{n_0} f^k(e) f^l(e)$. Man setzt nun fest, daß auf Feld kl der Domino d_{n_0} gelegt werden soll. Es bleibt zu zeigen, daß die so definierte Parkettierung $\mathfrak{P}$ kohärent ist, und daß auf Feld 00 einer der Dominos $d_1,...,d_r$ liegt.

Da (9.6) bei $\mathfrak{I}$ gilt, hat man in Verbindung mit Ze die Aussage $D_1 ee$ oder ... oder $D_r ee$, d.h. $D_1 f^0(e) f^0$ oder ... oder $D_r f^0(e) f^0(e)$. Also liegt auf Feld 00 einer der Dominos $d_1,...,d_r$, d.h. die Eckbedingung ist erfüllt.

Zum Nachweis der horizontalen Kohärenz von $\mathfrak{P}$ machen wir davon Gebrauch, daß (9.4) bei $\mathfrak{I}$ gilt (entsprechend folgt die vertikale Kohärenz mit (9.5)). Es seien gegeben die Felder kl und $(k+1)l$. Auf kl befinde sich bei $\mathfrak{P}$ der Domino d_{n_1}, auf $(k+1)l$ der Domino d_{n_2}. Es ist zu zeigen, daß diese Dominos mit denselben Farben aneinanderstoßen, d.h. daß die rechte Farbe $c_{h_2(n_1)}$ von d_{n_1} mit der linken Farbe $c_{h_4(n_2)}$ und von d_{n_2} übereinstimmt.

Nach der Definition von $\mathfrak{P}$ gelten die beiden Relationen $D_{n_1} f^k(e) f^l(e)$ und $D_{n_2} f^{k+1}(e) f^l(e)$. (9.3_{n_1}) und (9.3_{n_2}) gelten bei $\mathfrak{I}$. Man hat also insbesondere $C^2_{h_2(n_1)} f^k(e) f^l(e)$ und $C^4_{h_4(n_2)} f^{k+1}(e) f^l(e)$. $(9.4_{h_2(n_1)})$ gilt bei $\mathfrak{I}$. Daher ergibt sich aus $C^2_{h_2(n_1)} f^k(e) f^l(e)$, daß $C^4_{h_2(n_1)} f(f^k(e)) f^l(e)$, d.h. $C^4_{h_2(n_1)} f^{k+1}(e) f^l(e)$. Schließlich gilt (9.2) bei $\mathfrak{I}$. Es gibt daher genau ein m derart, daß $C^4_m f^{k+1}(e) f^l(e)$. Wir haben sowohl $C^4_{h_2(n_1)} f^{k+1}(e) f^l(e)$ als auch $C^4_{h_4(n_2)} f^{k+1}(e) f^l(e)$. Also ist $h_2(n_1) = h_4(n_2)$, w.z.b.w.

§ 12. Übergang zur engeren Prädikatenlogik

$\alpha_{\mathfrak{D},\mathfrak{D}^0}$, d.h. die Konjunktion der Ausdrücke (9.1),...,(9.7), ist abgeschlossen (vgl. §2). Das Symbol f kommt nur in den Formeln (9.4_m) und (9.5_m) vor. In den Ausdrücken (9.4_m) hat man fx, in den Ausdrücken (9.5_m) dagegen fy. Nun ist aber (9.5_m) äquivalent mit

$(9.5'_m)$ $\qquad \wedge x \wedge y (C^1_m yx \to C^3_m yfx)$,

sodaß nach dem Ersatz der Ausdrücke (9.5_m) durch $(9.5'_m)$ das Symbol f nur in der Verbindung fx auftritt.

Berücksichtigt man, daß nach einer elementaren Regel der Logik der Ausdruck $(\wedge x \wedge y \beta_1 \wedge \wedge x \wedge y \beta_2)$ äquivalent ist zu $\wedge x \wedge y (\beta_1 \wedge \beta_2)$, so gewinnt man aus (9.1),...,$(9.5'_m)$,...,(9.7) effektiv einen zu $\alpha_{\mathfrak{D},\mathfrak{D}^0}$ äquivalenten abgeschlossenen Ausdruck der Gestalt

(9.8) $\qquad \vee x Zx \wedge \wedge x \wedge y \beta$,

wobei β quantorenfrei ist und f nur in der Verbindung fx enthält. Es bleibt die Aufgabe, das Symbol f zu eliminieren. Dazu verwenden wir ein Verfahren von Skolem wie folgt: z sei ein von x und y verschiedenes Individuensymbol. Der Ausdruck γ entstehe aus β dadurch, daß wir in γ überall den Term fx durch das Symbol z ersetzen. Wir bilden den Ausdruck

(9.9) $$\forall x Z x \land \land x \lor z \land y \gamma$$

und behaupten, daß (9.9) und (9.8) erfüllbarkeitsgleich sind. Dann sind wir fertig (vgl. §9): (9.9) können wir als Ausdruck $\varphi_{\mathfrak{D},\mathfrak{D}^0}$ aus der Ausdrucksklasse $\lor\land \land\lor\land$ nehmen. Wir haben damit jedem Eck-Dominospiel $\mathfrak{D}, \mathfrak{D}^0$ einen Ausdruck aus dieser Klasse effektiv zugeordnet derart, daß dieser Ausdruck genau dann erfüllbar ist, wenn $\mathfrak{D}, \mathfrak{D}^0$ gut ist.

Zur Vorbereitung des Beweises für die Erfüllbarkeitsgleichheit von (9.8) und (9.9) notieren wir einige elementare Tatsachen über das Gelten eines Ausdrucks bei einer Interpretation. (*) und (**) sind Bestandteile einer induktiven Definition für das Gelten (vgl. §3), während (***) einen Spezialfall eines mit der Substitution verbundenen „Überführungstheorems" darstellt.

$\mathfrak{J} = \langle B, I \rangle$ sei eine beliebige Interpretation und a ein Element von B. Wir führen die Interpretation $\mathfrak{J}^a_x = \langle B, I^* \rangle$ ein, wobei I^* für dieselben Symbole definiert ist wie I, und (eventuell zusätzlich) für das Individuensymbol x. Für ein von x verschiedenes Symbol, für welches I^* erklärt ist, habe I^* denselben Wert wie I. Schließlich sei $I^*(x) = a$. Für (*)(**) sei α ein Ausdruck, x ein Individuensymbol und $\mathfrak{J} = \langle B, I \rangle$ eine Interpretation von $\land x \alpha$ (oder – was dasselbe ist – von $\lor x \alpha$). Man hat nun

(*) $\land x \alpha$ gilt bei $\mathfrak{J}$ genau dann, wenn
für alle a aus B: α gilt bei $\mathfrak{J}^a_x$.

(**) $\lor x \alpha$ gilt bei $\mathfrak{J}$ genau dann, wenn
für ein a aus B: α gilt bei $\mathfrak{J}^a_x$.

Für (***) nehmen wir an, daß σ ein Ausdruck ist, in welchem das Individuensymbol z vorkommt und überall dort, wo es vorkommt, *frei* auftritt (vgl. §2). x soll in σ nicht gebunden vorkommen. τ soll aus σ dadurch entstehen, daß z überall dort, wo dieses Symbol in σ auftritt, durch fx ersetzt wird. (Man beachte, daß diese Voraussetzungen erfüllt sind für $\sigma = \land y \gamma$ und $\tau = \land y \beta$ (vgl. (9.8), (9.9)).) $\mathfrak{J} = \langle B, I \rangle$ sei eine beliebige Interpretation von τ. Es sei $b = I(f)(I(x))$ (man beachte hierzu, daß $I(f)$ und $I(x)$ erklärt sind). Dann hat man

(***) τ gilt bei $\mathfrak{J}$ genau dann, wenn σ bei $\mathfrak{J}^b_z$ gilt.

Nach diesen Vorbereitungen soll gezeigt werden, daß (9.8) *und* (9.9) *erfüllbarkeitsgleich sind.*

(a) *Wenn* (9.8) *erfüllbar ist, so auch* (9.9). (9.8) gelte bei $\mathfrak{J} = \langle B, I \rangle$. Wir wollen zeigen, daß (9.9) sogar für dasselbe $\mathfrak{J}$ gilt. Es genügt dazu der Nachweis dafür, daß $\wedge x \vee z \wedge y\gamma$ bei $\mathfrak{J}$ gilt. Wir haben sukzessive:

$\wedge x \wedge y\beta$ gilt bei $\mathfrak{J}$, weil (9.8) bei $\mathfrak{J}$ gilt,
für alle a aus B: $\wedge y\beta$ gilt bei $\mathfrak{J}^a_x$, nach (*),
für alle a aus B: $\wedge y\gamma$ gilt bei $\mathfrak{J}^{ab}_{xz}$ für ein gewisses b aus B, nach (***),
für alle a aus B: $\vee z \wedge y\gamma$ gilt bei $\mathfrak{J}^a_x$, nach (**),
$\wedge x \vee z \wedge y\gamma$ gilt bei $\mathfrak{J}$, nach (*).

(b) *Wenn* (9.9) *erfüllbar ist, so auch* (9.8). (9.9) gelte bei $\mathfrak{J} = \langle B, I \rangle$. In (9.9) kommt im Gegensatz zu (9.8) das Funktionssymbol f nicht vor. Es spielt daher keine Rolle, ob $I(f)$ erklärt ist, und wenn ja, wie $I(f)$ erklärt ist. Diese Tatsache machen wir uns zunutze, um $I(f)$ (gegebenenfalls unter Abänderung der ursprünglichen Definition) so einzuführen, daß wir zeigen können, daß auch (9.8) bei $\mathfrak{J}$ gilt. Da f nicht in $\vee x Zx$ vorkommt, genügt es zu zeigen, daß $\wedge x \wedge y\beta$ bei der in der geschilderten Weise abgeänderten Interpretation $\mathfrak{J}$ gilt.

Wir gehen davon aus, daß $\wedge x \vee z \wedge y\gamma$ bei $\mathfrak{J}$ gilt. Mit (*) und (**) erhält man, daß es für jedes a aus B wenigstens ein b aus B gibt derart, daß $\wedge y\gamma$ bei $\mathfrak{J}^{ab}_{xy}$ gilt. Nach dem Auswahlaxiom gibt es eine in B definierte Funktion f, derart daß für jedes a aus B der Wert $f(a)$ ein derartiges b ist. (Man kann auch ohne das Auswahlaxiom auskommen, da man (ohne dieses Axiom) zeigen kann, daß es eine (9.9) erfüllende Interpretation $\mathfrak{J} = \langle B, I \rangle$ gibt, bei der B abzählbar ist.) Wir legen nun fest, daß $I(f) = f$. Dann ist $b = I(f)(a)$. Wendet man nun (***) an für $\sigma = \wedge y\gamma$, $\tau = \wedge y\beta$ und $\mathfrak{J} = \mathfrak{J}^a_x$, so sieht man, daß man daraus, daß $\wedge y\gamma$ bei $\mathfrak{J}^{ab}_{xy}$ gilt, darauf schließen kann, daß $\wedge y\beta$ bei $\mathfrak{J}^a_x$ gilt. Dies ist der Fall für jedes a. Also gilt nach (*) $\wedge x \wedge y\beta$ bei $\mathfrak{J}$, w.z.b.w.

§13. Ausblick auf die Ausdrucksklasse $\wedge\vee\wedge$ und das Diagonal-Dominoproblem

In §9 haben wir jedem *Eck-Dominospiel* $\mathfrak{D}, \mathfrak{D}^0$ einen Ausdruck $\alpha_{\mathfrak{D},\mathfrak{D}^0}$ zugeordnet, derart daß die Beziehung (9.1) besteht, was wir in §10 und §11 bewiesen haben. Es ist leicht, in analoger Weise jedem *Diagonal-Dominospiel* $\mathfrak{D}, \mathfrak{D}^0$ einen Ausdruck $\bar\alpha_{\mathfrak{D},\mathfrak{D}^0}$ zuzuordnen, derart daß man hat:

(13.1) *Das Diagonal-Dominospiel* $\mathfrak{D}, \mathfrak{D}^0$ *ist gut genau dann, wenn* $\bar\alpha_{\mathfrak{D},\mathfrak{D}^0}$ *erfüllbar ist.*

Zum Aufbau von $\bar{\alpha}_{\mathfrak{D},\mathfrak{D}^0}$ verwendet man wie in Nr. 9 die Prädikatensymbole $D_1,...,C_1^1,...,C_1^4,...$, sowie das Funktionssymbol f, nicht jedoch das Prädikatensymbol Z. $\bar{\alpha}_{\mathfrak{D},\mathfrak{D}^0}$ ist die Konjunktion aller Ausdrücke $(9.1),...,(9.5_t)$ und eines weiteren Ausdrucks, der die *Diagonalbedingung* repräsentiert, nämlich

(13.2) $\qquad\qquad \wedge x(D_1 xx \vee ... \vee D_r xx).$

(Die Eckbedingung (9.6) und die Bedingung (9.7) fallen fort.) Der Beweis für (13.1) kann aus dem Beweis für (9.1) mit wenigen Änderungen übernommen werden:

(a) Das Diagonal-Dominospiel $\mathfrak{D},\mathfrak{D}^0$ sei gut. Ausgehend von einer kohärenten Diagonal-Parkettierung $\mathfrak{P}$ mit $\mathfrak{D},\mathfrak{D}^0$ bilde man eine Interpretation $\mathfrak{J}$ wie in §10. Daß nun alle Ausdrücke $(9.1),...,(9.5_t)$ bei $\mathfrak{J}$ gelten, folgt wie früher. Die oben angeführte *Diagonalbedingung* gilt bei $\mathfrak{J}$, weil auf jedem Diagonalfeld kk einer der Dominos $d_1,...,d_r$ liegt. $\bar{\alpha}_{\mathfrak{D},\mathfrak{D}^0}$ ist also erfüllbar.

(b) $\bar{\alpha}_{\mathfrak{D},\mathfrak{D}^0}$ sei erfüllbar. Wir gehen von einer Interpretation $\mathfrak{J}=\langle B,I\rangle$ aus, bei der alle Ausdrücke $(9.1),...,(9.5_t)$ und die *Diagonalbedingung* (13.2) gelten. *e sei jetzt ein beliebiges Element von B*. Die Parkettierung $\mathfrak{P}$ wird nun in Abhängigkeit von $\mathfrak{J}$ und e definiert wie in §11. Die Kohärenz von $\mathfrak{P}$ folgt wie dort. Es bleibt zu zeigen, daß bei $\mathfrak{P}$ auf der Diagonalen nur Dominos aus der Menge $\mathfrak{D}^0$ liegen. Nach Voraussetzung gilt die Diagonalbedingung (13.2) bei $\mathfrak{J}$. Man hat daher $D_1 pp$ oder ... oder $D_r pp$ für jedes Element p aus B, also insbesondere $D_1 f^k(e)f^k(e)$ oder ... oder $D_r f^k(e)f^k(e)$. Dies besagt, daß auf jedem Diagonalfeld kk einer der Diagonal-Dominos d_1 oder ... oder d_r liegt.

Da man im Diagonalfall das Element e aus B beliebig wählen kann, ist der Beweis für (13.1) noch einfacher als der analoge im Eckfall. Anders ist es jedoch für den Beweis des Satzes, daß das Diagonalproblem unlösbar ist. Dieser Beweis soll hier nicht vorgeführt werden. Es sollen jedoch einige Bemerkungen über die Beweismethode gemacht werden.

Gegeben sei eine Turing-Tafel T. Dieser soll effektiv ein Diagonal-Dominospiel $\mathfrak{D}_T,\mathfrak{D}_T^0$ zugeordnet werden, welches genau dann gut ist, wenn $M(T)$, angesetzt auf das leere Band, nicht stehen bleibt. Das Dominospiel soll wie im Eckfall so konstruiert werden, daß man aus den sukzessiven Konfigurationen einer unendlich lange laufenden Maschine $M(T)$ eine kohärente Parkettierung mit $\mathfrak{D}_T,\mathfrak{D}_T^0$ herstellen kann, und daß man umgekehrt aus einer vorgegebenen kohärenten Parkettierung mit $\mathfrak{D}_T,\mathfrak{D}_T^0$ eine Folge von Konfigurationen ablesen kann, von der sich nachweisen läßt, daß $M(T)$ sie annimmt, wenn man die Maschine auf das leere Band ansetzt.

Es wurde bereits in § 5 erwähnt, daß die j-te Konfiguration in der j-ten Diagonale „repräsentiert" werden soll ($j=0,1,2,...$). Die j-te Diagonale besteht aus allen Feldern $kk+j$ (vgl. Abb. 4). Die 0-te Diagonale ist die Hauptdiagonale. Die Besetzung der Felder unterhalb der Hauptdiagonalen kann man dadurch trivialisieren, daß man alle Dominos aus $\mathfrak{D}_T^0$ so wählt, daß sie unten und rechts die Farbe U („unten") tragen, und daß in $\mathfrak{D}_T$ ein Domino (U) auftritt, dessen sämtliche Seiten die Farbe U haben (U sei eine sonst nicht auftretende Farbe).

Wenn man versuchen wollte, z.B. die 0-te Konfiguration auf der Hauptdiagonalen in ähnlicher Weise zu repräsentieren, wie die 0-te Konfiguration auf dem 0-ten Streifen im Eckfall dargestellt wurde, kann man nicht ausschließen, daß es eine triviale kohärente Parkettierung mit $\mathfrak{D}_T, \mathfrak{D}_T^0$ gibt (vgl. eine diesbezügliche Bemerkung am Schluß von § 5). Kahr, Moore und Wang haben nun gesehen, daß es gar nicht notwendig ist, die *gesamte j-te Konfiguration* zu repräsentieren, daß man sich vielmehr auf ein endliches Bandstück beschränken kann. Es genügt offensichtlich, die Felder $0,...,j$ zu betrachten. Eines dieser Felder muß das Arbeitsfeld sein, und die Felder rechts von Feld j sind noch nicht von der Maschine „bearbeitet" worden, tragen also noch den Buchstaben 0. Ein relevantes Anfangsstück der 0-ten Konfiguration wird nun durch Dominos periodisch auf der Hauptdiagonalen repräsentiert. Auf der nächsten Diagonalen wird ein doppelt so langes Anfangsstück der ersten Konfiguration periodisch dargestellt, usf.. Die Farben der Dominos werden nicht allein, wie im Diagonalfall, durch T bestimmt. Sie haben insbesondere eine Komponente, welche die immer größer werdenden Perioden erzwingen. – Diese Andeutungen über die Behandlung des Diagonalproblems mögen hier genügen.

In § 12 haben wir einen zu $\alpha_{\mathfrak{D},\mathfrak{D}^0}$ erfüllbarkeitsgleichen abgeschlossenen Ausdruck der engeren Prädikatenlogik konstruiert, der die Gestalt $\vee x Zx \wedge \wedge x \vee z \wedge y\gamma$ hatte. Dies zeigte, daß das Entscheidungsproblem für die Ausdrucksklasse $\vee \wedge \wedge \vee \wedge$ unlösbar ist (vgl. § 9). Wir können nun dasselbe Verfahren, mit welchem wir in § 12 $\alpha_{\mathfrak{D},\mathfrak{D}^0}$ umgeformt haben auf $\bar{\alpha}_{\mathfrak{D},\mathfrak{D}^0}$ anwenden. Wir werden dabei zu einem einfacheren Ausdruck gelangen, da in $\bar{\alpha}_{\mathfrak{D},\mathfrak{D}^0}$ *kein konjunktiver Bestandteil* $\vee x Zx$ vorkommt. Alle anderen Konjunktionsglieder von $\bar{\alpha}_{\mathfrak{D},\mathfrak{D}^0}$ haben, abgesehen von (13.2), die Gestalt $\wedge x \wedge y \delta$, wobei f in jedem solchen Glied entweder höchstens in Verbindung mit x oder höchstens in Verbindung mit y auftritt. (13.2) läßt sich trivialerweise durch einen äquivalenten Ausdruck dieser Form ersetzen dadurch, daß man einen an sich überflüssigen Quantor $\wedge y$ adjungiert (vgl. dazu die Bemerkung am Schluß von § 3). – Wir können also zu $\alpha_{\mathfrak{D},\mathfrak{D}^0}$ einen erfüllbarkeitsgleichen abgeschlossenen Ausdruck der engeren Prädikatenlogik effektiv angeben, welcher die Gestalt $\wedge x \vee z \wedge y\gamma$ hat. Dies zeigt in Verbindung mit (13.1), daß $\wedge\vee\wedge$ eine Reduktionsklasse ist.

Zu einer Vereinfachung des Beweises von Kahr, Moore und Wang vgl. übrigens [7].

Literatur

1. Wang, H.: Proving Theorems by Pattern Recognition II. Bell Systems Technical Journal **40**, 1—41 (1961).
2. Büchi, J.R.: Turing Machines and the Entscheidungsproblem. Notices Amer. Math. Soc. **8**, 354 (1961).
3. — Turing Machines and the Entscheidungsproblem. Math. Ann. **148**, 201—213 (1962).
4. Kahr, A.S., Moore E.F., Wang H.: Entscheidungsproblem Reduced to the $\forall\exists\forall$ Case. Proc. Nat. Acad. Sci. USA **48**, 365—377 (1962).
5. Berger, R.: The Undecidability of the Domino Problem. Memoirs Amer. Math. Soc. **66**, 72 pp (1966).
6. Hermes, H.: Einführung in die mathematische Logik. 204 pp. ²(1969).
7. — A Simplified Proof for the Unsolvability of the $\forall\exists\forall$-Case. Erscheint demnächst.

Turing-Maschinen und zufällige 0-1-Folgen

K. Jacobs

Wenn man einen arglosen Menschen bittet, eine Folge von 30 Symbolen 0 oder 1, also, wie wir jetzt gleich sagen wollen, ein 0-1-Wort $w = w_1 \ldots w_{30}$ der Länge $|w| = 30$ hinzuschreiben, wird er vielleicht nicht mit dem understatement

(1) 000000000000000000000000000000,

vermutlich aber mit einer Folge, die irgendeine Regel erkennen läßt, aufwarten, also etwa mit

010101010101010101010101010101

oder, im Dreivierteltakt,

001001001001001001001001001001,

vielleicht auch — aber das ist schon raffinierter — mit

(2) 010010001000010000010000001000.

Wenn seine Erfindungsgabe erst einmal gereizt ist, wird er sich ein Vergnügen daraus machen, recht komplizierte Regeln zu wählen, dann aber bald um größere Wortlängen bitten, damit diese Regeln sich auch richtig auswirken können. Die aus dem Beitrag ‚Maschinenerzeugte 0-1-Folgen' (Selecta Mathematica I) übernommene Folge

001001110001001110110110001001

folgt der dort als ‚Walzer unendlicher Ordnung' bezeichneten Regel, die, wie jede der oben befolgten Regeln auch, beliebig lange Wörter, also eigentlich unendliche 0-1-Folgen, zu konstruieren gestattet (und natürlich bei der Wortlänge $27 = 3^3$ deutlicher hervortritt als bei der Wortlänge 30).

Schließlich aber mag man sich fragen: Wozu eigentlich eine Regel? Lassen wir den Zufall machen. Man wird 30mal eine Münze werfen und ‚Kopf' mit 0, ‚Wappen' mit 1 notieren, um dann z. B. das Wort

(3)   110101000011100100100101111111

zu erhalten. Nun, so ganz regellos ist dies Wort auch nicht. Man bemerkt z. B. eine starke Dreierstruktur, die sich in die Beschreibung:
  Erst 1, dann 3mal 10, dann 3mal 0, dann 3mal 1, dann 3mal 001, dann 0, dann 7mal 1

umsetzen läßt. Indessen erscheint diese Beschreibung kaum einfacher als das beschriebene Wort selbst.

Wie soll man nun Vorstellungen wie ‚regelmäßiges Wort', ‚einfach gebautes Wort', ‚kompliziertes Wort', ‚zufälliges Wort', in exakte Begriffe fassen?

Von Kolmogorov [8] stammt der Vorschlag, die Komplexität (= Kompliziertheit) eines 0-1-Worts durch die Mindestlänge der für es benötigten Beschreibung zu messen.

Beispielsweise hat das Wort (1) die kurze Beschreibung: ‚lauter Nullen' (abgesehen von der Wortlänge 30), also eine niedrige Komplexität. Für das Wort (2) muß man schon mehr Worte machen, aber die Beschreibung ‚vor der k-ten Eins k Nullen' ist immer noch kurz und beschreibt eine unendliche 0-1-Folge, aus der die Angabe der Wortlänge dann das gewünschte 0-1-Wort herausschneidet. Das Wort (3) ist, wie wir sahen, langwierig zu beschreiben, hat also eine hohe Komplexität. Natürlich müssen wir diese immer noch intuitiven Überlegungen erst präzisieren. Einmal müssen wir genau sagen, was ‚Beschreibung' heißen soll. Hier steht uns die seit den dreißiger Jahren entwickelte Theorie der Berechenbarkeit, also etwa der Turing-Maschinen oder — äquivalent — der (Turing-)berechenbaren Funktionen oder der Algorithmen zur Verfügung. Wir übernehmen sie aus den Beiträgen ‚Turing-Maschinen und berechenbare Funktionen I-III' dieses Buchs, setzen also strenggenommen voraus, daß der Leser diese Beiträge oder einen anderen etwa gleichwertigen Text (z.B. Martin-Löf [9], Hermes [6]) kennt. Man kann das Folgende aber auch intuitiv erfassen, und ich möchte versuchen, den Stil dieses Beitrags auf ein solches intuitives Verständnis abzustellen. Es genügt im wesentlichen, sich folgendes zu vergegenwärtigen:

1) Ein endliches 0-1-Wort w $(=w_1...w_n$ $(w_1...w_n=0$ oder $1))$ ‚beschreiben' heißt, ein Programm für eine Maschine aufzeichnen, so daß die Maschine das Wort w ausdruckt, wenn man ihr das Programm gibt.

2. Wir wollen stets mit Programmen arbeiten, die aus 2 Teilen bestehen, nämlich a) aus der Angabe der Wortlänge n $(=0,1,2,...)$ und b) aus der übrigen Beschreibung.

Beide Angaben müssen in Form von endlicher 0-1-Wörtern vorliegen. Das erreicht man, indem man die Wortlänge n für die Maschine in Dualdarstellung (also 0 für 0, 1 für 1, 10 für 2, 11 für 3, ...) schreibt — wir wollen diese hier dennoch ruhig auch wieder mit $n = 0, 1, 2, ...$ bezeichnen — und die übrige Beschreibung ebenfalls als 0-1-Wort p verschlüsselt. Ein Programm ist jetzt für uns also einfach ein Paar (n, p) von endlichen 0-1-Wörtern, wobei n aus mindestens einem Symbol besteht.

3) Die Maschinen, mit denen wir arbeiten, sind Turing-Maschinen (s. die Beiträge I-III dieses Bandes), die bei Eingabe eines Programms (n, p), das ihnen paßt, ein 0-1-Wort $w = w_1 ... w_n$ der Länge $|w| = n$ ausdrucken (also bei $n = 0$ stets das leere Wort ☐). Wir lassen die Möglichkeit zu, daß die Maschine nicht alle Wörter liefern kann, also z.B. die primitive Maschine, die nur n Nullen druckt, einerlei was man als p noch eingibt, und ebenso die Möglichkeit, daß die Maschine manche Programme nicht akzeptiert.

4) Wichtig ist im Grunde nicht die Maschine selbst, sondern nur die Zuordnung $A(*|*) : (n, p) \to A(p|n)$, die sie liefert: $A(p|n)$ bezeichnet das bei Eingabe des Programms (n, p) ausgedruckte 0-1-Wort der Länge n. $A(*|*)$ ist also eine *Turing-berechenbare Funktion*, definiert auf einer *Teilmenge* der Menge $\Omega^2 = \Omega^2(\{0, 1\})$ aller geordneten Paare von endlichen 0-1-Wörtern (nämlich auf der Menge der von der Maschine akzeptierten Programme), mit Werten in der Menge $\Omega = \Omega(\{0, 1\})$ aller endlichen 0-1-Wörter, wobei die Bildmenge nicht das ganze Ω zu sein braucht, aber die Nebenbedingung

$$|A(p|n)| = n \quad (n = 0, 1, ...)$$

eingehalten wird (s. die Beiträge: Turing-Maschinen und berechenbare Funktionen I-III in diesem Band. Wir werden trotzdem immer wieder kurz von der ‚Maschine A' sprechen, auch wenn im Grunde eine ‚Turing-berechenbare Funktion' der obigen Art gemeint ist.

Damit ist die exakte Form, die Kolmogorov [8] seinem Vorschlag gab, ungefähr umrissen und ein erster Einblick in die Theorie, die wir in diesem Beitrag vorstellen wollen, gegeben.

Anlaß dieser Theorie ist das Grundlagenproblem der Wahrscheinlichkeitstheorie und die seit 1933 stattfindende Auseinandersetzung zwischen den hierauf gerichteten Ideen von v. Mises und Kolmogorov. Man ist heute gewohnt, in der Wahrscheinlichkeitstheorie mit sehr komplizierten mathematischen Modellen für Naturvorgänge, die wir als ‚zufällig' ansehen, umzugehen. Die typischen Grundlagenfragen treten aber schon bei dem klassischen Bernoullischen Experiment des beliebig lang wiederholten Werfens einer fairen Münze (Bernoulli [1]) auf, und wenn man hierfür ein mathematisches Modell konstruiert, identifiziert man etwa

‚Kopf' mit dem Symbol 0, ‚Wappen' mit 1 und studiert demgemäß beliebig lange endliche 0-1-Folgen, also *0-1-Wörter* $w = w_1, \ldots, w_n$ oder aber *unendliche 0-1-Folgen* $x = x_1 x_2 \ldots$ Das Grundlagenproblem entzündete sich an dem Umstand, daß man zur Definition des Begriffs ‚zufälliges Wort' oder ‚zufällige Folge' einen physikalischen Vorgang (den Münzwurf) bemüht hatte, der mit Mathematik nichts zu tun hat, somit nichts Mathematisches definieren kann, vielmehr selbst durch ein mathematisches Modell erklärt werden sollte. Es geht also um die Aufgabe, eine mathematische Definition der Begriffe ‚zufälliges 0-1-Wort', ‚zufällige 0-1-Folge' so zu geben, daß die darauf aufzubauende Theorie für die Beschreibung unserer Erfahrungen mit dem Münzenwurf etwa das liefert, was die vorherige ‚unreine' Theorie auch geliefert hatte. Es war von vornherein klar, daß es sich wohl vor allem darum handeln müsse, den Begriff ‚unregelmäßige Folge' zu definieren, denn ‚Unregelmäßigkeit' gilt als Hauptkennzeichen für ‚Zufälligkeit'.

So schlug denn v. Mises [11] 1919 vor, eine unendliche 0-1-Folge $x = x_1 x_2 \ldots$ *zufällig* oder ein *Kollektiv* zu nennen, wenn

I) Die relative Häufigkeit $\lim_n \frac{1}{n}(x_1 + \cdots + x_n)$ des Auftretens von 1 gleich $\frac{1}{2}$ ist und

II) — und dies ist ein Versuch, den Begriff ‚unregelmäßig' zu definieren —

sich nicht ändert, wenn man vermöge einer *Auswahlregel* zu einer Teilfolge $x_{t_1} x_{t_2} \ldots$, übergeht: $\frac{1}{n}(x_{t_1} + \cdots + x_{t_n}) \to \frac{1}{2}$ $(n \to \infty)$.

v. Mises definierte Wahrscheinlichkeiten als Limites relativer Häufigkeiten und wollte Wahrscheinlichkeitstheorie als eine Theorie des Umwandelns gegebener Kollektivs in andere verstanden wissen. 1936 legte v. Mises [12] seine Ideen in Buchform nochmals vor. Seine Hauptschwierigkeit war die exakte Fassung des Begriffs ‚Auswahlregel'. Wald [16], [17] gelang eine solche Präzisierung und der Beweis, daß man für ein gegebenes abzählbares System von Auswahlregeln stets kontinuierlich viele Kollektivs im Sinne von I) und II) gibt, wenn man sich bei II) auf eben diese abzählbarvielen Auswahlregeln beschränkt. 1939 schnitt jedoch Ville [15] diese Diskussion durch eine Konstruktion ab, die zu jedem abzählbaren System von Auswahlregeln eine für diese I. und II. erfüllende 0-1-Folge $x = x_1 x_2 \ldots$ mit $\frac{1}{n}(x_1 + \cdots + x_n) \geq \frac{1}{2}$ $(n = 1, 2, \ldots)$ ergab.

Solche Folgen haben eine ‚Vorliebe für 1', die man einer zufälligen Folge nicht zugestehen wird; schon 1924 hatte die herkömmliche Wahrscheinlichkeitstheorie den Satz vom iterierten Logarithmus geliefert, der

$$\limsup_n \frac{x_1 + \cdots + x_n - \frac{n}{2}}{\frac{1}{2}\sqrt{2n \log\log n}} = 1,$$

$$\liminf_n \frac{x_1 + \cdots + x_n - \frac{n}{2}}{\frac{1}{2}\sqrt{2n \log\log n}} = -1,$$

besagt. Die zweite Relation ist bei den Villeschen Beispielen verletzt. Offenbar krankte die Entwicklung der v. Misesschen Idee daran, daß man von den ‚Kollektivs' nur *einige* aus der herkömmlichen Wahrscheinlichkeitstheorie bekannte Aussagen verlangte, andere dagegen nicht. Es fehlte eine Idee, *alle* Aussagen einzubeziehen, die bekannten wie auch die noch zu entdeckenden. Denn eine vernünftige Definition des Begriffs ‚zufällige Folge' sollte ja eigentlich in alle Zukunft Stich halten.

Inzwischen hatte Kolmogorovs Vorschlag von 1933, Wahrscheinlichkeitstheorie als angewandte Maßtheorie zu treiben (was hier bedeutet, daß man nicht mehr von individuellen Folgen, sondern nur von Mengen von Folgen spricht) [7] durch seine Eleganz und Durchschlagskraft die meisten Wahrscheinlichkeitstheoretiker überzeugt. Die von v. Mises eingeleitete Entwicklung stagnierte, und jahrelang verwandte man alle Mühe darauf, die maßtheoretisch orientierte Wahrscheinlichkeitstheorie zu jener Vervollkommnung zu bringen, in der sie sich heute etwa in Blumenthal-Getoor [2], Breiman [4], Dynkin [5] darstellt. 1965 griff jedoch Kolmogorov [8] selbst das ursprüngliche Problem wieder auf und schlug vor, die eingangs erwähnte Komplexität eines endlichen 0-1-Worts w als Maß für seine ‚Zufälligkeit' zu wählen. Wir führen diesen Gedanken in § 1, vor, zeigen aber in § 2, daß eine allzu primitive Verwendung dieser Idee zu keiner vernünftigen Definition des Begriffs ‚zufällige 0-1-Folge' führt:

Satz 2.2 (Martin-Löf [9]) zeigt, daß die Abschnitte $x_1 \ldots x_n$ ($n = 1, 2, \ldots$) einer unendlichen 0-1-Folge $x = x_1 x_2 \ldots$ immer wieder relativ regelmäßig werden. Martin-Löf [9] [10] definierte nun zufällige 0-1-Folgen als solche, die einen sog. universellen *Sequentialtest* überleben. Diese Tests lassen eine überabzählbare Klasse von unendlichen 0-1-Folgen durch, die sämtliche von der klassischen Wahrscheinlichkeitstheorie schon gelieferten oder noch zu entdeckenden Eigenschaften haben. Jede dieser Eigenschaften liefert nämlich ein ‚Filter' im Test, durch das nur Folgen schlüpfen können, die diese Eigenschaft haben. Vgl. auch Schnorr [13], [14].

Die hiermit angedeutete *Universalität* ist ein wesentliches Kennzeichen der Theorie von Kolmogorov und Martin-Löf. Man muß sie im Sinne der Turing-Theorie verstehen. Sie schlägt sich dort nieder in den Sätzen über die Turing-Aufzählbarkeit der Menge aller Turing-aufzählbaren Mengen (etwa von natürlichen Zahlen): das ist das sog. Aufzählungstheorem (siehe Beitrag III dieses Bandes, Satz 6.4 und den Beitrag über Aufzählbarkeit, Satz 3.9), das wir hier ständig benützen werden.

Es sei noch erwähnt, daß sich die Beschränkung auf *symmetrische* Münzen, d.h. Wahrscheinlichkeit $\frac{1}{2}$ für ‚0‘ wie für ‚1‘ eliminieren läßt. Man kann eine Theorie konstruieren, in der auch alle asymmetrischen Fälle zugleich mitbehandelt werden (Martin-Löf [10]).

§ 1. Die Kolmogorovsche Komplexität endlicher 0-1-Wörter

Wir beginnen mit der Kolmogorovschen Idee, die Komplexität (= Kompliziertheit) eines endlichen 0-1-Worts $w = w_1 \ldots w_n \in \Omega$ durch die minimale Länge eines Programms zu definieren, das eine Turing-Maschine zum Ausdrucken von w veranlaßt.

Definition 1.1: Sei $A = A(*|*)$ eine Turing-berechenbare Funktion, die gewissen Paaren (n,p) $(n=0,1,\ldots, p\in\Omega)$ endliche 0-1-Wörter $w = A(p|n)$ zuordnet, wobei die Nebenbedingung $|w| = n$ eingehalten wird. Für jedes endliche 0-1-Wort w der Länge $|w| = n$ sei

$$P(w) = \{p \mid A(p|n) = w\},$$

die Menge aller Programme, bei denen w geliefert wird. Dann bezeichnen wir

$$K_A(w) = \inf_{p \in P(w)} |p|$$

als die (Kolmogorovsche) *Komplexität von w für (bezüglich) A.* Dabei wird wie üblich $\inf \emptyset = \infty$ gesetzt.

Die letztere Vereinbarung besagt: Wörter, die die Maschine nicht liefern kann, sind für sie unendlich komplex.

Beispiele: 1) Wir nehmen die schon erwähnte primitive Maschine, die für jedes (n,p) nur Nullen ausdruckt.
Dann ist

$$K_A(w) = \begin{cases} 0 & \text{falls } w \text{ aus lauter Nullen besteht} \\ \infty & \text{sonst} \end{cases}$$

denn man kann, um $w = 0 \ldots 0$ zu erhalten, das leere Programm $p = \square$ wählen: $|p| = 0$.

2) Wir nehmen die „reine Kopiermaschine", die durch

$$A(p|n) = p$$

beschrieben wird. Hier ist natürlich

$$K_A(w) = |w|.$$

3) Wir nehmen die „lexikographische Maschine": sie liest bei gegebenem (n,p) die ersten $[\log_2 n] + 1$ Symbole von p als (Dualdarstellung der) „Anzahl k der zu verwendenden Einsen" und den Rest von p als (Dualdarstellung der) lexikographischen Nummer des zu schreibenden Worts innerhalb der Menge der Wörter w mit $|w| = n$ und genau k Einsen. Dabei vereinbart man: mehr als n Einsen heißt „lauter Einsen", $\square$ Einsen heißt „keine Einsen", lexikographische Nummer $> \binom{n}{k}$ heißt „lexikographisch höchstes unter den Worten mit genau k Einsen", lexikographische Nummer $\square$ heißt „lexikographisch niedrigstes unter den Wörtern mit genau k Einsen"; solche Zusatzvereinbarungen sind nötig, da z.B. $[\log_2 n] + 1$ Einsen für $n = 4$ die Zahl $k = 7$ bedeuten, also mehr Einsen als Plätze da sind. Wir hätten sie auch durch Beschränkung auf „vernünftige" Programme ersetzen können. — Berechnet man nun etwa $K_A(010)$, so beachte man: $n = 3$, also $[\log_2 n] + 1 = 2$; $k = 1$, die ersten 2 Symbole von p müssen also 01 (Dualdarstellung von 1) lauten; die lexikographische Anordnung der Wörter w mit $|w| = 3$, die genau eine 1 enthalten, lautet $100 < 010 < 001$ (0 vor 1, links vor rechts): also muß p mindestens ein drittes Symbol 1 enthalten, also $p = 011$ lauten (auch $p = 0101$ oder $p = 01001$ würde $w = 010$ liefern). Damit ergibt sich

$$K_A(010) = 3.$$

Die wichtigste Aufgabe ist nun, sich von der Willkür der Wahl der Maschine, d.h. der Turing-berechenbaren Funktion $A = A(*|*)$ freizumachen. Das kann natürlich nicht ganz gelingen, wohl aber geht es in einer für asymptotische Betrachtungen bei $n \to \infty$ wirksamen Weise. Dies besorgt der

Satz 1.2 (Kolmogorov [7]): *Es gibt eine Turing-berechenbare Funktion A der beschriebenen Art, derart, daß es zu jeder anderen rekursiven Funktion $B(*|*)$ der beschriebenen Art eine Konstante c_{AB} mit*

(1) $$K_A(w) \leq K_B(w) + c_{AB} \qquad (w \in \Phi)$$

gibt.

Anmerkung: c_{AB} ist also für sämtliche endlichen 0-1-Wörter w gleichmäßig wählbar. Ein A mit dieser Eigenschaft nennen wir *asymptotisch optimal*.

Beweis: Wir erinnern an das Kleenesche Aufzählungstheorem über Turing-berechenbare Funktionen (s. Beitrag III dieses Bandes, Satz 6.4): es gibt eine Turing-berechenbare Funktion $U' = U'(*|*|*) : (m, n, p) \to U'(p|n|m)$ von 3 Variablen, derart, daß die Funktionen $U'(*|*|m)$ gerade sämtliche Turing-berechenbaren Funktionen von 2 Variablen (evtl. mit Wiederholungen) durchlaufen, wenn m die natürlichen Zahlen (in Dualdarstellung) durchläuft. Hier kommen natürlich auch Funktionen vor, die die Bedingung $|U'(p|n|m)| = n$ nicht immer erfüllen. Man sieht intuitiv sofort, daß durch

$$U(p|n|m) = \begin{cases} U'(p|n|m) & \text{falls } |U(p|n|m)| = n \\ \underbrace{0 \ldots 0}_{n} & \text{sonst} \end{cases}$$

wieder eine Turing-berechenbare Funktion U von 3 Variablen definiert ist, derart, daß die Funktionen $U(*|*|m)$ gerade sämtliche Turing-berechenbaren Funktionen der in Definition 1.1 verwendeten Art (evtl. mit Wiederholungen) durchlaufen, wenn m die natürlichen Zahlen durchläuft. Wir konstruieren nun A als

$$A(p|n) = U(q|n|m),$$

wobei q und m aus p folgendermaßen zu gewinnen sind:

a) es werden nur Programme akzeptiert bei denen p von der Form $p = m_1 m_1 \ldots m_r m_r 01 q$ mit $r > 0$ ist, also mit Doppelnullen bzw. Doppeleinsen beginnt, die vom Rest q des Programms durch 01 getrennt sind.

b) man liest $m_1 \ldots m_r$ als Dualdarstellung von m.

Es ist intuitiv klar, daß die so definierte Funktion $A(*|*)$ Turing-berechenbar ist: man muß nur eine Maschine, die die Aufspaltung von $p = m_1 m_1 \ldots m_r m_r 01 q$ in $m_1 \ldots m_r = m$ und q bewerkstelligt, mit der für $U(*|*|*)$ verwendeten Maschine koppeln. Wir begnügen uns hier mit dieser Begründung.

Sei nun $B(*|*)$ eine beliebige Turing-berechenbare Funktion der uns interessierenden Art. Wir bestimmen ein m mit $B(*|*) = U(*|*|m)$; es kann mehrere solche m geben, aber es genügt uns, irgendeines zu haben. Kann B das Wort w nicht liefern, so ist $K_B(w) = \infty$ und (1) gilt für jede Wahl der Konstanten c_{AB}. Wir können diese Wahl also ganz an den Fällen mit $K_B(w) < \infty$ orientieren.

Sei also jetzt w ein Wort, das man aus B erhalten kann und etwa $|w|=n$. Wir bestimmen q so, daß

$$B(q|n)=w,$$
$$|q|=K_B(w)$$

gilt. Wir bilden nun die Dualdarstellung $m_1 \ldots m_r$ von m und daraus das für A akzeptable

$$p = m_1 m_1 \ldots m_r m_r 01 q.$$

Dann ist

$$A(p|n) = U(q|n|m) = B(q|n) = w$$

und somit

$$K_A(w) \leq |p| = 2r+2+|q|$$
$$= 2r+2+K_B(w).$$

Wir können also $c_{AB} = 2r+2$ wählen, wobei r die Länge der Dualdarstellung der B aus U abrufenden Zahl m ist.

Intuitiv können wir sagen: A kann was B kann, wenn man ihm nur die Nummer m von B in U mitteilt; c_{AB} ist bis auf ein paar codierungstechnische Details gerade die Länge dieser Mitteilung.

Wir treffen nun die

Vereinbarung: Wir halten für das Folgende eine asymptotische optimale Turing-berechenbare Funktion A der uns interessierenden Art fest, setzen

$$K(w) = K_A(w) \qquad (w \in \Omega)$$

und nennen $K(w)$ die *Komplexität von w* (schlechthin).

Satz 1.2 garantiert, daß beim Wechsel von einem asymptotisch optimalen A zu einem andern (A') die $K(w)$ sich nur um höchstens $c_{AA'} + c_{A'A}$ — und das ist eine von w unabhängige Schranke — ändern.

Satz 1.3: *Für beliebige ganze Zahlen $n > 0$, $d \geq 0$ gibt es mindestens*

$$2^n \left(1 - \frac{1}{2^d}\right)$$

Wörter $w = w_1 \ldots w_n$ der Länge n mit

$$K(w) \geq n - d.$$

Insbesondere — man setze $d=0$ — gibt es stets Wörter w mit $K(w) \geq n$.

Beweis: Sei $a=n-d$. Die Relation $K(w)<c$ bedeutet: es gibt ein Programm p mit $|p|<a$, das $A(p|n)=w$ liefert. Wir zählen nun die Programme p mit $|p|<a$ ab: es gibt eines von der Länge 0, nämlich das leere Programm □; es gibt zwei von der Länge 1, nämlich 0 und 1; es gibt 2^k von der Länge k; also insgesamt

$$1+2+\cdots+2^{a-1} = \begin{cases} 0 & \text{für} \quad a=0, \\ 1 & \text{für} \quad a=1, \\ \dfrac{2^a-1}{a-1} & \text{für} \quad a>1. \end{cases}$$

Jedenfalls ist

$$1+2+\cdots+2^{a-1}<2^a \quad (a=0,1,\ldots),$$

also gibt es höchstens 2^a Wörter $w=w_1\ldots w_n$ mit $K(w)<a$. Da es insgesamt 2^n Wörter der Länge n gibt, gibt es mindestens $2^n-2^a=2^n-2^{n-d}=2^n\left(1-\dfrac{1}{2^d}\right)$ Wörter w der Länge n mit $K(w)\geq n-d$.

Wir wenden uns nun der Frage zu: Wie komplex können Wörter sein, die eine Maschine von sich aus hervorbringt?

Die bisherige Situation ist so: es steht eine universelle Maschine A zur Verfügung, die jedes gewünschte endliche 0-1-Wort w liefert, wenn man ihr nur das richtige Programm gibt. Das kann im schlimmsten Fall so aussehen: es gibt die (reichlich beschränkte) Maschine B, die nichts liefern kann als das einzige Wort w; wenn man A nur die ‚Nummer' m dieser Maschine gibt, arbeitet A wie B, druckt also w. Die Maschine A ist also fabelhaft leistungsfähig, aber nicht produktiv intelligent: man muß ihr in Gestalt von n und p genau sagen, was sie tun soll.

Unsere neue Frage bedeutet: Man nehme eine Maschine, die, ohne mit wechselnden Programmen gefüttert zu werden, sich selbst überlassen, eine unendliche Folge $w^{(0)}, w^{(1)}, \ldots$ von 0-1-Wörtern der Längen $0, 1, \ldots$ druckt. Wie steht es mit den Komplexitäten $K(w^{(0)}), K(w^{(1)}), \ldots$?

Der mathematische Ausdruck für eine solche Maschine ist eine Turing-berechenbare Funktion F, die jeder ganzen Zahl $n\geq 0$ ein 0-1-Wort $w^{(n)}=w_1^{(n)}, \ldots, w_n^{(n)}=F(n)$ der Länge n zuordnet. Nun ist die Antwort auf unsere Frage ganz leicht: man definiere eine Maschine $B(*|*)$ der früher benützten Art durch

$$B(p|n)=F(n).$$

Dann gibt es nach Satz 1.2 eine Konstante $c_{A|B}$ mit

$$K(w)=K_A(w)\leq K_B(w)+c_{AB} \quad (w\in\Omega).$$

Nun ist $K_B(w^{(n)})=0$, denn man kann außer der Wortlänge n ja z.B. das leere Programm $p=\square$ nehmen und hat dann $B(p|n) = B(\square|n) = F(n) = w^{(n)}$. Es folgt

$$K(w^{(n)}) \leq c_{AB}$$

und wir haben den

Satz 1.4: *Eine sich selbst überlassene Maschine druckt nur 0-1-Wörter beschränkter Komplexität.*

Denken wir an die eingangs erläuterte Idee von Kolmogorov [7], zufällige Wörter als solche (relativ zu n) hoher Komplexität zu definieren, zurück, so mag man Satz 1.3 mit ‚es gibt zufällige Wörter', Satz 1.4 mit ‚eine Maschine kann von sich aus nicht beliebig lange zufällige Wörter produzieren' aussprechen.

§ 2. Ein gescheiterter Versuch

Wir wollen jetzt versuchen, die Kolmogorovsche Komplexität *endlicher Wörter* zur Definition der Zufälligkeit *unendlicher 0-1-Folgen* zu benützen. Dazu dient uns die grobe

Definition 2.1: Eine unendliche 0-1-Folge $x = x_1 x_2 \ldots$ heißt *quasi-zufällig*, wenn es eine Konstante $c = c(x)$ mit

$$K(x_1 \ldots x_n) \geq n - c \quad (n = 1, 2, \ldots)$$

gibt.

Wir beweisen nun ein Ergebnis, nach dem die mit dieser Definition erfaßte Idee noch nicht ganz die richtige sein kann: *in jeder unendlichen 0-1-Folge* $x_1 x_2 \ldots$ *sinkt die Komplexität* $K(x_1 \ldots x_n)$ *immer wieder beträchtlich unter* n, *d.h. es gibt unendlich viele Abschnitte von beträchtlicher Regelmäßigkeit*. Wir werden daher der Definition des Begriffs ‚zufällige unendliche 0-1-Folge' nochmals eine neue Wendung geben müssen (vgl. § 4).

Satz 2.2 (Martin-Löf [9]): *Sei* $f(n)$ $(n=1, 2, \ldots)$ *eine Turing-berechenbare Funktion mit Werten aus der Menge* $\{0, 1, \ldots\}$, *derart, daß*

(1) $$\sum_{n=1}^{\infty} \frac{1}{2^{f(n)}} = \infty$$

gilt (d.h. $f(n)$ darf nicht ‚zu oft zu groß' sein). Dann gibt es zu jeder unendlichen 0-1-Folge $x_1 x_2 \ldots$ *unendlichviele n mit*

(2) $$K(x_1 \ldots x_n) < n - f(n).$$

Anmerkung: Nimmt $f(n)$ immer wieder kleine Werte an, so kann es sein, daß (2) gerade für diese Werte n gilt und damit eine relativ wertlose Aussage darstellt. Wählt man dagegen z.B. die Turing-berechenbare Funktion

$$f(n) = [\log_2 n],$$

so gilt

$$\sum_{n=1}^{N} \frac{1}{2^{f(n)}} \geq \frac{1}{2} \sum_{n=1}^{N} \frac{1}{n} \to \infty$$

und der Satz besagt, daß unendlich oft

$$K(x_1 \ldots x_n) < n + 1 - \log_2 n$$

gilt. Daraus folgt unmittelbar

Satz 2.3: *Es gibt keine quasi-zufälligen 0-1-Folgen.*

Er besagt das Scheitern des mit der Definition 2.1 gemachen Ansatzes.

Beweis von Satz 2.2: 1) Wir ersetzen $f(n)$ aus technischen Gründen vorübergehend durch eine größere Funktion, nämlich eine Turing-berechenbare Funktion $g(n)$ ($n=1,2,\ldots$) mit

(3) $$\sum_{n=1}^{\infty} \frac{1}{2^{g(n)}} = \infty,$$

(4) $$g(n) - f(n) \to \infty.$$

Hierzu teilen wir die Serie $1, 2, \ldots$ mittels einer Teilfolge $0 = m_0 < m_1 < \cdots$ in Abschnitte, derart, daß

$$\sum_{n=1}^{n_1} \frac{1}{2^{f(n)}} > 2^0 = 1, \quad \sum_{n=m_1+1}^{m_2} \frac{1}{2^{f(n)}} > 2^1, \ldots$$

also

(5) $$\sum_{n=m_k+1}^{m_{k-1}} \frac{1}{2^{f(n)}} > 2^k \quad (k=0,1,\ldots)$$

gilt und setzen

(6) $$g(n) = f(n) + k \quad (m_k < n \leq m_{k+1};\ k=0,1,\ldots).$$

(5) ist wegen (1) erreichbar und (6) garantiert (4). Es gilt aber auch (3), da nach Konstruktion

$$\sum_{n=1}^{\infty} \frac{1}{2^{g(n)}} = \sum_{k=0}^{\infty} \sum_{m_k < n \leq m_k+1} \frac{1}{2^{f(n)+k}}$$
$$> \sum_{k=0}^{\infty} \frac{1}{2^k} \sum_{m_k < n \leq m_k+1} \frac{1}{2^{f(n)}} > \sum_{k=0}^{\infty} \frac{2^k}{2^k} = \infty.$$

Es ist intuitiv klar, daß eine Maschine das Aufstellen der $m_0, m_1, \ldots$ und damit das Ausdrucken von $g(1), g(2), \ldots$ besorgen kann, wenn man die für $f(1), f(2), \ldots$ zuständige Maschine richtig mit einbaut. Also ist $g(n)$ $(n=1,2,\ldots)$ wieder eine Turing-berechenbare Funktion.

2) Wir verwenden eine schon bei Borel [3] (mit anderer Zielsetzung (Approximation reeller Zahlen durch rationale)) auftretende Idee, um eine Maschine B, die unendlich oft

$$K_B(x_1 \ldots x_n) < n - g(n)$$

liefert, zu konstruieren. Nach Satz 1.2 gibt es dann eine Konstante $c > 0$ mit

$$K(x_1 \ldots x_n) < n - g(n) + c.$$

Wegen (4) impliziert dies unendlichoft die gewünschte Ungleichung (2). — Die Konstruktion von B benützt eine Anordnung aller endlichen 0-1-Wörter a) nach der Wortlänge n, b) bei festem n in lexikographischer Reihenfolge; man denke sich etwa das Diagramm

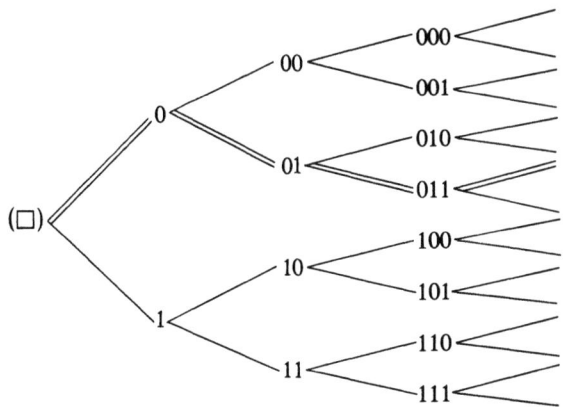

in welchem die n-te Spalte von oben nach unten gelesen die 0-1-Wörter der Länge n in lexikographisch aufsteigender Anordnung enthält und von jedem Wort zwei Verbindungsstriche nach rechts zu den 2 möglichen Verlängerungen des Wortes um ein weiteres Symbol (0 oder 1) führen. Unsere vorgegebene 0-1-Folge $x_1 x_2 \ldots$ ist mit der Folge $x_1 \ldots x_n$ ($n=1,2,\ldots$) ihrer Anfangsabschnitte, und auf diese Weise mit einem längs Verbindungsstrichen nach rechts voranschreitenden ‚Pfad' im Diagramm gleich bedeutend. Wir haben den Anfang dieses Pfads für die Folge 01111001... oben doppelt eingezeichnet.

In jeder Spalte (Nr. $n=1,2,\ldots$) dieses Schemas konstruieren wir nun eine Teilmenge M_n, wobei jedenfalls

$$M_n = \emptyset \quad (n - g(n) < 0)$$

herauskommen soll. Das Interessante ist die schrittweise Konstruktion von M_n für $n - g(n) \geq 0$. Wegen (3) muß dieser Fall unendlich oft eintreten, und wir können die Folge der $n = n_1, n_2, \ldots$, bei denen er eintritt, mit einer Turing-Maschine berechnen, weil $g(n)$ ($n=1,2,\ldots$) Turing-berechenbar, d.h. die Menge der Paare $(n, g(n))$ ($n=1,2,\ldots$) Turing-aufzählbar ist.

Wir fangen nun mit $M_1 = \cdots = M_{n_1 - 1} = \emptyset$ an, bis zum erstenmal $n_1 - g(n_1) \geq 0$ eintritt. Dann wählen wir als Elemente von M_{n_1} die $2^{n_1 - g(n_1)}$ obersten Wörter der n_1-ten Spalte (das sind die lexikographisch kleinsten). Dann erklären wir die von M_{n_1} nach rechts ausschwärmenden Pfade für vorläufig blockiert und machen mit $M_{n_1 + 1} = \emptyset, \ldots$ weiter, bis wieder ein $n = n_2$ mit $n_2 - g(n_2) \geq 0$ kommt. Die auf blockierten Pfaden sitzenden obersten $2^{n_2 - n_1} \cdot 2^{n_1 - g(n_1)} = 2^{n_2 - g(n_1)}$ Wörter der Länge n_2 lassen wir für M_{n_2} *nicht* zu, sondern wählen als Elemente von M_{n_2} die an sie nach unten anschließenden $2^{n_2 - g(n_2)}$ Wörter und blockieren vorerst auch die von ihnen nach rechts weiterlaufenden Pfade. Wenn wir, auf diese Weise fortfahrend, zu n_k — der k-ten Zahl n mit $n - g(n) \geq 0$ — gekommen sind, sitzen die obersten $2^{n_k} \left(\dfrac{1}{2^{g(n_1)}} + \cdots + \dfrac{1}{2^{g(n_{k-1})}} \right)$ Wörter der Spalte n_k schon auf blockierten Pfaden. Nun ist aber

$$\sum_{n_k - g(n_k) \geq 0} \frac{1}{2^{g(n_k)}} \geq \sum_{n=1}^{\infty} \frac{1}{2^{g(n)}} - \sum_{n=1}^{\infty} \frac{1}{2^n} = \sum_{n=1}^{\infty} \frac{1}{2^{g(n)}} - 1 = \infty \text{ wegen (3)},$$

also kommt es nach einiger Zeit bestimmt dazu, daß mehr als $2^{n_k} - 2^{n_k - g(n_k)}$ Wörter der Spalte n_k schon blockiert sind, man also keine $2^{n_k - g(n_k)}$ mehr in M_{n_k} hineinwählen kann. Sowie dies zum erstenmal eintritt — auch dieser Zeitpunkt ist Turing-berechenbar — wählen wir als Elemente von M_{n_k} einfach alle noch übrigen Wörter, annullieren alle Blockierungen und fangen das ganze Spiel bei der Spalte $n_k + 1$ wieder von vorne an: wir setzen $M_n = \emptyset$ für $n = n_k + 1, \ldots$, bis zum erstenmal wieder $n_{k+1} - g(n_{k+1}) \geq 0$ auftritt, usw.

Aus (3) folgt, daß wir unendlich oft so neu beginnen. Dies *pulsierende Verfahren* ist natürlich mit einer Maschine ausführbar.

Nun numerieren wir M_n lexikographisch von höchstens 0 bis höchstens $2^{n-g(n)}$ durch und schreiben die dabei verwendeten Nummern in Dualdarstellung: $0=0$, $1=1$, $2=10$,... Es entsteht eine Folge $a^{(0)},...,a^{(r_n-1)}$ von 0-1-Nummern mit Längen $\leq n-g(n)$. Durch

$B(p|n) =$ das Wort mit der Nummer j in M_n
    falls $p = a^{(j)}$

ist eine Turing-Maschine des in Definition 1.1 auftretenden Typs gegeben.

Sehen wir uns nun die unendliche Folge $x_1 x_2 ...$ an und berechnen wir für diese eben konstruierte Maschine B die Komplexitäten $K_B(x_1...x_n)$. Wegen des immer neuen Beginns im obigen pulsierenden Verfahrens wird unendlichoft $x_1...x_{n_k} \in M_{n_k}$ und damit

$$K_B(x_1...x_{n_k}) \leq n_k - g(n_k),$$

wie behauptet.

§ 3. Der Raum der unendlichen 0-1-Folgen

Bevor wir uns der endgültigen Beantwortung der Frage ‚wie soll man den Begriff der zufälligen unendlichen 0-1-Folge definieren' zuwenden, verlassen wir für eine Weile den Bereich des Turing-Berechenbaren völlig und studieren die Menge

$$X = \{x = x_1 x_2 ... | x_1, x_2, ... = 0 \text{ oder } 1\}$$

aller unendlichen 0-1-Folgen in klassisch-unbekümmerter Weise, u.z. in topologischer und maßtheoretischer Hinsicht. Die hierbei entwickelten Ergebnisse werden wir z.T. wieder in die bisher benützte Menge

$$\Omega = \{w = w_1 ... w_n | w_1, ..., w_n = 0 \text{ oder } 1\} \quad (\ni \square)$$

aller endlichen 0-1-Wörter zurückübersetzen und mit Turingmäßigen Untersuchungen verknüpfen. Es werden jedoch auch gewisse Ergebnisse, die in typischer Weise aus dem Turing-Bereich herausfallen, später benötigt.

In X ist durch $|x,y| = \sum_{t=1}^{\infty} \frac{|x_t - y_t|}{2^t}$ $(x = x_0 x_1 ..., y = y_0 y_1 ... \in X)$

eine *Metrik* gegeben: man verifiziert sofort
 2) $|x\ y| \geq 0$ mit $= 0$ genau dann, wenn $x = y$ ist
 2) $|x,z| \leq |x,y| + |y,z|$ $(x, y, z \in X)$.

x und y liegen in dieser Metrik umso näher beieinander, in je mehr Komponenten sie übereinstimmen. Für eine Folge $x^{(1)}, x^{(2)}, \ldots \in X$ ist also die metrische Konvergenz $|x^{(k)}, x| \to 0$ gegen ein $x \in X$ mit der Aussage ‚zu jedem $t_0 > 0$ gibt es ein $k_0 > 0$ derart, daß für $k \geq k_0$

$$x_1^{(k)} = x_1, \ldots, x_{t_0}^{(k)} = x_{t_0}$$

(Übereinstimmung mindestens der Komponenten Nr. $1, \ldots, t_0$) gilt' gleichbedeutend. Es ist somit ganz einfach, aus einer beliebig in X gegebenen Folge $x^{(1)}, x^{(2)}, \ldots$ mittels eines Diagonalverfahrens eine metrisch konvergente Teilfolge herauszuziehen:

In der 0-1-Folge $x_1^{(1)}, x_1^{(2)}, \ldots$ der ersten Komponenten kommt einer der Werte 0, 1 unendlich oft vor. Für passende $1 \leq k_{11} \leq k_{12} \leq \ldots$ gilt $x_1^{(k_{10})} = x_1^{(k_{11})} = \ldots$

Nun sehe man sich längs dieser Teilfolge die Komponenten Nr. 2 an: in der Folge $x_2^{(k_{11})}, x_2^{(k_{12})}, \ldots$ gibt es eine Teilfolge $x_2^{(k_{21})} = x_2^{(k_{22})} = \ldots$ So fahre man fort und setze schließlich $x = x_0^{(k_{11})} x_1^{(k_{22})}, \ldots$ um x für $v \to \infty$ $|x^{(k_{vv})}, x| \to 0$ zu erhalten. Also ist X (mit der Metrik $|\cdot, \cdot|$) ein kompakter Raum: ein metrisches Kompaktum.

Wenn der Leser hiermit das Gefühl gewonnen hat, X sei so ziemlich das einfachste metrische Kompaktum der Welt, so hat er ganz recht und ich bitte ihn, sich dies Gefühl auch angesichts der zunächst vielleicht etwas befremdlichen Tatsache, daß für jedes endliche Wert $w = w_1, \ldots w_n$ die sog. *Zylindermenge*

$$[w] = [w_1 \ldots w_n] = \{x = x_1 x_2 \ldots | x_1 = w_1, \ldots, x_n = w_n\}$$
$$= \{x = w_1 \ldots w_n x_{n+1} \ldots | x_{n+1}, x_{n+2}, \ldots = 0, 1\}$$

(man setzt natürlich $[\Box] = X$) zugleich offen und abgeschlossen ist, zu bewahren.

Sie ist es in der Tat, denn a) ist $x \in [w]$ und $|x, y| < \dfrac{1}{2^n}$, so ist $y_1 = x_1 = w_1, \ldots, y_n = x_n = w_n$, also $y \in [w]$, d.h. $[w]$ ist offen; wegen

$$X = \sum_{w_1, \ldots, w_n = 0, 1} [w_0, \ldots, w_n]$$

($\sum$ bedeutet disjunkte Vereinigung) folgt aber auch

$$[w] = X \setminus \sum_{\substack{v_1, \ldots, v_n = 0, 1 \\ v_1 \ldots v_n \neq w_1 \ldots w_n}} [v_1 \ldots v_n],$$

so daß $[w]$ als Komplement einer offenen Menge auch abgeschlossen sein muß. Für jedes $x = x_1 x_2 \ldots \in X$ ist offenbar $[x_1 \ldots x_n]$ eine x enthaltende offene Menge vom Durchmesser $\dfrac{1}{2^n}$. Die Folge

$[x_1], [x_1 x_2], \ldots$ dieser Mengen bildet daher eine Umgebungsbasis von x in der metrischen Topologie.

Wir wollen nun in X nicht nur (metrische) *Topologie*, sondern auch *Wahrscheinlichkeitstheorie* treiben. Wir tun dies, indem wir jeder Zylindermenge $[w_1 \ldots w_n]$ die Wahrscheinlichkeit $p([w_1 \ldots w_n]) = \frac{1}{2^n}$ zuordnen und dann für jede Menge $M \subseteq X$, die sich als endliche disjunkte Vereinigung $M = [w^{(1)}] + \cdots + [w^{(r)}]$ von Zylindermengen (die $w^{(\rho)}$ dürfen dabei von verschiedener Länge sein) $(M) = p([w^{(1)}]) + \cdots + p([w^{(r)}])$ als Wahrscheinlichkeit von M ansetzen. Dabei kommt insbesondere $p(X) = 1$ heraus. Allgemein ist $0 \leq p(M) \leq 1$. Hierbei ist natürlich zu klären, ob nicht bei verschiedenen Darstellungen $M = [w^{(1)}] + \cdots + [w^{(r)}] = [v^{(1)}] + \cdots + [v^{(s)}]$ verschiedene Maßwerte $p([w^{(1)}]) + \cdots + p([w^{(r)}]) \neq p([v^{(1)}]) + \cdots + p([v^{(s)}])$ herauskommen können; man reduziert dies Problem leicht auf die Situation $M = [w_1 \ldots w_n] = [w_1 \ldots w_n 0] + [w_1 \ldots w_n 1]$, wo aber $\frac{1}{2^n} = \frac{1}{2^{n+1}} + \frac{1}{2^{n+1}}$ unsere Besorgnis behebt. — Wer schon einmal mit Wahrscheinlichkeits- und Maßtheorie zu tun gehabt hat, weiß, daß man nicht bei der Zuordnung von $p(M)$ zu den genannten einfach gebauten Mengen M stehenbleiben darf, sondern den Definitionsbereich von p erweitern muß.

Wir benötigen hier nur einen Teil dieser Erweiterungstheorie, nämlich die Erweiterung auf *offene Mengen* und die Definition einer *Nullmenge*. All dies läßt sich ohne großen Aufwand bewerkstelligen: Sei $U \subseteq X$ offen und U_1 die Vereinigung aller in U enthaltenen Zylindermengen der ‚Länge' 1 (also $U_1 = \emptyset, [0], [1]$ oder $= X = [0] + [1]$). Da U_1 als endliche Vereinigung abgeschlossener Mengen — es gibt maximal 2^1 solche Zylindermengen und die sind abgeschlossen — wieder abgeschlossen ist, ist $U \setminus U_1$ offen. Offenbar enthält $U \setminus U_1$ keine nichtleere Zylindermenge der ‚Länge' 1 mehr. Sei U_2 die Vereinigung aller (höchstens 2^2) in $U \setminus U_1$ enthaltenen Zylindermengen der ‚Länge' 2 (also $U_2 = \emptyset, [00], [01], [10], [11], [00] + [11], [00] + [10]$ oder $[11] + [01]$). Offenbar ist $U_1 \cap U_2 = \emptyset$ und $U \setminus (U_1 + U_2)$ offen. So konstruiert man nacheinander die paarweise disjunkten Teilmengen $U_1, U_2, \ldots$ von U. Ihre disjunkte Vereinigung ist U: sei $x = x_1 x_2 \ldots \in U$ und n minimal mit $[x_1 \ldots x_n] \subseteq U$; dann ist $x \in U_n$. Die $p(U_1), p(U_2), \ldots$ sind offenbar schon definiert, und wegen $p(U_1) + \cdots + p(U_n) = p(U_1 + \cdots + U_n) \leq p(X) = 1$ ist die Reihe $p(U_1) + p(U_2) + \cdots$ konvergent gegen $\lim_n p(U_1 + \cdots + U_n) \leq 1$. Ihren Summenwert setzen wir als Wahrscheinlichkeit $p(U)$ von U an. Ist $M \subseteq X$ und gibt es zu jedem $\varepsilon>0$ ein offenes $M\subseteq U\subseteq X$ mit $p(U)<\varepsilon$, so nennen wir M eine *Nullmenge* und schreiben $p(M)=0$, $p(X\setminus M)=1$. Es gilt dann:

Das Komplement $X\setminus M$ einer Nullmenge ist nicht leer, sogar überabzählbar und metrisch dicht in X. Hierzu beweisen wir

1) Ist U offen, und sind $U'_1\leq U'_2\leq\ldots\leq U$ Mengen, von denen sich jede als endliche Vereinigung von Zylindermengen darstellen läßt, derart, daß $U'_1\cup U'_2\cup\ldots=U$ gilt, so ist $\lim p(U'_n)=p(U)$. In der Tat gibt es zu jedem k ein n mit $U_1+\cdots+U_k\subseteq U'_n$; denn sonst wären die abgeschlossenen Mengen $(U_1+\cdots+U_k)\setminus U'_n$ sämtlich nichtleer, und wegen Kompaktheit käme sogar $\emptyset\neq\bigcap_n(U_1+\cdots+U_k)\setminus U'_n$
$=(U_1+\cdots+U_k)\setminus\bigcup U'_n=(U_1+\cdots+U_k)\setminus U=\emptyset$, ein Widerspruch; aus $U_1+\cdots+U_k\leq U'_n$ folgt $p(U_1+\cdots+U_k)\leq p(U'_n)$; so erhalten wir $p(U)\leq\lim p(U'_n)$; derselbe Schluß mit vertauschten Rollen liefert $\geq$ und wir sind fertig.

2) Sind U,V offen, so ist $U\cup V$ offen und $p(U\cup V)\leq p(U)+p(V)$. Wir finden $U'_1,V'_1,U'_2,V'_2\ldots$ von der besagten Art mit $U'_1\subseteq U'_2\subseteq\cdots\subseteq\bigcup U'_n=U$, $V'_1\subseteq V'_2\subseteq\cdots\subseteq\bigcup V'_n=V$ und sehen dann: auch die $U'_1\cup V'_1\subseteq U'_2\cup V'_2\subseteq\ldots$ sind als endliche disjunkte Vereinigungen von Zylindermengen darstellbar und $U\cup V=\bigcup_n(U'_n\cup V'_n)$ also $p(U\cup V)=\lim p(U'_n\cup V'_n)\leq\lim p(U'_n)+\lim p(V'_n)=p(U)+p(V)$. Das $\leq$-Zeichen beruht hier auf der Abschätzung $p(U'_n\cup V'_n)\leq p(U'_n)+p(V'_n)$, die man ganz leicht bekommt, wenn man U'_n, V'_n und $U'_n\cup V'_n$ als disjunkte Vereinigungen von Zylindermengen $[w_1\ldots w_r]$ mit lauter gleichen ‚Längen' r dargestellt: bei $p(U'_n)+p(V'_n)$ werden evtl. einige Summanden $\frac{1}{2^r}$ zweimal auftreten, die bei $p(U'_n\cup V'_n)$ nur einmal zählen.

3) Sind $U_1,U_2,\ldots$ offen, so ist $U_1\cup U_2\cup\ldots$ offen und $p(U_1\cup U_2\cup\ldots)\leq p(U_1)+p(U_2)\cup\ldots$. Man wähle hierzu für jedes n eine aufsteigende Folge $U'_{n1}\subseteq U'_{n2}\subseteq\ldots$ von Teilmengen von U_n, von denen sich jede als endliche Vereinigung von Zylindermengen darstellen läßt, derart, daß $U_n=U'_{n1}\cup U'_{n2}\cup\ldots$ gilt. Auch die Mengen $U'_k=U'_{1k}\cup\cdots\cup U'_{kk}$ sind dann endliche Vereinigungen von Zylindermengen und erfüllen $U'_1\subseteq U'_2\subseteq\ldots$, $U'_1\cup U'_2\cup\ldots$ $=U_1\cup U_2\cup\ldots$ Wir schließen nun aus 1) und 2), daß $p(U_1\cup U_2\cup\ldots)$ $=\lim_k p(U'_k)\leq\lim_k[p(U'_{1k})+\cdots+p(U'_{kk})]\leq p(U_1)+p(U_2)+\ldots$

4. Ist $M\subseteq X$ abzählbar, so ist M eine Nullmenge: man wähle zu $\varepsilon>0$ Zahlen $n_1,n_2,\ldots$ mit $\frac{1}{2^{n_1}}+\frac{1}{2^{n_2}}+\cdots<\varepsilon$. Sei $M=\{x^{(1)},x^{(2)},\ldots\}$. Man wähle $\tilde U_1=[x_1^{(1)}\ldots x_{n_1}^{(1)}]$, $\tilde U_2=[x_1^{(2)}\ldots x_{n_2}^{(2)}],\ldots$ und setze

$U'_n = \tilde{U}_1 \cup \ldots \cup \tilde{U}_n$, $U = \tilde{U}_1 \cup \tilde{U}_2 \cup \ldots$ Offenbar gilt $\lim_n p(U'_n)$
$\leq \frac{1}{2^{n_1}} + \frac{1}{2^{n_2}} + \cdots < \varepsilon$ und somit $p(U) < \varepsilon$. Es ist aber $M \subseteq U$.

Nun können wir unser Resultat beweisen: Wäre $X \backslash M$ abzählbar, so gäbe es zu jedem $\varepsilon > 0$ offene Mengen U, V mit $M \subseteq U$, $X \backslash M \subseteq V$, $p(U) < \frac{\varepsilon}{2}$, $p(V) < \frac{\varepsilon}{2}$ (man benütze 3) für $X \backslash M$). Damit kommt $X = U \cup V$, also $1 = p(X) \leq p(U) + p(V) < \frac{\varepsilon}{2} + \frac{\varepsilon}{2} = \varepsilon$, für $\varepsilon < 1$ ein Widerspruch. Also ist $X \backslash M$ überabzählbar. Führt man dieselbe Überlegung (mit $\varepsilon < \frac{1}{2^{n+1}}$) unter Beschränkung auf eine beliebige Zylindermenge $[w_1 \ldots w_n]$ durch, so sieht man:

Sogar $[w] \backslash M$ ist überabzählbar, insbesondere liegt $X \backslash M$ in X metrisch dicht. Die bei diesem Ausflug in den der Turing-Berechenbarkeit nicht völlig zugänglichen Raum X gewonnenen Ideen wollen wir nun als Leitmotiv für einige Überlegungen in der vertrauten Menge Ω aller endlichen 0-1-Wörter benützen, indem wir vermöge der Zuordnung

$$w \leftrightarrow [w]$$

zwischen Elementen von Ω und Teilmengen von X hin und hergehen. Wir können diese Zuordnung gleich noch etwas ausdehnen: jeder Teilmenge U von X ordnen wir die Menge aller w mit $[w] \subseteq U$ zu, also eine Teilmenge $W = W(U)$ von Ω. Wie kann man die so erhaltenen Teilmengen W von Ω charakterisieren? Nun, ist $v = w_1 \ldots w_r v_{r+1} \ldots v_s$ eine Verlängerung von $w = w_1 \ldots w_r$, so ist $[v] \subseteq [w]$ und $[w] \subseteq U$ impliziert $[v] \subseteq U$, also folgt $v \in W$ aus $w \in W$. Eine Menge $W \subseteq \Omega$, die mit jedem Wort auch all dessen Verlängerungen enthält, wollen wir *sequentiell* nennen. Es gilt nun: die Mengen der Form $W = W(U)$ ($U \subseteq X$) sind gerade die sequentiellen Mengen. Wir haben eben schon gezeigt, daß jede Menge $W = W(U)$ sequentiell ist. Wir müssen noch zeigen, daß jede sequentielle Menge $W \subseteq \Omega$ von der Form $W = W(U)$ (für passendes $U \subset X$) ist. Hierzu setzen wir bei gegebenem sequentiellen $W \subseteq \Omega$

$$U = \bigcup_{w \in W} [w].$$

Dann verifiziert man sofort $W = W(U)$. Da dies U als Vereinigung von offenen Mengen offen ist, sehen wir zugleich: bei Beschränkung auf *offene* Teilmengen $U \subseteq X$ ist die Beziehung $W = W(U) \leftrightarrow U$ eineindeutig, d.h. offene Teilmengen U von X und sequentielle Teilmengen W von Ω sind nur zwei Aspekte derselben Sache. Wir bezeichnen die auf diese Weise einer sequentiellen Teilmenge W von Ω zugeordnete offene Teilmenge U von X mit

$$U = [W],$$

haben also $W = W([W])$, $U = [W(U)]$.

Um gleich mit dieser Identifikation etwas Ernst zu machen, definieren wir jetzt auch für sequentielle Teilmengen W von Ω die Wahrscheinlichkeit

$$p(W) = p([W]).$$

Man überlege sich zur Übung einmal, wie man $p(W)$ berechnet, ohne zu $[W]$ überzugehen.

§ 4. Zufällige unendliche 0-1-Folgen

Nunmehr haben wir alle Mittel in der Hand, um in vernünftiger Weise zu definieren, wann eine unendliche 0-1-Folge $x = x_1 x_2 \ldots$ zufällig heißen soll.

Was hatten wir bei unserem gescheiterten Versuch in § 2 eigentlich falsch gemacht? Wir hatten es mit

$$x \text{ quasi-zufällig} \Leftrightarrow K(x_1, \ldots, x_n) \geq n - c \ (n = 1, 2, \ldots)$$

probiert und hatten feststellen müssen, daß es keine quasi-zufälligen 0-1-Folgen gibt (Satz 2.2). Martin-Löf [9, 10] hat nun vorgeschlagen, zufällige 0-1-Folgen als solche zu definieren, die einen sog. universellen Sequentialtest überleben. Dieser Vorschlag hat sich bewährt (vgl. auch die Modifikation von Schnorr [13]), und wir wollen sie hier vorführen.

Ein Test ist der Wortbedeutung nach eine Prüfung, die man bzw. der geprüfte Gegenstand bestehen kann oder nicht. Bei der theoretischen Fahrprüfung füllt man z.B. durch Ankreuzen einen Fragebogen aus, dann werden diese Bogen mit einer Schablone korrigiert, und wer mehr als 2 Fehler hat, ist durchgefallen. Das kann man so beschreiben: Gibt es n Fragen, und bei jeder Frage 3 Kästchen zum Ankreuzen, so gibt es 3^n Möglichkeiten, den Fragebogen auszufüllen; davon ist genau eine fehlerfrei, genau n liefern genau einen Fehler und genau $n(n-1)$ liefern genau 2 Fehler. Die übrigen $3^n - n - n(n-1) = 3^n - n^2$ Möglichkeiten bedeuten ‚durchgefallen‘, sie bilden die sog. ‚kritische Region‘ des Tests. Füllt man also den Fragebogen rein zufallsmäßig, mit gleicher Wahrscheinlichkeit für alle Möglichkeiten aus, so fällt man mit der ‚Sicherheitswahrscheinlichkeit‘ $\dfrac{3^n - n^2}{3^n} = 1 - \dfrac{n^2}{3^n}$ durch. Da 3^n erheblich schneller als n^2

gegen ∞ geht, empfiehlt sich das Verfahren für große n noch weniger als für $n=1$, wo man dabei immerhin nur mit der Wahrscheinlichkeit $\frac{2}{3}$ durchfällt.

Stellen wir uns jetzt wieder auf 0-1-Wörter um, und arbeiten wir für den Augenblick mit einer festen Wortlänge $n \geq 1$, so ist ein *Test*, mathematisch gesprochen, einfach eine Teilmenge K (auch kritische Region des Tests genannt) der Menge $\{0,1\}^n$ aller 0-1-Wörter der Länge n und $\frac{1}{2^n} \cdot$ (Anzahl $|K|$ der Elemente von K) die *Sicherheitswahrscheinlichkeit* des Tests.

Nun kommen in unseren Überlegungen immer 0-1-Wörter der verschiedensten Längen vor, es empfiehlt sich daher, als kritische Regionen gleich Teilmengen der Menge Ω *aller* endlichen 0-1-Wörter zuzulassen. Ferner wollen wir verschiedene Sicherheitswahrscheinlichkeiten (am bequemsten sind für uns $1 = \frac{1}{2^0}, \frac{1}{2^1}, \frac{1}{2^2}, ...$) simultan betrachten, und schließlich muß alles rekursiv, d.h. Turing-berechenbar sein. So gelangen wir schließlich zu der für das Weitere zuständigen Definition 4.1.

Dabei werden wir nach dem am Schluß von § 3 entwickelten Verfahren ständig zwischen der Menge Ω aller endlichen 0-1-Wörter w und der Menge X aller unendlichen 0-1-Folgen x hin und hergehen und insbesondere von Wahrscheinlichkeiten sequentieller Teilmengen von Ω sprechen.

Definition 4.1: Eine Turing-aufzählbare Menge K von geordneten Paaren

$$(m,w) \quad (m \geq 0 \quad \text{ganz}, \quad w \in \Omega)$$

heißt ein *Sequentialtest*, wenn die Mengen

$$K_m = \{w \mid w \in \Omega, \ (m,w) \in K\} \quad (m=0,1,...)$$

(seine ‚kritischen Regionen') folgende Bedingungen erfüllen:

1) $K_0 \supseteq K_1 \supseteq ...$
2) K_m ist sequentiell im Sinne von § 3 $(m=0,1,...)$.
3) $p(K_m) \leq \dfrac{1}{2^m} \quad (m=0,1,...)$.

Die Forderungen 1)—3) bedeuten, in den Raum X aller unendlichen 0-1-Folgen übersetzt: man hat eine absteigende Folge von offenen Teilmengen $[K_0] \supseteq [K_1] \supseteq ...$ von X, deren Wahrscheinlichkeiten

$p([K_m]) \le \dfrac{1}{2^m}$ ($m=0,1,\ldots$) erfüllen, also gegen 0 gehen. Insbesondere ist

$$M = M_K = \bigcap_{m \ge 0} [K_m]$$

eine *Nullmenge*. Wir nennen sie die *Nullmenge* des *Tests* K; sie besteht, salopp gesagt, aus denjenigen Folgen $x = x_1 x_2 \ldots$ die den Test K nicht überleben.

Satz 4.2: *Es gibt einen Sequentialtest U derart, daß zu jedem Sequentialtest K eine Konstante $c = c_{UK}$ mit*

(1) $$K_{m+c} \subseteq U_m$$

existiert. Jedes derartige U wird als ein universeller Sequentialtest bezeichnet. Ist V ein weiterer universeller Sequentialtest, so gilt

$$M_U = M_V .$$

Wir bezeichnen die durch

$$M = M_U \quad (U \text{ universeller Sequentialtest})$$

eindeutig definierte Nullmenge $M \subseteq X$ als die universelle Nullmenge, und definieren die Elemente x von $X \setminus M$ als die zufälligen unendlichen 0-1-Folgen.

Es ist also M die Menge aller ‚universellen Lebenslänglichen'. *Eine Folge ist zufällig, wenn sie einen universellen Sequentialtest oder — was nach (1) dasselbe ist — wenn sie jeden Sequentialtest überlebt.* Nach § 4 gibt es überabzählbar viele zufällige 0-1-Folgen und sie liegen in X dicht. Man beachte, daß dies Ergebnis nicht rein aus der Turing-Theorie stammt.

Beweis: Wir gehen ähnlich wie beim Beweis von Satz 1.2, vor. Nach dem Aufzählungstheorem (s. den Beitrag über Aufzählbarkeit in diesem Band, Satz 3.9) gibt es eine Turing-aufzählbare Teilmenge T von geordneten Tripeln (k,m,w) ($k,m=0,1,\ldots, w \in \Omega$) derart, daß zu jedem Sequentialtest K mindestens ein k mit

$$K_m = \{w \mid (k,m,w) \in T\} \quad (m=0,1,\ldots)$$

existiert. Wir können nach leichter Modifikation ferner annehmen, daß $\{(m,w) \mid (k,m,w) \in T\}$ für jedes k ein Sequentialtest ist. Sei nun U die Menge aller Paare (m,w), zu denen es ein k mit $(k, x+k+1, w) \in T$ gibt. Natürlich ist U wieder Turing-aufzählbar. Es gelten auch wieder die Forderungen 1) — 3) von Definition 4.1:

1) $U_m = \bigcup_{k=0}^{\infty} \{w|(k,m+k+1,w) \in T\}$

$\supseteq \bigcup_{k=0}^{\infty} \{w|(k,m+1+k+1,w) \in T\}$

$= U_{m+1} \quad (m=0,1,\ldots),$

weil $\{(m,w)|(k,m,w) \in T\}$ für jedes k die Forderung 1) Def. 4.1 erfüllt.

2) U_m ist als Vereinigung sequentieller Mengen wieder sequentiell.

3) $p(U_m) \leq \sum_{k=0}^{\infty} p(\{w|(k,m+k+1,w) \in T\})$

$\leq \sum_{k=0}^{\infty} \frac{1}{2^{m+k+1}} = \frac{1}{2^m}.$

Nun bestimmen wir zu einem beliebig gegebenen Sequentialtest K die Nummer k wie oben. Es gilt dann mit $c = c_{UK} = k+1$

$K_{m+c} = \{w|(k,m+c,w) \in T\}$
$= \{w|(k,m+k+1,w) \in T\}$
$\subseteq \sum_{k=0}^{\infty} \{w|(k,m+k+1,w) \in T\}$
$= U_m.$

Man beachte, daß U rekursiv aufzählbar ist. Die übrigen Aussagen des Satzes ergeben sich unmittelbar.

Nun wollen wir uns einmal überlegen, was wir mit unserer Definition des Begriffs ‚zufällige (unendliche) 0-1-Folge' eigentlich erreicht haben. Wir sind ja bisher nur nach rein internen Gesichtspunkten unserer Theorie vorgegangen. Es stellt sich aber heraus, daß praktisch alle Sätze der üblichen Wahrscheinlichkeitstheorie unendlicher 0-1-Folgen (mit der Annahme, die Komponenten von $x = x_1 x_2 \ldots$ würden statistisch unabhängig und mit Wahrscheinlichkeit $\frac{1}{2}$ für ‚0' (wie auch für ‚1') gebildet) Anlaß zu Sequentialtests geben. Wir führen dies an einem Beispiel, das wahrscheinlichkeitstheoretisch vorgebildete Leser sicherlich kennen, skizzenhaft vor.

Das *starke Gesetz der großen Zahlen* besagt im hier gewählten Rahmen, daß in einer zufälligen 0-1-Folge $x = x_1 x_2 \ldots$ ungefähr gleichviele Nullen und Einsen auftreten müssen, daß

$$\lim_{n \to \infty} \frac{1}{n}(x_1 + \cdots + x_n) = \frac{1}{2}$$

gilt. In der üblichen Wahrscheinlichkeitstheorie liegt folgende Aussage vor: für jedes $\varepsilon > 0$ bilden die offenen Mengen

$$U(\varepsilon, n) = \bigcup_{k \geq n} \left\{ x \mid \left| \frac{1}{k}(x_1 + \cdots x_k) \right| > \varepsilon \right\}$$

in X eine absteigende Folge mit $\lim_n p(U(\varepsilon, n)) = 0$, sodaß $N(\varepsilon) = \bigcap_n U(\varepsilon, n)$ eine Nullmenge im Sinne von § 3 wird. Natürlich können wir uns auf die Werte $\frac{1}{1}, \frac{1}{2}, \frac{1}{3}, \ldots$ für ε beschränken. Damit erhalten wir das Doppelschema

$$U(1,1), \quad U(1,2), \quad U(1,3), \ldots$$
$$U(\tfrac{1}{2},1), \quad U(\tfrac{1}{2},2), \quad U(\tfrac{1}{2},3), \ldots$$
$$U(\tfrac{1}{3},1), \quad U(\tfrac{1}{3},2), \quad U(\tfrac{1}{3},3), \ldots$$
$$\ldots\ldots\ldots\ldots\ldots\ldots$$

und wegen $\lim_n p\left(U\left(\frac{1}{k}, n\right)\right) = 0$ $(k=1,2,\ldots)$ ist es leicht, für jedes m eine Folge $n_{m1}, n_{m2}, \ldots$ so zu wählen, daß

$$p(U(1, n_{m1})) + p(U(\tfrac{1}{2}, n_{m2})) + \cdots \leq \frac{1}{2^m}.$$

Die Menge
$$U_m = U(1, n_{m1}) \cup U(\tfrac{1}{2}, n_{m2}) \ldots$$

erfüllt also nach 3) Definition 4.1

$$p(U_m) \leq \frac{1}{2^m}.$$

Man kann zusätzlich leicht $n_{1k} \leq n_{2k} \leq \ldots$ $(k=1,2,\ldots)$ erreichen und hat dann offenbar

$$U \supseteq U_2 \supseteq \ldots$$

Damit wäre alles beisammen, was man für einen Sequentialtest braucht, bis auf die Turing-Berechenbarkeit. Nun kann man sich folgendes intuitiv überlegen: die sequentiellen (§ 3) Wortmengen $K\left(\frac{1}{k}n\right)$ mit $\left[K\left(\frac{1}{k}, n\right)\right] = U\left(\frac{1}{k}, n\right)$ sind leicht als Turing-aufzählbar zu erkennen. Es ist plausibel, daß es für den Rest genügt, ein maschinelles Verfahren zur Erstellung der n_{mk} zu finden. Hier benützt man explizite Abschätzungen für die Werte $p\left(U\left(\frac{1}{k},n\right)\right)$, die die übliche Wahrscheinlichkeitstheorie bereitstellt; dann kann man für die Wahl der n_{mk} freien Spielraum benützen, um die Arbeit einer Maschine zu überlassen.

Wir beweisen nun zum Abschluß noch einige naheliegende Sätze.

Satz 4.3: *Zufällige 0-1-Folgen sind nicht Turing-berechenbar.*

Beweis: Sei $x=x_1x_2\ldots$ eine Turing-berechenbare 0-1-Folge. Dann ist durch $K_m=\{x_1\ldots x_m y_{m+1}\ldots y_{m+s}|s\geq 0, y_{m+1},\ldots,y_{m+s}=0,1\}$ ein Sequentialtest K definiert, der $x\in M_k$ hat. Somit ist nach Satz 4.3 auch $x\in M$, d.h. x ist nicht zufällig.

Ein Gegenstück zu Satz 2.2 bildet der

Satz 4.4: *Sei $f(n)$ ($n=1,2,\ldots$) eine Turing-berechenbare Funktion mit Werten aus der Menge $\{0,1,\ldots\}$, derart, daß es eine Turing-berechenbare Folge $N_1<N_2<\ldots$ von natürlichen Zahlen mit*

$$\text{(2)} \qquad \sum_{n=N_m}^{N_{m-1}-1} \frac{1}{2^{f(n)}} < \frac{1}{2^{m+1}} \quad (m=1,2,\ldots)$$

gibt. Dann gibt es zu jeder zufälligen unendlichen 0-1-Folge $x=x_1x_2\ldots$ ein $n(x)$ derart, daß

$$K(x_1\ldots x_n)\geq n-f(n) \quad (n\geq n(x))$$

gilt.

Beweis: Wir konstruieren einen Sequentialtest K, indem wir unter Zuhilfenahme der in Satz 1.2 gewonnen asymptotisch optimalen rekursiven Funktion $A(*|*)$ und der zugehörigen Komplexität $K(*)$

$$K_0=\Omega,$$
$$K_m=\{w=w_1\ldots w_r|r\geq N_m,\ K(w_1\ldots w_r)<n-f(n)$$
$$\text{für passendes } n \text{ mit } N_m\leq n\leq r\} \quad (m=1,2,\ldots)$$

setzen. Es ist also

$$K_m=\{w=w_1\ldots w_r|r\geq N_m,\ \text{es gibt ein } n \text{ mit}$$
$$N_m\leq n\leq r \text{ und ein Programm } p \text{ der Länge}$$
$$|p|<n-f(n) \quad \text{mit} \quad A(p|n)=w_1\ldots w_n\}$$

sequentiell, natürlich $K_0 \supseteq K_1 \supseteq \ldots$ und schließlich

$$p(K_m) \le \sum_{n=N_m}^{\infty} \frac{1}{2^n} \quad \text{(Anzahl der Programme } P \text{ der Länge } |p| < n - f(n)\text{)}$$

$$\le \sum_{n=N_m}^{\infty} \frac{1}{2^n} 2^{n-f(n)} = \sum_{n=N_m}^{\infty} \frac{1}{2^{f(n)}}$$

$$= \sum_{k=m}^{\infty} \sum_{n=N_k}^{N_{k+1}-1} \frac{1}{2^{f(n)}} < \sum_{k=m}^{\infty} \frac{1}{2^{k+1}} = \frac{1}{2^m}.$$

Wir haben damit einen Sequentialtest K gewonnen.

Nach Satz 4.2 gibt es ein c mit $K_{m+c} \subseteq U_m$ ($m = 0, 1, \ldots$). Sei nun $x = x_1 x_2 \ldots$ zufällig. Also gibt es ein m mit $x \notin [U_m]$, d.h. $x \notin [K_{m+c}]$, d.h. es gibt kein $n \ge N_{m+c}$ mit $K(x_1 \ldots x_n) < n - f(n)$. Es ist also $K(x_1 \ldots, x_n) \ge n - f(n)$ für $n \ge N_{m+c}$.

Literatur

1. Bernoulli, J.: Wahrscheinlichkeitsrechnung (Ars Conjectandi). Ostwalds Klassiker Bde. 107 u. 108. Leipzig 1899.
2. Blumenthal, R.M., R.K. Getoor: Markov Processes and Potential Theory. Academic Press 1969.
3. Borel, E.: Methodes et problemes de la Theorie des Fonctions, 38–66. Paris: Gauthier-Villars 1920.
4. Breiman, L.: Probability. Reading/Mass.: Addison-Wesley 1968.
5. Dynkin, E.: Markov Processes I, II, Berlin-Heidelberg-New York: Springer 1965.
6. Hermes, H.: Aufzählbarkeit, Entscheidbarkeit, Berechenbarkeit. Berlin-Göttingen-Heidelberg: Springer 1961.
7. Kolmogorov, A.N.: Grundbegriffe der Wahrscheinlichkeitsrechnung. Berlin: Springer 1933.
8. — Drei Vorschläge zur Definition des Begriffs ‚Informationsinhalt'. Problemy peredaci informacii **1**, 3–11 (1965) (russisch).
9. Martin-Löf, P.: Algorithmen und zufällige Folgen. Skriptum Erlangen 1966.
10. — The definition of random sequences. Information and Control **9**, 602–619 (1966).
11. Mises, R.V.: Grundlagen der Wahrscheinlichkeitsrechnung. Math. Z. **5**, 52–99 (1919).
12. — Wahrscheinlichkeit, Statistik und Wahrheit. Wien: Springer 1936.
13. Schnorr, C.P.: Eine Bemerkung zum Begriff der zufälligen Folge. Z. f. Wahrscheinlichkeitstheorie, im Druck (1969).

14. — Über die Definition von effektiven Zufallstests. Z. f. Wahrscheinlichkeitstheorie, im Druck (1970).
15. Ville, J.: Étude critique de la notion de collectif. Paris: Gauthier-Villars 1939.
16. Wald, A.: Die Widerspruchsfreiheit des Kollektivbegriffs der Wahrscheinlichkeitsrechnung. Erg. e. math. Koll. **8**, 38–72 (1937).
17. — Die Widerspruchsfreiheit des Kollektivbegriffs, Colloque consacrè à la Théorie des Probabilités, Act. Sci. Ind. No. 735. Paris: Hermann 1938.

Namenverzeichnis

Im Namenverzeichnis erscheinen nur diejenigen Seiten, auf denen der betr. Autor zitiert wird. „Turing-Maschine" ist kein Zitat für Turing. „f" bedeutet, daß der betr. Name auch noch auf der folgenden Seite auftritt. „ff" bedeutet, daß der betr. Name mindestens auf den beiden folgenden Seiten, evtl. bis zur vierten folgenden Seite auftritt.

Ackermann 115
Alchwarizmi 2

Berger 121, 140
Bernays 120
Bernoulli 143, 166
Blumenthal 145, 166
Boone 94
Borel 153, 166
Brauer 88, 112
Breiman 145, 166
Büchi 114, 121, 132, 140

Cantor 78
Chomsky 68, 112
Church 3, 63, 100, 112, 115

Davis 63, 88, 112
Descartes 2, 67
Dynkin 145, 166

Frege 67

Gerhardt 67, 112
Getoor 145, 166
Gödel 2f., 63, 67f., 79, 101, 109, 112, 120

Herbrand 3
Hermes 10, 63, 94, 112, 116, 140, 142, 166
Hilbert 2

Indermark 88

Kahr 114, 121, 139f.
Kalmár 3, 63, 120
Kircher 67

Kleene 1, 3, 55, 61, 63, 66, 112
Kolmogorov 142f., 145ff., 151, 166

Leibniz 2, 67f., 112
Lorenzen 81, 112
Lullus, Raymundus 67

Markov 3
Martin-Löf 142, 145f., 151, 160, 166
Miller 68, 112
Mises, von 143ff., 166
Moore 114, 121, 139f.
Mostowski 100, 113

Novikov 94

Péter 3, 63
Post 3, 9, 63, 66, 68, 88f., 113

Raymundus Lullus 67
Robinson 100, 113
Russell 67, 78

Schnorr 145, 160, 166f.
Schönfinkel 120
Schütte 120
Skolem 119, 136
Smullyan 66, 83, 113
Surányi 116, 120f.

Tarski 67, 100, 113
Thue 89
Turing 3, 10, 63

Ville 144f., 167

Wald 144, 167
Wang 114, 121, 139f.

Sachverzeichnis

Im Sachverzeichnis ist mit einigen Ausnahmen nur das wörtliche Auftreten des betr. Wortes berücksichtigt. „f" bedeutet, daß das betr. Wort auch noch auf der folgenden Seite auftritt. „ff" bedeutet, daß das betr. Wort mindestens auf den beiden folgenden Seiten, evtl. bis zur vierten folgenden Seite auftritt.
Das Sachverzeichnis ist symmetrisch in folgendem Sinne: tritt „atomare Produktion" auf, so ist auch „Produktion, atomare" mit denselben Seitenzahlen im Register zu finden.

A(p|n) 143
Abbildung, identische 34
Abbrechen eines Verfahrens 1 f., 11, 69 ff., 93, 109
abgeschlossener Ausdruck 117, 119 ff., 135, 139
abgeschlossene Menge 156 ff.
ableitbare (Φ-)Formel 84, 90
ableitbare Objekte eines Kalküls 79 ff.
ableitbarer Ausdruck 115
ableitbare Wörter eines Kalküls 81
Ableitung bez. eines Kalküls 81 f., 84 ff., 90 ff., 97, 107 f.
Ableitungsbegriff, intuitiver 81
Addition 95, 98, 100
Änderung der Beschriftung 11 ff., 16, 22 f.
äquivalente Ausdrücke 119 f.
— Dominos 123
Äquivalenz aller Präzisierungen des Algorithmenbegriffs 3
akzeptiertes Programm 143, 148
Algebra 2, 67
Algorithmenbegriff, Präzisierung 3, 8, 13, 50
Algorithmen, Beispiele 1 f.
—, extensional gleiche 8, 13
—, konkrete 3, 10
—, Klasse von 2 f., 8, 50 f.
algorithmische Lösung mathematischer Probleme 2 f.
— Unlösbarkeit 2 f.

Algorithmus 1 ff., 5 ff., 10 ff., 17, 19, 50, 65 ff., 124, 142
—, Divisions- 1 f.
—, eindeutige Beschreibung 6, 11
—, Eindeutigkeit 6, 11, 66, 68, 80
—, endliche Beschreibung 5
—, euklidischer 1
— im intuitiven Sinne 3, 8, 81, 142
— im präzisen Sinne 3, 8, 13, 50
—, Markovscher 3
—, Resultat 5 f., 11, 69 f., 74, 93
—, schrittweise Ausführung 5, 11, 66 ff., 74
alle 95
— wahren Aussagen 2, 67 f.
— wahrscheinlichkeitstheoretischen Aussagen 145
allgemeines Domino-Problem 121, 124
— —, Unlösbarkeit 121, 124
— Domino-Spiel 123 f.
allgemeingültiger Ausdruck 122
Allgemeingültigkeit, Unentscheidbarkeit der 122
allgemein-rekursive Aufzählbarkeit 95
— Funktion 3
Alphabet 4 f., 39, 41, 50 ff., 55 f., 61 f., 64 f., 67, 71 f., 81 f., 93, 105, 125
—, Arbeits- 5, 14, 16, 19, 23, 25 ff., 31, 40 f., 45 ff., 51 f., 56 f., 61 ff., 74 ff., 80, 84, 87 ff., 92 ff., 101
—, Bild- 5

Alphabet, Eingabe- 23
—, Eingangs- 5, 29, 31, 40
—, Prädikaten- 82f.
—, Variablen- 82, 92
—, Wort über einem 4ff., 18ff., 30, 32f., 35ff., 51ff., 56, 62, 65, 69ff., 76, 79ff., 91f., 105
Analysis 67
analytische Geometrie 2
Anfangskonfiguration 17, 58, 60, 62, 89ff., 125, 128
Anfangsstellung 17f., 35, 37, 48, 58
Anfangssymbol 27
Anfangszustand 13, 125
angewandte Maßtheorie, Wahrscheinlichkeitstheorie als 145, 157ff., 161ff.
Anordnung, lexikographische 65, 69, 147, 153ff.
Ansetzen einer Turing-Maschine 14, 17ff., 22f., 26, 28, 32, 39ff., 44, 52ff., 62f., 73ff., 89ff., 115f., 124ff., 129, 138
Antinomie von Russel 78
Anweisung 5ff., 11f., 55, 59, 65, 80
Approximation reeller Zahlen durch rationale (= diophantische Approximation) 153
arabische Mathematik 2, 67
Arbeitsalphabet 5, 14, 16, 19, 23, 25ff., 31, 40f., 45ff., 51f., 56f., 61f., 74ff., 80, 84, 87ff., 92ff., 101
Arbeitsfeld 11ff., 16ff., 21ff., 30ff., 42, 45f., 48, 58, 60, 125, 139
—, augenblickliches 11ff., 16ff.
— verlegen 11ff., 17, 22, 24, 59, 74
Arbeitsweise einer Turing-Maschine 15ff., 20ff., 25ff., 30ff., 35, 38, 41, 48f., 57
Arithmetik 55, 67f., 95ff., 100ff.
—, Unentscheidbarkeit 55, 67f., 95ff., 100ff.
arithmetische Aussage 95ff., 100ff., 108f.
— —, falsche 98
— —, wahre 95, 97f., 100f., 109
— Paarfunktion 101ff.
arithmetischer Ausdruck 95ff., 101f. 109

arithmetische Relation 101
— Sprache 118
Arithmetisierung eines formalen Systems 101, 104f., 109f.
Ars Combinatoria 67
— **Magna des Raymundus Lullus** 67
asymmetrische Münze 146
asymptotisch 147
— optimal 148f., 165
atomarer Ausdruck 117
atomare (Φ-)Formel 83f., 88, 90, 93ff.
— Produktion 84
aufzählbare Menge 9, 64ff., 69ff., 74ff., 109
— —: Beispiele 64f., 72, 82
Aufzählbarkeit 6, 9, 55, 64ff., 69ff., 80, 84ff., 89ff., 94ff., 100f., 109, 114ff., 146
—, allgemein-rekursive 95
— der leeren Menge 65
— ohne Wiederholung 70
—, Post- 88
—, rekursive 95, 163
Aufzählbarkeitsbegriff, intuitiver 64ff., 101, 142
Aufzählbarkeit, Smullyan- 66f., 80, 84ff., 89ff., 94f., 101
—, Turing- 66ff., 71ff., 76ff., 85, 88ff., 146, 154, 161ff.
Aufzählungstheorem von Kleene 1, 55, 61, 66, 77, 146, 148, 162
Aufzählungsverfahren 64ff., 69ff., 80, 109
augenblickliche Beschriftung 11ff., 17
augenblicklicher Zustand 17
augenblickliches Arbeitsfeld 11ff., 16ff.
Ausdruck 95ff., 114ff., 132, 135ff.
—, abgeschlossener 117, 119ff., 135, 139
—, ableitbarer 115
—, allgemeingültiger 122
—, atomarer 117
— der engeren Prädikatenlogik 117ff.
—, erfüllbarer 114ff., 119, 121ff., 132ff., 137f.
— gilt 118f., 132, 134, 136f.

Ausdruck, pränexer 118, 120f.
Ausdrucksklasse 114ff., 119ff., 132, 136f., 139
Ausdrucksschema 103f., 106, 109f.
Ausdruck, Zahl- 101f.
Ausdrücke, äquivalente 119f.
—, arithmetische 95ff., 101f., 109
—, Entscheidbarkeit der Erfüllbarkeit 114ff.
—, erfüllbarkeitsgleiche 119ff., 136f., 139
Ausgangswort 7
ausreichend großes Gedächtnis 7
Aussage, arithmetische 95ff., 100ff., 108f.
—, falsche arithmetische 98
— gilt 98ff.
Aussagen, alle wahren 2, 67f.
—, alle wahrscheinlichkeitstheoretischen 145
—, Erzeugung aller wahren 67f.
—, wahre arithmetische 98, 101, 109
Außeninformation 6
Auswahlaxiom 137
Auswahlregel 144
automatisch arbeitende Maschine 2f.
Axiom 84, 88f., 95, 100, 106ff.
—, Auswahl- 137

Band 10ff., 15f., 33, 42, 55, 61
Bandbeschriftung 11ff., 17ff., 22f., 42f., 55, 58f., 74f., 89
Bandende, linkes 18, 42
Band, leeres 18, 53f., 63, 115f., 124ff., 129, 131, 138
Bandüberschreitung (= BÜ) 14, 16, 19, 22, 26, 39ff., 58ff., 130
beiderseits unbegrenztes Band 13
Beispiele aufzählbarer Mengen 64f., 72, 82
— erfüllbarer Ausdrücke 119
— nicht-aufzählbarer Mengen 78f.
— unentscheidbarer Mengen 50ff., 62f.
— von Algorithmen 1f.
— von Kalkülen 65f., 82f.
— von Turing-berechenbaren Funktionen 32ff., 72

Beispiele von Turing-Maschinen 14ff., 21f., 26ff., 31ff., 36ff.
Beispiel von Ville 144f.
berechenbare Funktion 7ff., 20f., 66, 68, 142
— Funktion im intuitiven Sinne 8, 20, 142
— Funktion im präzisen Sinne 8, 20, 66, 68
Berechenbarkeit 1, 7ff., 66, 68ff.
Berechnung einer Funktion 19ff., 32ff., 37f., 61f., 93
—, normierte 20f., 32, 38, 40, 46f., 50, 62, 73ff., 80, 89, 93
— ohne Hilfsbuchstaben 21, 40, 51
Berechnungsverfahren 8ff., 68ff.
Bernoulli-Experiment 143f.
beschränkte Komplexität 151
beschränktes Gedächtnis 7, 11
Beschreibung eines 0-1-Worts 142f.
Beschriftung (= Inschrift) 11ff., 17ff., 22f., 42f., 55, 58f., 74f., 89
— ändern 11ff., 16, 22f.
—, augenblickliche 11ff., 17
Bildalphabet 5
Bildmenge 143
Buchstabe 4f., 14, 21ff., 26ff., 34ff., 39ff., 51, 55f., 62, 125
—, eigentlicher 4, 34, 41ff., 51, 90, 92
—, leerer (= uneigentlicher) 4, 11
BÜ (= Bandüberschreitung) 14, 16, 19, 22, 26, 39ff., 58ff., 130

charakteristische Funktion einer Menge 9f., 50f.
chinesischer Restsatz 101, 109
Churchsche These 3, 54, 62, 66
Combinatoria, Ars 67

Definiens 102
Definition, rekursive 118
Definitionsschema 102
Deutung 97ff.
Diagonalbedingung 138
Diagonal-Dominospiel 121, 124f., 137ff.
Diagonal-Problem für Dominospiele 121f., 124, 138

Diagonalproblem, Unlösbarkeit 121f., 124, 138
Diagonal-Parkettierung 124f., 138
Diagonalverfahren 78f., 156
Diagramm aus Elementarmaschinen 39, 43, 75
—, Turing- 21, 25ff., 30ff., 35ff., 40ff., 56f., 59f., 74ff., 80
dicht, metrisch 158f., 162
diophantische Approximation 153
— Gleichungen 9
Division mit Rest 110f.
Divisionsalgorithmus 1f.
Domino 122ff., 127ff., 132ff., 138f.
—, Eck- 129
Domino-Farben-Relationen 133
Domino, Kanten (= Seiten) eines 122
Domino-Problem, allgemeines 121
Domino-Probleme 121f., 124, 132, 138
—, Unlösbarkeit 121f., 124, 132, 138
Domino-Problem, Unlösbarkeit des allgemeinen 121, 124
—, Unlösbarkeit des Diagonal- 121f., 124, 138
—, Unlösbarkeit des Eck- 121f., 124, 132
Dominos, äquivalente 123
—, Eindeutigkeit 132
Dominospiel 114, 121, 123ff., 128, 132ff., 137ff.
—, allgemeines 123f.
—, Diagonal 121, 124f., 137ff.
—, Eck- 123ff., 128, 132ff., 137ff.
—, Eck-Parkettierung 123ff., 128, 133
—, Eck-Problem 121f., 124, 132
—, Eck-Quadrat 123
—, gutes 123f., 128, 132ff., 137f.
—, Informationsübertragung 131
—, Parkettierung 123ff., 128ff., 133, 138f.
Domino-Typ 123f., 126
drucken 12, 14ff., 21ff., 36, 59f., 92, 142f., 146, 150f., 153
Dualdarstellung einer Zahl 143, 147ff., 155
Durchmesser 156
Durchnumerieren 5, 52

174

Eck-Bedingung 133, 135
Eck-Domino 129
Eck-Dominospiel 123ff., 128, 132ff., 137ff.
Eck-Parkettierung mit Dominos 123ff., 128, 133
Eck-Problem für Dominospiele 121f., 124, 132
, Unlösbarkeit 121f., 124, 132
Eck-Quadrat 123
effektive Definition des freien Vorkommens 97
effektives Verfahren 8, 39, 51, 53, 55f., 61f., 65, 80, 93f., 97, 99, 101, 104f., 107ff., 115f., 120f., 124, 132, 135f., 138f.
Eigenschaft, unentscheidbare 51, 115
eigentlicher Buchstabe 4, 34, 41ff., 51, 90, 92
eigentliches Wort 4
Eindeutigkeit der Beschreibung eines Algorithmus 6, 11
— der Dominos 132
— der Farben im Dominospiel 133
— eines Algorithmus 6, 11, 66, 68, 80
Lindeutigkeitsoperator, metasprachlicher 132
eindeutig vorgeschriebenes Verfahren 6, 11
einfach gebautes Wort 142
Eingabealphabet 23
Eingabe eines Programms 143, 150
Eingangsalphabet 5, 29, 31, 40
Einsetzung von Funktionen in Funktionen 34, 49, 61
elektronische Rechenanlage 23
Elementarmaschinen 21f., 39, 43, 75
Elimination der Funktionssymbole 119, 136
— der Geschichte eines Rechenvorgangs 11
End-Konfiguration 17f., 58
endliche Menge von (Φ-)Formeln 83f.
Endlichkeit der Beschreibung eines Algorithmus 5

End-Stellung 18f., 39, 43, 45ff., 58, 60
engere Prädikatenlogik 114f., 119ff., 121, 132, 135, 139
— —, Ausdruck der 117ff.,
— —, Unentscheidbarkeit 115
entscheidbare Menge 7, 9, 51 ff., 62 f., 70 f., 108, 115
— Relation 9
Entscheidbarkeit der Erfüllbarkeit: s. Unentscheidbarkeit der Erfüllbarkeit
— der Prädikatenlogik: s. Unentscheidbarkeit der Prädikatenlogik
Entscheidung, effektive 53
Entscheidungsproblem der Prädikatenlogik 2, 114ff., 120f.
Entscheidungsprobleme 1f., 9, 10ff., 55, 62f., 67f., 70f., 79f., 93ff., 100ff., 114ff., 119ff., 132, 139
Entscheidungsproblem für die Allgemeingültigkeit 122
— für die Prädikatenlogik, Reduktion 120
Entscheidungsverfahren 9f., 54, 62, 71, 109, 114f.
—, intuitives 54
Entschlüsselmaschine 47f.
erfüllbarer Ausdruck 114ff., 119, 121 f., 132 ff., 137 f.
— —, Beispiel 119
erfüllbarkeitsgleiche Ausdrücke 119f., 136f., 139
Erfüllbarkeit, Unentscheidbarkeit der 115, 122
von Ausdrücken, Entscheidbarkeit der 114ff.
Ersetzungskalkül 83
Ersetzung von Variablen durch Worte 83, 92
Erweiterung eines Maßes 157ff.
erzeugbare Menge 66
erzeugbares Wort in einem Kalkül 80f., 83
Erzeugende und Relationen in der Gruppentheorie 89, 94
Erzeugung aller wahren Aussagen 67f.
— arithmetischer Ausdrücke 96

Erzeugung einer Menge 70, 80, 86f., 90ff.
— von Zahltermen 96f.
— von Zahlvariablen 96
Euklidischer Algorithmus 1
Existenz der Null 133
Existenzquantor im klassischen Sinne 8f., 19, 65, 71, 84
Experiment, Bernoulli- 143f.
—, Zufalls- 6, 143f.
extensionaler Standpunkt 8f.
extensional gleiche Algorithmen 8, 13
Exun (= metasprachlicher Eindeutigkeitsoperator) 132

Fahrprüfung 160f.
faire (= symmetrische) Münze 143f., 146
falsche arithmetische Aussagen 98
Farben-Domino-Relationen 133
Farben, Eindeutigkeit 133
— im Domino 122f., 125ff., 130f., 133ff., 139
Farbfunktion 125
Feld 10ff., 15ff., 21ff., 33
—, Arbeits- 11ff., 16ff., 21ff., 30ff., 42, 45f., 48, 58, 60, 125, 139
—, leeres 11
Flußdiagramm 21, 23f., 31, 48, 74, 78, 93
Folgekonfiguration 17, 58, 90ff.
Folge, unregelmäßige 144
— von Konfigurationen 17, 60, 89, 91f., 127, 138
— von Stellungen 17, 26, 39, 42f.
— von Symbolen 4, 72, 74
—, zufällige 141, 143ff., 151, 155, 160, 162f., 165
Folgezustand 16, 56, 125
formal beweisbare Sätze 79
formale Definition, inhaltliches Lesen 103
formales Fundament 82ff., 88
formale Sprachen 68, 79, 97, 114
formales System, Arithmetisierung 101, 104f., 109f.
formale Systeme (nach Smullyan) 66, 81 ff., 86ff., 91ff., 97, 100f.
formal unentscheidbare Sätze 2, 79

Formel 83 ff., 88, 90, 94 f., 121
freies Individuensymbol 117, 119, 136
— Vorkommen, effektive Definition 97
— — einer Zahlvariablen 96 ff.
Fundament, formales 82 ff., 88
Funktion 7 ff., 69, 114, 134, 137
—, allgemein-rekursive 3
—, berechenbare 7 ff., 20 f., 66
—, Berechnung 19 ff., 32 ff., 37 f., 61 f., 93
—, Farb- 125
—, Graph 69 ff.
—, λ-definierbare 3
—, μ-rekursive 3
—, n-stellige 19, 37, 40 f., 50, 61 f., 77
—, partielle 7 ff., 72
Funktionssymbol 114, 116 ff., 132, 135, 138
Funktionssymbole, Elimination 119, 136
Funktionsvariable 132
Funktionswert 9, 34, 41, 72, 74, 76, 143
Funktion, Turing-berechenbare 1, 18 ff., 32 ff., 37 ff., 49 ff., 61 f., 64 ff., 69 ff., 74 ff., 89, 92 ff., 142 f., 146 ff., 151 ff., 161, 164 f.
—, Umkehr- 33 f., 37 f.
—, umkehrbar eindeutige 33, 37 f., 61, 70, 72
—, universelle 61, 77

gebundenes Individuensymbol 117, 136
Gedächtnis 7, 11, 23
—, ausreichend großes 7
—, beschränktes 7, 11
—, unbegrenztes 7
Gegenstand, konkreter handhabbarer 5, 9, 16, 64, 77
Gelten einer Aussage 98 f.
— eines Ausdrucks 118 f., 132, 134, 136 f.
Geometrie, analytische 2
Geschichte eines Rechenvorgangs 11 f.
— — —, Elimination der 11 f.
geschichtliche Bemerkungen 1 ff., 67 f.

Gesetz der großen Zahlen, starkes 163
Gleichheitszeichen, metasprachliches 97
Gleichungen, diophantische 9
Gödelisierung 5, 52, 61, 77, 79, 148 ff.
Gödelnummer 61, 77, 79, 105, 148 ff.
Gödel-Prädikat 109 f.
Gödelscher Unvollständigkeitssatz 2, 79
— Vollständigkeitssatz 68
Graph einer Funktion 69 ff.
Graphenschemata 3
große Zahlen, Gesetz der 163
Grundlagenproblem der Wahrscheinlichkeitstheorie 143 ff.
Gruppen 89, 94
—, Darstellung durch Erzeugende und Relationen 89, 94
Gruppentheorie, Wortproblem 89, 94
gutes Dominospiel 123 f., 128, 132 ff., 137 f.

Häufigkeit, relative 144
Halbgruppe der Wörter über einem Alphabet 4
Halbgruppenisomorphismus 4
Halbordnung für Präfixtypen 117 f.
Halteproblem, Unentscheidbarkeit 55, 62, 115, 124
handhabbare Gegenstände 5, 9, 16, 64, 77
Hauptsatz der Wärmelehre, zweiter 3
herkömmliche Wahrscheinlichkeitstheorie 144 f., 157 ff., 161 ff.
Hilberts 10. Problem 2, 9
Hilfsbuchstaben 21, 29, 40, 52
—, Berechnung ohne 21, 40, 51
historische Bemerkungen 1 ff., 67 f.

identische Abbildung 34
Identität 114
Implikation, Philonische 100
Index (= Gödelnummer) 61, 77, 79, 105, 148 ff.
Individuenbereich 118, 133

Individuensymbol 117f., 132, 136
—, freies 117, 119, 136
—, gebundenes 117, 136
Induktion, vollständige 81ff., 86f., 91f., 96ff., 109, 129, 136
inf $\emptyset = \infty$ 146
Informationsfeld 12
Informationsübertragung im Dominospiel 131
Information von außen 6
—, zusätzliche 55, 61
inhaltliches Lesen formaler Definitionen 103
Inschrift (= Beschriftung) 11ff., 17ff., 22ff., 42f., 55, 58f., 74f., 89
—, augenblickliche 11ff., 17
—, Verschiebung 30
Interpretation 118f., 122, 133ff., 138
intuitiver Ableitungsbegriff 81
— Algorithmenbegriff 3, 8, 81, 142
— Aufzählbarkeitsbegriff 64ff., 101, 142
— Begriff der berechenbaren Funktion 8, 20, 142
— Kalkülbegriff 6, 66, 79ff.
intuitives Entscheidungsverfahren 54
inverses Wort 30
Isomorphie von Halbgruppen 4
iterierter Logarithmus 144f.

Junktor 117

$K_A(w)$ 146
$K(w)$ 149
Kalkül 6, 66, 79ff., 97
—, ableitbare Objekte 79ff.
—, ableitbare Worte 81
—, Ableitung in einem 81f., 84ff., 90ff., 97, 107f.
Kalkülbegriff, intuitiver 6, 66, 79ff.
—, präziser 66, 87ff.
Kalkül, Beispiele 65f., 82f.
—, Ersetzungs- 83
—, erzeugbares Wort 80f., 83
Kalkül-Klasse 81ff.
Kalkül, Regeln 80ff.
kanonisches System, Postsches 88f.
Kanten eines Domino 122

Kapazität, Speicher- 7
Klammerung 100, 117f.
Klasse von Algorithmen 2f., 8, 50f.
— von Ausdrücken 114ff., 119ff., 132, 136f., 139
— von Kalkülen 82ff.
klassischer Existenzquantor 8f., 19, 65, 71, 84
kohärente Parkettierung 123ff., 128ff., 133, 138f.
Koinzidenzsatz 98
Kollektiv 144f.
Kolmogorovs Komplexitätsmaß 142, 145ff., 150ff., 165f.
kompakte Menge 158
kompakter metrischer Raum 156
Komplement 156
Komplexität, beschränkte 151
— eines 0-1-Worts 142, 145ff., 150ff., 155
kompliziertes Wort 142, 146
Konfiguration 17f., 57ff., 63, 89ff., 124f., 127, 129f., 138f.
—, Anfangs- 17, 58, 60, 62, 89ff., 125, 128
—, End- 17f., 58
—, Folge- 17, 58, 90ff.
— nach dem n-ten Schritt 17
Konfigurationsfolge 17, 60, 89, 91f., 127, 138
Konfigurationswort 90ff.
Konfiguration, Vorgänger- 92
Kleene, Aufzählungstheorem von 1, 55, 61, 66, 77, 146, 148, 162
Konjunktion 100, 109, 132, 135, 138f.
konkrete handhabbare Gegenstände 5, 9, 16, 64, 77
Konstruktion, schrittweise 154
Kopf und Wappen 142, 144
kopieren 23, 33, 48, 76, 80, 147
kritische Region eines Tests 160f.

Länge von Wörtern etc. 4ff., 10, 56, 60, 83, 86f., 91, 101f., 104f., 109f., 141ff., 146ff., 155, 157f., 161, 165f.
λ-definierbare Funktionen 3
Lebenslänglicher, universeller 162
leere Menge, Aufzählbarkeit 65

177

leerer (= uneigentlicher) Buchstabe 4, 11
leeres Band 18, 53f., 63, 115f., 124ff., 129, 131, 138
— Feld 11
— Programm 146, 150f.
— Wort 4, 30, 36, 65, 107, 117
Leibniz' Programm 2, 67f.
— —, Undurchführbarkeit 68
Lese- und Schreibkopf 13ff.
lexikographische Anordnung 65, 69, 147, 153ff.
— Maschine 147
Linguistik, mathematische 68
linkes Bandende 18, 42
löschen 16, 23f., 31, 33, 35, 60, 75
Logarithmus, Satz vom iterierten 144f.
Logik 84, 95, 114, 119
Logikkalkül 115
Lullus, Ars Magna des Raymundus 67

Marken 7
Markov 3
Markovsche Algorithmen 3
Maschinen, automatisch arbeitende 2f.
maschinen-erzeugte 0-1-Folgen 141
Maschinenstopp (= MS) 14, 16f., 19, 25f., 39f., 43f., 46, 58ff., 91
Maschinen, Turing- 1, 9ff., 14ff., 19ff., 24ff., 29ff., 34ff., 39ff., 44ff., 49ff., 54ff., 59ff., 64, 66ff., 73ff., 78, 80, 89ff., 94, 114ff., 124ff., 129ff., 138ff., 141ff., 146ff., 151, 153ff., 164f.
Maschinenwort 51f., 56, 61
Maß, Erweiterung 157ff.
maßtheoretische Form der Wahrscheinlichkeitstheorie 145, 157ff.
Maßtheorie 145, 155, 157ff.
mathematische Definition des Zufalls 144ff.
— Linguistik 68
Matrix einer Turing-Maschine 15f.
Mechanismus, Zufalls- 6
Menge, abgeschlossene 156ff.
—, aufzählbare 9, 64ff., 69ff., 74f., 85, 88ff., 109, 146, 154, 161ff.

Menge der arithmetischen Aussagen 108
— der nicht erfüllbaren Ausdrücke 115
— der wahren arithmetischen Aussagen 67f., 109
—, entscheidbare 7, 9, 51ff., 62f., 70f., 108, 115
—, erzeugbare 66
—, Erzeugung 70, 80, 86f., 90ff.
mengentheoretische Operationen 76f.
Mengen, unentscheidbare 21, 50ff., 62f., 79f.
— von 0-1-Folgen 145
Menge, offene 156ff.
— von Worten 4, 85f., 88, 147, 159ff.
—, Zylinder- 156ff.
Metamathematik 79
metasprachlicher Eindeutigkeitsoperator 132
metasprachliches Gleichheitszeichen 97
metasprachliche Variable 102
Metrik für 0-1-Folgen 155ff.
metrisch dicht 158f.
metrisches Kompaktum 156
Modelle für Zufallsvorgänge 143f.
Modell für Bernoulli-Experimente 143f.
Modus Ponens 84f., 91ff., 106f.
Morsezeichen 55
μ-rekursive Funktion 3
MS (= Maschinenstopp) 14, 16f., 19, 25f., 39f., 43f., 46, 58ff.
$M(T)$ (= Maschine mit der Tafel T) 16
Münze, asymmetrische 146
—, faire (= symmetrische) 143f., 146
Münzwurf 144
Multiplikation 32f., 81f., 95, 98, 100

$\mathbb{N}$ (= Menge der natürlichen Zahlen) 4, 17, 92, 97, 101f.
Nachbarfeld 11ff.
naiv 1ff., 62, 68ff., 101
Name eines Domino 123, 126

natürliche Zahlen 4, 51, 83, 97, 100 ff., 118 f., 146
— —, Repräsentanten der 4
Nebenbedingung $|A(p|n)|=n$ 143, 146
Negation 79, 95, 115 ff.
nicht ableitbares Wort 101, 106, 108 f.
nicht-atomare Produktion 95, 107
nichtaufzählbare Mengen, Beispiele 78 f.
Nichtaufzählbarkeit der wahren arithmetischen Aussagen 67 f., 95 ff., 100 ff.
nicht erfüllbarer Ausdruck 115 f.
— Turing-aufzählbare Menge 66 f., 78 f.
normales Postsches System 88
Normalform, pränexe 114, 118 f.
normierte Berechnung einer Funktion 20 f., 32, 38, 40, 46 f., 50, 73 ff., 80, 89, 93
normiert Turing-berechenbare Funktion 20 f.
n-stellige Funktion 19, 37, 40 f., 50, 61 f., 77
n-Tupel 4 f., 18 ff., 47
n-Tupel-Funktion 37 f., 71
Null, Existenz 133
Nullmenge 157 ff., 162, 164
— eines Tests 162
Nullmengenkomplemente, Überabzählbarkeit 158 f., 162
Nullmenge, universelle 162
numerieren 5, 12 f., 28, 52, 61, 77, 79, 133, 148 ff., 155

∅ (= Symbol für die leere Menge) 146
0-1-Folge 141 ff., 151 f., 154 ff., 159 ff.
0-1-Folgen, Metrik 155 ff.
0-1-Folge, zufällige 141, 143 ff., 151, 155, 160, 162 f., 165
0-1-Wort 141 ff., 146 ff., 154 ff., 159, 161
—, Beschreibung 142 f.
—, Komplexität 142, 145 ff.
oder 99 f.
offene Menge 156 ff., 161, 164
Operationswerk 13
optimal, asymptotisch 148 f., 165

Paarfunktion 74, 76, 101 ff., 143, 146 ff.
—, arithmetische 101 ff.
Parkettierung, Diagonal- 124 f., 138
—, Eck- 123 ff., 128, 133
—, kohärente 123 ff., 128 ff., 133, 138 f.
— mit Dominos 123 ff., 128 ff., 133, 138 f.
—, periodische 123
partielle Funktion 7 ff., 72
Peano-Arithmetik 100
Peanosches Axiomensystem 100
periodische Parkettierung 123
Permutation 76
Pfad 154
Pfeil 18 ff., 24 ff., 45, 82
Φ-Formel 83 ff., 88, 90, 95
—, ableitbare 84, 90
—, atomare 83 f., 88, 90, 93 ff.
—, variablenfreie 83
Philonische Implikation 100
Φ-Stellenzahl 83 f.
Φ-Substitut 83 ff., 91 ff.
Φ-Term 83
Φ-Wort 83 ff., 94
physikalische Vorgänge 144
Post-aufzählbare Menge 88
Postsches kanonisches System 88 f.
— normales System 88
potentiell unbegrenztes Rechenband 10 ff.
Prädikat 82, 84, 86, 97
Prädikatenalphabet 82 f.
Prädikatenkalkül der 1. Stufe 116
Prädikatenlogik 114, 116 ff.
—, Ausdruck der engeren 117 ff.
— der 1. Stufe 2, 114
— der 1. Stufe, Entscheidungsproblem 2, 114 ff., 120 f.
— der 1. Stufe, Unentscheidbarkeit 114 ff., 119 ff.
— der 1. Stufe, Vollständigkeit 68
—, engere 114 f., 119 ff., 132, 135, 139
Prädikatensymbol 117 f., 132, 138
Prädikat, Gödel- 109 f.
Präfix 114, 117 ff., 122
— ∧∨∧ 114
Präfixtyp 116 ff.

179

Präfixtypen, Halbordnung 117f.
Prämisse 84
pränexe Normalform 114, 118f.
pränexer Ausdruck 118, 120f.
Präzisierung des Algorithmenbegriffs 3, 8, 13, 50
— des Aufzählbarkeitsbegriffs 64ff., 85, 95, 101
— des Begriffs der Auswahlregel 144
— — — der berechenbaren Funktion 8, 20, 66, 68
— des Kalkülbegriffs 66, 87f.
Präzisierungen des Algorithmenbegriffs, Äquivalenz 3
Primzahl 64, 110, 119
Principia Mathematica 2
Problem, unentscheidbares 55
Produktfunktion 32f.
Produktion 84, 86, 88ff., 94ff., 107
—, atomare 84
Programm 23, 142f., 146ff., 165f.
—, akzeptiertes 143, 148
—, Eingabe 143, 150
—, leeres 146, 150f.
Pseudowort 105ff.
pulsierendes Verfahren 153ff.

Quadrant 123f., 127, 133, 135
Quadratzahlen 82, 85
Quantor 8f., 19, 65, 71, 84, 117f., 136, 139
—, klassischer Existenz- 8f., 19, 65, 71, 84
quasi-zufällige 0-1-Folge 151f., 160

Rahmenvorschriften 11, 13, 19
rationale Approximation reeller Zahlen 153
Raymundus Lullus 67
—, Ars Magna 67
Rechenanlage, elektronische 23
Rechenband 10ff.
—, beiderseits unbegrenztes 13
—, unbegrenztes 10ff.
Rechenblatt 6, 10
Rechenbrett 6
Rechenmaschine 6
—, Zustand 6, 17

Rechenvorgang 11f., 13, 17f., 47, 50, 89
—, Geschichte 11f.
Rechner 11
Reduktionen des Entscheidungsproblems der Prädikatenlogik 120
Reduktionsklasse 115f., 120ff., 132, 140
reelle Zahlen 78, 102, 153
— —, rationale Approximation 153
— —, Überabzählbarkeit 78
Regel 94, 114f., 141f.
regelmäßiges Wort 142, 151
Regeln eines Kalküls 80ff.
Regelsystem 66, 83
Region, kritische 160f.
Rekursionsschema 34
rekursive Aufzählbarkeit 95, 163
— Definition 118
— Funktion 147, 165
— Theorie 68, 161f.
Relation 98f., 105f., 118, 134f., 150
—, arithmetische 101
—, entscheidbare 9
Relationen in der Gruppentheorie 89, 94
relative Häufigkeit 144
Repräsentanten der natürlichen Zahlen 4
Reproduzierbarkeit 6
Rest, Division mit 110f.
Restsatz, chinesischer 101, 113
Restsystem 110f.
Resultat der Anwendung eines Algorithmus 5f., 11, 69f., 74, 93
Riemannsche Vermutung 8
Russellsche Antinomie 78

S.-a. (=Smullyan-aufzählbar) 84
Satz, unentscheidbarer 79
— vom iterierten Logarithmus 144f.
Schlüsselzahl 101, 104ff., 109
Schreibkopf 13ff.
schrittweise Ausführung eines Algorithmus 5, 11, 66ff., 74
— Konstruktion 154
Selektivbestimmung 80, 82, 84

Semi-Thue-Systeme 88f.
Sequentialtest 145, 160ff., 165f.
—, Überleben 145, 162
—, universeller 145, 160, 162
sequentielle Wortmenge 159ff., 164
Sequenz 45, 47
Sicherheitswahrscheinlichkeit eines Tests 160f.
simulieren 3, 10, 26, 39, 41, 43, 55, 57f., 60f.
Skat 5
Smullyan-aufzählbare Menge 66f., 80, 84ff., 89ff., 94f., 101
Smullyansche formale Systeme 66, 81ff., 86ff., 91ff., 97, 100f.
Smullyan-System, unentscheidbares 93ff., 101
Speicherkapazität 7
spezielle Turing-berechenbare Funktionen 32ff., 72
Sprache, arithmetische 118
Sprachen, formale 68, 79, 97, 114
S.-S. (= Smullyansches formales System) 84
starkes Gesetz der großen Zahlen 163
Startknopf 14
statistische Unabhängigkeit 163
Stellenzahl 5, 117f.
Stellung 5f., 11ff., 17ff., 26, 32, 34f., 37, 42f., 50, 58f.
—, Anfangs- 17f., 35, 37, 48, 58
—, End- 18f., 39, 43, 45ff., 58, 60
Stellungen, Mitteilung von 18
Stellungsfolge 17, 26, 39, 42f.
stoppen (= stehenbleiben) 11ff., 16ff., 22ff., 32f., 39f., 52ff., 60ff., 73ff., 80, 89, 91, 115f., 124f., 128, 130f., 138
Striche 4, 65
Subjektsymbol 119f.
Substitut einer Φ-Formel (= Φ-Substitut) 83ff., 91ff., 106f.
Substitution 83, 136
Substitutionsregel 83, 93
Symbol 4, 25ff., 39, 43ff., 55, 114ff., 132, 134ff., 141, 143, 147
—, Anfangs- 27
Symbolfolge 4, 72, 74
—, Anfangsabschnitt einer 4

Symbol, Individuen- 117f., 132, 136
—, Subjekt- 119f.
symmetrische (= faire) Münze 143f., 146
systematisch 64

T.-a. (= Turing-aufzählbar) 71
Tafel einer Turing-Maschine (= Turing-Tafel) 15ff., 22ff., 28, 39, 51, 53ff., 58, 89ff., 115f., 121, 124ff., 131, 138
T.-b. (= Turing-berechenbar) 19
Teilbarkeit 110f.
teilerfremd 111
Teilfolgenbildung 144, 156
Term 83, 95ff., 117
—, Zahl- 96ff.
Test 145, 160ff.
—, kritische Region 160f.
—, Sicherheitswahrscheinlichkeit 160f.
—, Überleben 145, 160
These von Church 3, 54, 62, 66
Thue-System 89, 94
—, unentscheidbares 94
T.-M. (= Turing-Maschine) 13
TMbF (= Turing-Maschinen und berechenbare Funktionen) 64
Topologie 155
$T^{\$}$-Maschine 40f.
Translation 31
Turing-aufzählbare Menge 66ff., 71ff., 76ff., 85, 88ff., 146, 154, 161ff.
— —, universelle 1, 55, 61, 66, 77, 146
Turing-Band 10ff., 15f., 33, 42, 55, 61
Turing-berechenbare Funktion 1, 18ff., 32ff., 37ff., 49ff., 61f., 64ff., 69ff., 74ff., 89, 92ff., 142f., 146ff., 151f., 161, 164f.
— —, Beispiele 32ff., 72
— —, normiert 20f.
— —, Wert 19, 34, 41, 72, 74, 76, 143
Turing-Berechenbarkeit der Umkehrfunktion 33ff.
Turing-Diagramm 21, 25ff., 30ff., 35ff., 40ff., 56f., 59f., 74ff., 80

181

Turing-Maschine 1, 9ff., 14ff., 19ff., 24ff., 29ff., 34ff., 39ff., 44ff., 49ff., 54ff., 59ff., 64, 66ff., 73ff., 78, 80, 89ff., 94, 114ff., 124ff., 129ff., 138f., 141ff., 146ff., 151, 153ff., 164f.
—, Ansetzen 14, 17ff., 22f., 26, 28, 32, 39ff., 44, 52ff., 62f., 73ff., 82ff., 115f., 124ff., 129, 138
—, Arbeitsweise 15ff., 20ff., 25ff., 30ff., 35, 38, 41, 48f., 57
—, Beispiele 14ff., 21ff., 26ff., 31ff., 36ff.
—, Beschreibung durch Flußdiagramm 21, 24, 31, 48, 74
— ohne Hilfsbuchstaben 21, 40, 52
—, universelle 1, 54f., 61, 148, 150
—, Zusammenkoppeln 25
Turing-Tafel (= Tafel einer Turing-Maschine) 15ff., 22ff., 28, 39, 51, 53ff., 58, 89ff., 115f., 121, 124ff., 131, 138
Typ eines Domino 123f., 126

Überabzählbarkeit der reellen Zahlen 78
— von Nullmengen-Komplementen 158f., 162
Überdrucken 12, 14ff., 36, 59
Überführungstheorem 136
Überleben eines Tests 145, 162
Überschreitung des linken Bandendes (= Bandüberschreitung (= BÜ)) 14, 16, 19, 22, 26, 39ff., 58ff., 130
Umgebungsbasis 157
umkehrbar eindeutige Funktion 33, 37f., 61, 70, 72
Umkehrfunktion 33f., 37f.
Unabhängigkeit, statistische 163
unbegrenztes Gedächtnis 7
— Rechenband 10ff.
Undurchführbarkeit von Leibniz' Programm 68
uneigentlicher Buchstabe 4, 11
uneigentliches Wort 4, 41f., 56
unendlich komplexes Wort 146
unentscheidbare Eigenschaft 51, 115

unentscheidbare Menge 21, 50ff., 62f., 79f.
— —, Beispiele 50ff., 62f.
unentscheidbarer Satz 79
unentscheidbares Problem 55
— Smullyan-System 93ff., 101
— Thue-System 94
Unentscheidbarkeit der Allgemeingültigkeit 122
— der Arithmetik 55, 67f., 95ff., 100ff.
— der Prädikatenlogik 114ff., 119ff.
— der Erfüllbarkeit 114ff., 122
— des Halteproblems 55, 62, 115, 124
Unentscheidbarkeitssätze 1f., 50ff., 55, 62, 67f., 72f., 93ff., 100ff., 115, 121, 124, 139
Universalität der Theorie des Zufalls 145
universelle Funktion 61, 77
— Nullmenge 162
universeller Lebenslänglicher 162
— Sequentialtest 145, 160, 162
universelle Turing-aufzählbare Menge 1, 55, 61, 66, 77, 146
— Turing-Maschine 1, 55f., 61, 148, 150
Unlösbarkeit der Domino-Probleme 121f., 124, 132, 138
— des allgemeinen Dominoproblems 121, 124
— des Diagonal-Problems (für Dominospiele) 121f., 124, 138
— des Eck-Problems (für Dominospiele) 121f., 124
— des Entscheidungsproblems für die Allgemeingültigkeit 122
— mathematischer Fragestellungen 2
Unmöglichkeitsbeweise 3, 121
unregelmäßige Folge 144
Unvollständigkeitssatz von Gödel 2, 79

Variable 82f., 88, 95ff., 117f.
—, Ersetzung durch Worte 83, 92
—, Funktions- 132
Variablenalphabet 82, 92

Variable, typographisch verschiedene 102
—, Zahl- 96 ff., 101 f.
Verfahren 1, 8 ff., 64 ff., 69 ff., 76, 80, 101, 114 f., 164
—, effektives 8, 39, 51, 53, 55 f., 61 f., 65, 80, 93 f., 99, 101, 104 f., 107 ff., 115 f., 120 f., 124, 132, 135 f., 138 f.
—, pulsierendes 153 ff.
— zur Aufzählung 64 ff., 69 ff., 80, 109
— zur Berechnung 8 ff., 68 ff.
Verlegen des Arbeitsfeldes 11 ff., 17, 22, 24, 59, 74
Verschiebeeinrichtung 13 ff.
Verschieben einer Inschrift 30
Vermeiden der Geschichte eines Rechenvorgangs 11 f.
Verschlüsselmaschine 47
verschlüsseln 42, 47, 55, 101, 103, 143
Villes Beispiel 144 f.
vollständige Induktion 81 ff., 86 f., 91 f., 96 ff., 109, 129, 136
Vollständigkeit der Prädikatenlogik 1. Stufe 68
Vollständigkeitssatz von Gödel 68
Vorgängerkonfiguration 92
Vorkommen, freies 96 ff.
—, gebundenes 117, 136
Vorliebe für 1 144 f.
Vorschrift 5 ff., 11 f., 55, 59, 65, 80

[w] (= Zylindermenge zum Wort w) 156
Wärmelehre, 2. Hauptsatz 3
wahre arithmetische Aussagen 95, 97 f., 100 f., 109
— Aussagen, alle 2, 67
— —, arithmetische 98, 101, 109
— —, Erzeugung aller 67 f.
wahrscheinlichkeitstheoretische Aussagen, alle 145
Wahrscheinlichkeitstheorie als angewandte Maßtheorie 145, 157 ff., 161 ff.
—, Grundlagenproblem 143 ff.
—, herkömmliche 144 ff., 157 ff., 161 ff.

Walzer unendlicher Ordnung 141
Wert einer Turing-berechenbaren Funktion 19, 34, 41, 72, 74, 76, 143
wiederholungsfreie Aufzählung 70
Wirkungsbereich 96
wischen 30 f.
Wort, ableitbares 81
—, einfach gebautes 142
—, in einem Kalkül erzeugbares 80 f., 83
—, inverses 30
—, kompliziertes 142, 146
—, Konfigurations- 90 ff.
Wortlänge 4 ff., 10, 56, 141 ff., 146 ff., 155, 157 f., 161, 165 f.
Wort, leeres 4, 30, 36, 65, 107, 117
Wortmenge 4, 85 f., 88, 147, 159 ff.
—, sequentielle 159 ff., 164
Wort-n-Tupel 4 f., 18 ff., 64, 84
Wort, 0-1- 141 ff., 146 ff., 154 ff., 159, 161
Wortproblem der Gruppentheorie 89, 94
Wort, regelmäßiges 142, 151
— über einem Alphabet 4 ff., 18 ff., 30, 32 f., 35 ff., 51 ff., 56, 62, 65, 69 ff., 76, 79 ff., 91 f., 105
—, uneigentliches 4, 41 f., 56
—, unendlich komplexes 146
—, zufälliges 142 ff., 151
würfeln 6

Zahlausdruck 101 f.
Zahlen, natürliche 4, 51, 83, 97, 100 ff., 118 f., 146
—, reelle 78, 102, 153
—, starkes Gesetz der großen 163
Zahlentheorie 64
Zahl in Dualdarstellung 143, 147 ff., 155
Zahlparameter 97
Zahlterm 96 ff.
Zahlvariable 96 ff., 101 f.
—, freies Vorkommen 96 ff.
zehntes Hilbertsches Problem 2, 9
zufällige 0-1-Folge 141, 143 ff., 151, 155, 160, 162 f., 165
zufälliges Wort 142 ff., 151
Zufall 142 ff.

Zufallsmechanismus 6
Zufallstheorie, Universalität 145
Zusammenkoppeln von Turing-
 Maschinen 25
Zustand, Anfangs- 13, 125
—, augenblicklicher 17
— einer Rechenmaschine 6, 17

Zustand einer Turing-Maschine
 14 ff., 28, 51, 56, 59 f., 89 f., 125
—, Folge- 16, 56, 125
Zustandsanzeiger 14
zweiter Hauptsatz der Wärmelehre
 3
Zylindermenge 156 ff.

Symbolverzeichnis

Im Symbolverzeichnis erscheinen nur Symbole, die nicht ausschließlich aus Zahlen bzw. Buchstaben zusammengesetzt sind. Es erscheinen nur diejenigen Seiten, auf denen die Symbole definiert werden. Symbole und Abkürzungen, die sich aufgrund ihres Buchstabengehalts leicht alphabetisch einordnen lassen, erscheinen im Sachverzeichnis, in der Regel am Anfang des Buchstabens.

Symbol	Seite
□	4
|	4
⋆	4
§	29, 72
∃=∃	18, 41
⇒	18
→	82
;	82
Φ	83
⊢	84
~	18
×	81, 95
$T^{\S}$	40
ℕ	4
+	95
¬	95, 117
∧	95, 117
⋀	95, 117
=	95
(,)	95
∨	99, 117
→	99, 117
⋁	99, 117
|·,·|	155
[·]	156

Bindearbeiten: K. Triltsch, Graphischer Betrieb, Würzburg

Erschienene Bände der Heidelberger Taschenbücher

Mathematik

12 B. L. van der Waerden: Algebra I. 7. Auflage der Modernen Algebra. DM 10,80
15 L. Collatz/W. Wetterling: Optimierungsaufgaben. DM 10,80
23 B. L. van der Waerden: Algebra II. 4. Auflage der Modernen Algebra. DM 14,80
26 H. Grauert/I. Lieb: Differential- und Integralrechnung I. 2. Auflage. DM 12,80
30 R. Courant/D. Hilbert: Methoden der mathematischen Physik I. DM 16,80
31 R. Courant/D. Hilbert: Methoden der mathematischen Physik II. DM 16,80
36 H. Grauert/W. Fischer: Differential- und Integralrechnung II. DM 12,80
38 R. Henn/H. P. Künzi: Einführung in die Unternehmensforschung I. DM 10,80
39 R. Henn/H. P. Künzi: Einführung in die Unternehmensforschung II. DM 12,80
43 H. Grauert/I. Lieb: Differential- und Integralrechnung III. DM 12,80
44 J. H. Wilkinson: Rundungsfehler. DM 14,80
49 K. Jacobs: Selecta Mathematica I. DM 10,80
50 H. Rademacher/O. Toeplitz: Von Zahlen und Figuren. DM 8,80
51 E. B. Dynkin/A. A. Juschkewitsch: Sätze und Aufgaben über Markoffsche Prozesse. DM 14,80
64 F. Rehbock: Darstellende Geometrie. 3. Auflage. DM 12,80
65 H. Schubert: Kategorien I. DM 12,80
66 H. Schubert: Kategorien II. DM 10,80
67 Selecta Mathematica II. Hrsg. von K. Jacobs. DM 12,80

Die übrigen Fachgebiete

1 M. Born: Die Relativitätstheorie Einsteins. 5. Auflage. DM 10,80
2 K. H. Hellwege: Einführung in die Physik der Atome. 3. Auflage. DM 8,80
3 W. Weidel: Virus- und Molekularbiologie. 2. Auflage. DM 5,80
4 L. S. Penrose: Einführung in die Humangenetik. DM 8,80
5 H. Zähner: Biologie der Antibiotica. DM 8,80
6 S. Flügge: Rechenmethoden der Quantentheorie. 3. Auflage. DM 10,80
7/8 G. Falk: Theoretische Physik I und Ia auf der Grundlage einer allgemeinen Dynamik.
Band 7: Elementare Punktmechanik (I). DM 8,80
Band 8: Aufgaben und Ergänzungen zur Punktmechanik (Ia). DM 8,80
9 K. W. Ford: Die Welt der Elementarteilchen. DM 10,80

10	R. Becker: Theorie der Wärme. DM 10,80
11	P. Stoll: Experimentelle Methoden der Kernphysik. DM 10,80
13	H. S. Green: Quantenmechanik in algebraischer Darstellung. DM 8,80
14	A. Stobbe: Volkswirtschaftliches Rechnungswesen. 2. Auflage. DM 12,80
16/17	A. Unsöld: Der neue Kosmos. DM 18,—
18	F. Lembeck/K.-Fr. Sewing: Pharmakologie-Fibel. DM 5,80
19	A. Sommerfeld/H. Bethe: Elektronentheorie der Metalle. DM 10,80
20	K. Marguerre: Technische Mechanik. I. Teil: Statik. DM 10,80
21	K. Marguerre: Technische Mechanik. II. Teil. Elastostatik. DM 10,80
22	K. Marguerre: Technische Mechanik. III. Teil: Kinetik. DM 12,80
24	M. Körner: Der plötzliche Herzstillstand. DM 8,80
25	W. Reinhard: Massage und physikalische Behandlungsmethoden. DM 8,80
27/28	G. Falk: Theoretische Physik II und II a Band 27: Allgemeine Dynamik. Thermodynamik (II). DM 14,80 Band 28: Aufgaben und Ergänzungen zur Allgemeinen Dynamik und Thermodynamik. (IIa). DM 12,80
29	P. D. Samman: Nagelerkrankungen. DM 14,80
32	F. W. Ahnefeld: Sekunden entscheiden — Lebensrettende Sofortmaßnahmen. DM 6,80
33	K. H. Hellwege: Einführung in die Festkörperphysik I. DM 9,80
34	K. H. Hellwege: Einführung in die Festkörperphysik II. DM 12,80
37	V. Aschoff: Einführung in die Nachrichtenübertragungstechnik. DM 11,80
40	M. Neumann: Kapitalbildung, Wettbewerb und ökonomisches Wachstum. DM 9,80
41	G. Martz: Die hormonale Therapie maligner Tumoren. DM 8,80
42	W. Fuhrmann/F. Vogel: Genetische Familienberatung. DM 8,80
45	G. H. Valentine: Die Chromosomenstörungen. DM 14,80
46	R. D. Eastham: Klinische Hämatologie. DM 8,80
47	C. N. Barnard/V. Schrire: Die Chirurgie der häufigen angeborenen Herzmißbildungen. DM 12,80
48	R. Gross: Medizinische Diagnostik — Grundlagen und Praxis. DM 9,80
52	H. M. Rauen: Chemie für Mediziner — Übungsfragen. DM 7,80
53	H. M. Rauen: Biochemie — Übungsfragen. DM 9,80
54	G. Fuchs: Mathematik für Mediziner und Biologen. DM 12,80
55	H. N. Christensen: Elektrolytstoffwechsel. DM 12,80
56	M. F. Beckmann/H. P. Künzi: Mathematik für Ökonomen I. DM 12,80
57/58	H. Dertinger/H. Jung: Molekulare Strahlenbiologie. DM 16,80
59/60	C. Streffer: Strahlen-Biochemie. DM 14,80
61	W. Hort: Herzinfarkt. DM 9,80
62	K. W. Rothschild: Wirtschaftsprognose. Methoden und Probleme. DM 12,80
63	Z. G. Szabó: Anorganische Chemie. DM 14,80
68	W. Doerr/G. Quadbeck: Allgemeine Pathologie. DM 5,80
69	W. Doerr: Spezielle pathologische Anatomie I. DM 6,80
71	O. Madelung: Grundlagen der Halbleiterphysik. DM 12,80

MIX
Papier aus verantwortungsvollen Quellen
Paper from responsible sources
FSC® C105338

If you have any concerns about our products,
you can contact us on
ProductSafety@springernature.com

In case Publisher is established outside the EU,
the EU authorized representative is:
**Springer Nature Customer Service Center GmbH
Europaplatz 3, 69115 Heidelberg, Germany**

Printed by Libri Plureos GmbH
in Hamburg, Germany